第四届——中国人居环境设计学年奖

获奖作品集

中国人居环境设计学年奖组委会 组编

方晓风 主编

中国水利水电出版社
www.waterpub.com.cn
·北京·

内容提要

中国人居环境设计教育年会暨学年奖是清华大学与教育部高等学校设计学类专业教学指导委员会联合举办的人居环境设计（包括城市设计、建筑设计、景观设计、室内设计）领域的教学年会，本书收录了第四届中国人居环境设计学年奖的获奖优秀作品。

本书可供高等院校环境设计、建筑设计、城市规划设计、室内设计等相关专业的师生参考使用。

图书在版编目（CIP）数据

第四届中国人居环境设计学年奖获奖作品集 / 方晓风主编. -- 北京 : 中国水利水电出版社, 2019.10
ISBN 978-7-5170-8136-4

Ⅰ. ①第… Ⅱ. ①方… Ⅲ. ①居住环境－环境设计－作品集－中国－现代 Ⅳ. ①TU-856

中国版本图书馆CIP数据核字(2019)第230462号

书　　名	第四届中国人居环境设计学年奖获奖作品集 DI-SI JIE ZHONGGUO RENJU HUANJING SHEJI XUENIANJIANG HUOJIANG ZUOPINJI
作　　者	中国人居环境设计学年奖组委会 组编 方晓风 主编
出版发行	中国水利水电出版社 （北京市海淀区玉渊潭南路 1 号 D 座 100038） 网址：www.waterpub.com.cn E-mail: sales@waterpub.com.cn 电话：（010）68367658（营销中心）
经　　售	北京科水图书馆销售中心（零售） 电话：（010）88383994、63202643.、68545874 全国各地新华书店和相关出版物销售网点
排　　版	清华大学美术学院
印　　刷	北京印匠彩色印刷有限公司
规　　格	250mm x 260mm　12 开本　23 印张　265 千字
版　　次	2019 年 10 月第 1 版　2019 年 10 月第 1 次印刷
定　　价	**160.00** 元

中国人居环境设计学年奖组委会

顾问：	**王建国**	建筑学专业指导委员会		
	毛其智	城市规划专业指导委员会		
	杨　锐	风景园林专业指导委员会		
主任委员：	**谭　平**	教育部高等学校设计学类专业教学指导委员会		
	郑曙旸	清华大学美术学院		
	庄惟敏	清华大学建筑学院		
副主任委员：	**何　洁**	教育部高等学校设计学类专业教学指导委员会		
	方晓风	清华大学美术学院		
	张　利	清华大学建筑学院		
委员：	**马克辛**	鲁迅美术学院	**张　月**	清华大学美术学院
	王铁军	东北师范大学	**张书鸿**	东北大学
	龙　灏	重庆大学	**张　悦**	清华大学建筑学院
	过伟敏	江南大学	**唐　建**	大连理工大学
	朱文一	清华大学建筑学院	**黄一如**	同济大学
	孙一民	华南理工大学	**梁　雯**	清华大学美术学院
	孙世界	东南大学	**董　雅**	天津大学
	孙　澄	江南大学	**宋立民**	清华大学美术学院
	杨豪中	西安建筑科技大学	**邵　健**	中国美术学院
	吴卫光	广州美术学院	**赵　军**	东南大学

中国人居环境设计学年奖秘书处

秘书长：	**方晓风**	清华大学美术学院
	张　利	清华大学建筑学院
	马浚诚	教育部高等学校设计学类专业教学指导委员会
副秘书长：	**王旭东**	清华大学艺术与科学研究中心
	李　明	清华大学美术学院
	文　霞	清华大学美术学院
	叶　扬	清华大学建筑学院
	任艺林	清华大学美术学院
	周　志	《装饰》杂志
	戴　静	《住区》杂志

序

“中国人居环境设计教育年会暨学年奖”自2015年改组以来，已历四届。改组后，活动由清华大学、教育部高等学校设计学类专业教学指导委员会联合主办，住建部高等学校土建学科教学指导委员会所属的建筑学学科专业指导委员会、城乡规划专业学科指导委员会、风景园林专业学科指导委员会为协办单位。今年的学年奖有一个显著变化，国外学生的作品开始参与到了学年奖的评审当中，反映了学年奖作为一个平台更加开放了。这个变化旨在能让越来越多的国内及海外的人居环境领域的高校师生参与到学年奖的竞赛中来，也是为了继承并发展学年奖改组的初衷，就是希望能够构建一个跨越现有学科界限的、大人居观念下的设计教育交流平台，在评审交流过程中进一步凝聚共识，增强学科之间的交流，并不断与国际前沿领域进行对话。

改组后的学年奖, 前三届主题依次为“走向环境审美”“边界与融合”“文化与空间”，本届学年奖的主题定为“模式”。模式往往指某种事物的标准形式或使人可以照着做的标准样式，相较于形式，模式是更抽象的概念，但模式能影响甚至决定形式的结果。在人居环境的设计中，模式的选择或创新，来源于历史传统、技术演进、观念和具体的生活方式。短短数年间, 世界的变化超乎想象, 首先是信息化发展日益加速, 其次是能源革命已见端倪，再次是人工智能来势汹汹，最后是全球生态环境不断恶化。在这样的时代背景下，继续依照传统的发展模式，人居环境是否还能延续下去，值得我们深思。中国的人居环境建设，依然在经历从粗放转向精细的过程，走向精细化，离不开对新模式的探索与研究。从近几年的参赛、获奖作品中，我们可以看到越来越多的学生通过他们的作品在有意识地探索人居环境设计乃至大的设计研究的新模式、新范式。希冀通过本届《中国人居环境设计学年奖获奖作品集》能够启发更多的人居环境设计参与者对当下问题与未来趋势的思考。

最后，依然要特别感谢清控人居集团和筑巢集团对“中国人居环境设计教育年会暨学年奖”的赞助和支持 !他们一如既往的支持使得这项活动能够更为纯粹，专注于专业和学术，而无后顾之忧，保证了活动稳定而持续地进行下去。此外，还要感谢本届教育年会的承办单位西安建筑科技大学，以及其他兄弟院校对本次活动的支持 !

方晓风

2019年 10月

目录

金奖

会呼吸的街道——香港街道集市更新设计研究

参赛人员 邝俊亮　苏紫莹　孟思圻
参赛类别 城市设计
学　　历 本科
所属院校 郑州轻工业学院易斯顿美术学院
指导教师 张玲

效果图

设计说明

香港快速的城市化进程中，因城市建设需要，公共活动场地不断减少，能提供人与人合作交流的场地也随之减少，而街道市集则成了为数不多能保留下来的交流载体。然而如何才能通过街道市集激活人与人之间的合作与交流呢？《周易》中说：“穷则变，变则通，通则久。”所以重塑街道市集秩序，以此促进城市使用者之间的交流与合作，而这也是本案的出发点。在街道市集内，通过模块的组成与堆叠形成以市集为单元的主体，以单元与单元之间的关系为主题，通过模块化层层堆叠让参与者深入体验一个“街头市集”的邻里生机，确定用模数化 n 的搭建后，为了避免秩序的混乱，我们整合思路，进行了一些模块的推演，确定在植入模块时，先为街道市集的三种大形态植入固定的大型模块，根据城市使用者的需求变动小模块，通过模块化的填补可以让空间进行多元性的变换，给人以稳定和简洁感，形成一种秩序并在该秩序下允许以不同的解读和使用方式来表现这个“街头市集”的多样性和轻盈感。

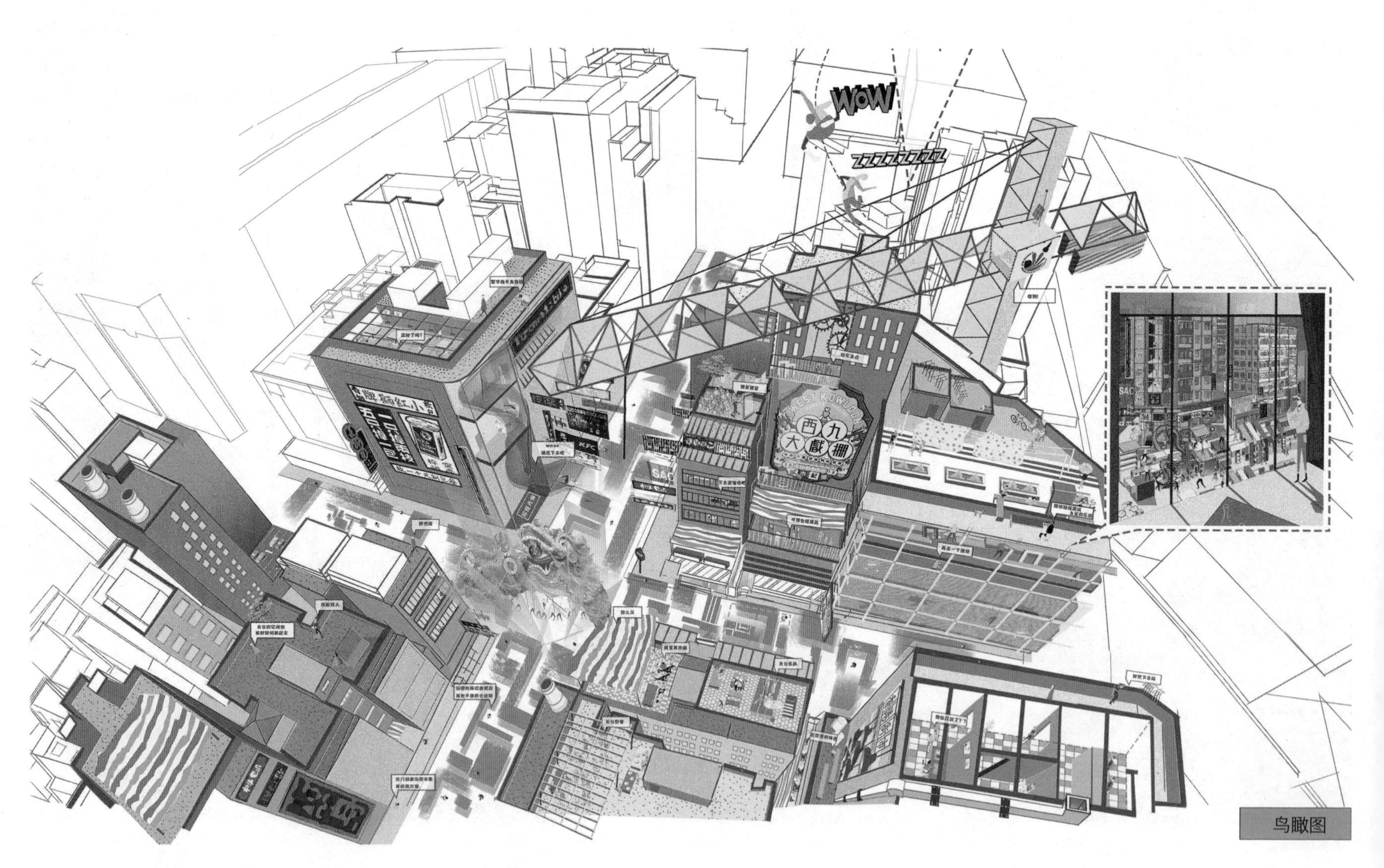

鸟瞰图

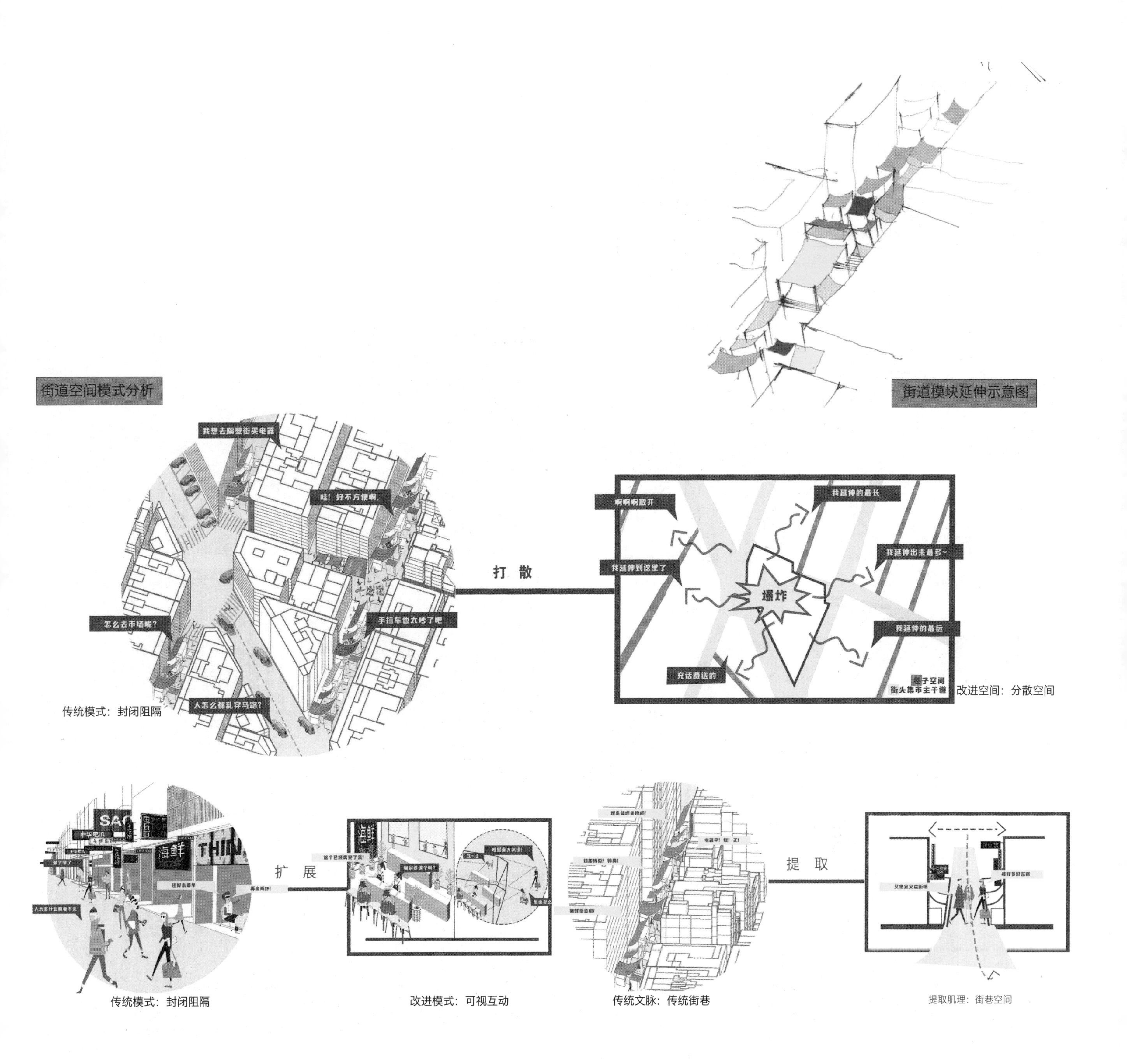
街道空间模式分析
街道模块延伸示意图
我想去隔壁街买电器
哇！好不方便啊。
怎么去市场呢？
手拉车也太挤了吧
人怎么都乱穿马路？
传统模式：封闭阻隔
打 散
啊啊啊散开
我延伸的最长
我延伸到这里了
爆炸
我延伸出来最多~
我延伸的最远
充话费送的
巷子空间
街头集市主干道
改进空间：分散空间
中华电讯
海鲜
还好来得早
再来两杯!
人太多什么都看不见
扩 展
这个已经卖完了亲!
确定要这个吗?
汪~汪
电器平！靓！正!
提 取
哇好多好东西
传统模式：封闭阻隔
改进模式：可视互动
传统文脉：传统街巷
提取肌理：街巷空间

居民与街道市集的关系

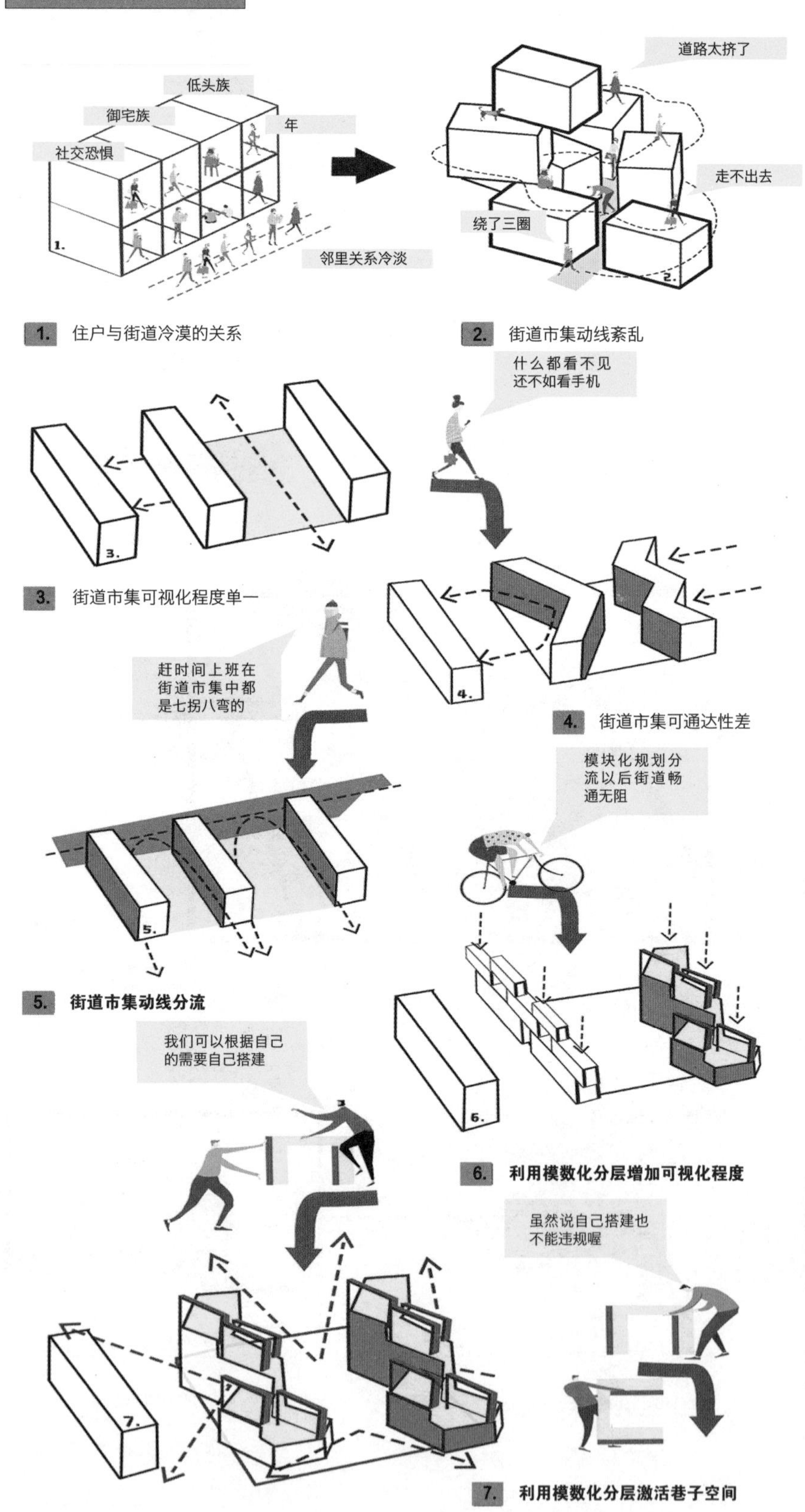

低头族
御宅族
年
社交恐惧
1.
邻里关系冷淡
道路太挤了
走不出去
绕了三圈
2.
1. 住户与街道冷漠的关系
2. 街道市集动线紊乱
什么都看不见
还不如看手机
3.
3. 街道市集可视化程度单一
4.
赶时间上班在
街道市集中都
是七拐八弯的
4. 街道市集可通达性差
模块化规划分
流以后街道畅
通无阻
5.
5. 街道市集动线分流
我们可以根据自己
的需要自己搭建
6.
6. 利用模数化分层增加可视化程度
虽然说自己搭建也
不能违规喔
7.
7. 利用模数化分层激活巷子空间

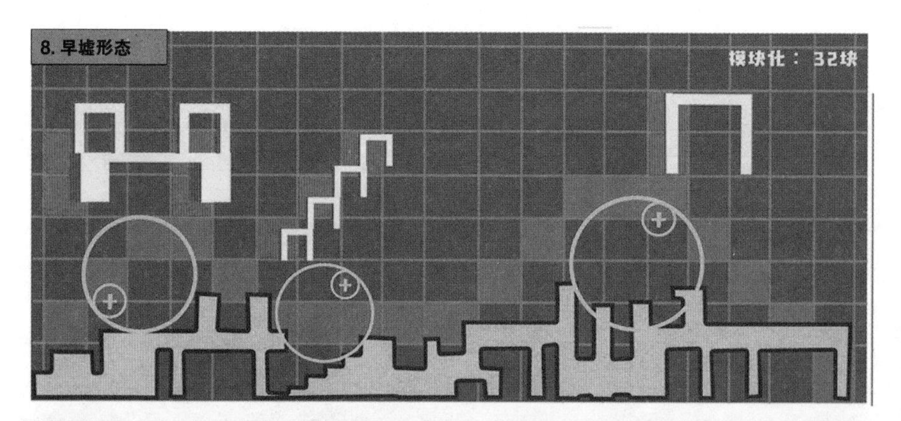

8. 早墟形态
模块化： 32块

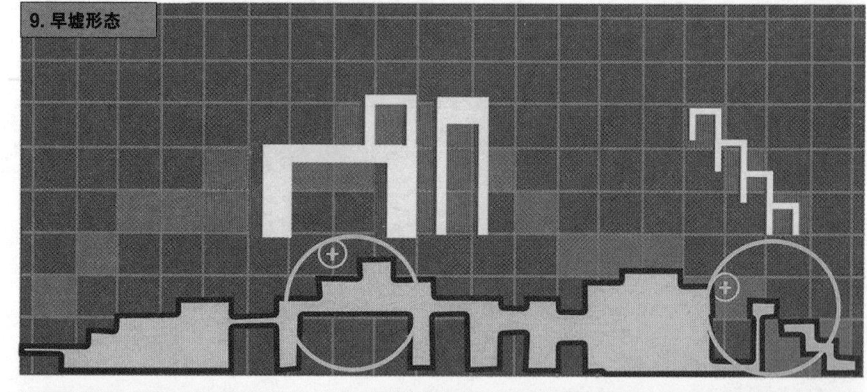

9. 早墟形态

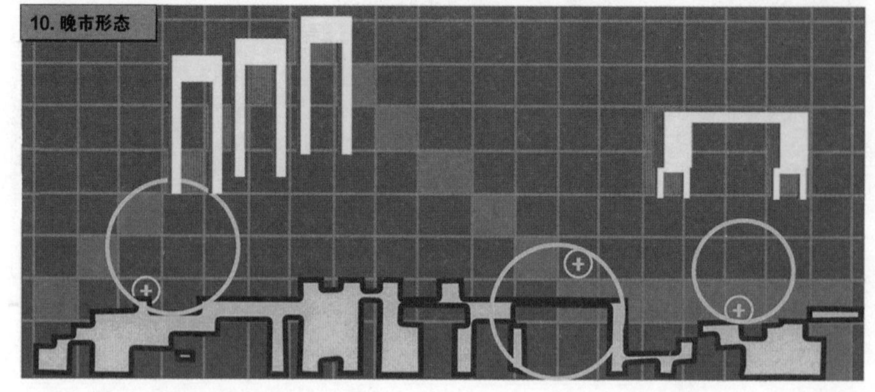

10. 晚市形态

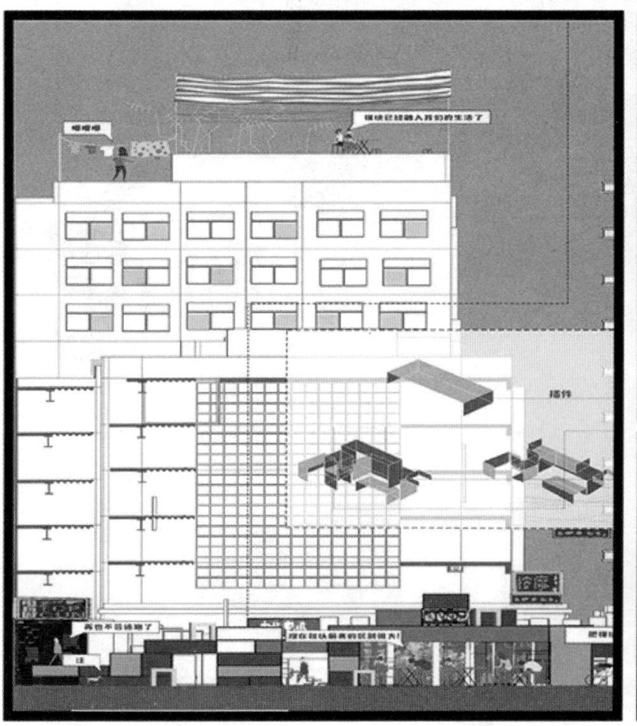
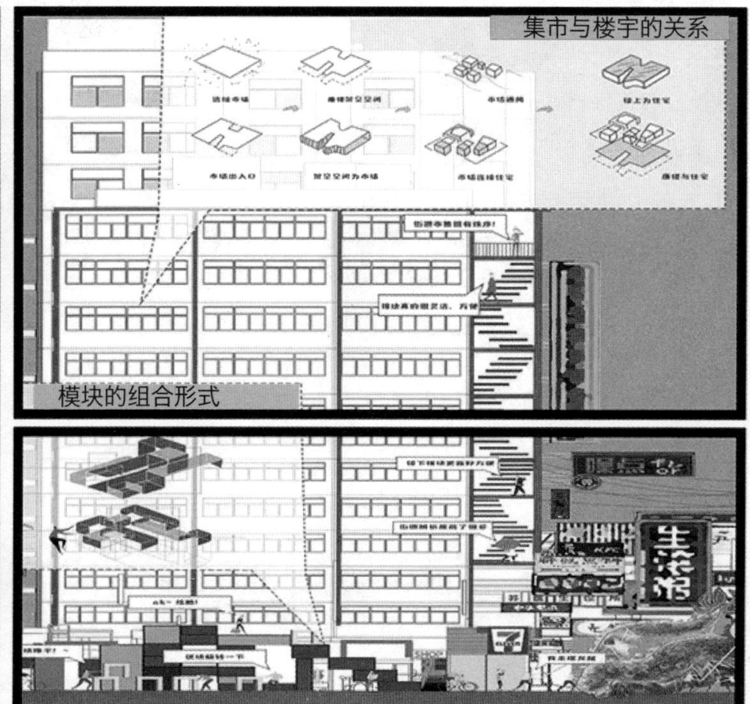
集市与楼宇的关系
模块的组合形式

香港早晨！
有了模块作为连接真的方便了很多。
竟然是能走上来的。
巷子能成为我的送货通道。
结合到模块里后变得四通八达。
早墟的模块主要承载了使用者的交通问题。
老板，照旧
又来挑CD呀！
ok～ A套餐
道路现在变得流畅多了。
快来看新的街道市集！
早墟不同街道的特色也表现了出来～
没想到街道市集也可以变成孩子们的游乐场。
biubiubiubiubiu
街道市集内模块的堆叠，为孩子们营造了可以自己动手改造的空间，为更多的孩子创造合作和交流。
街道变得很整洁！
啊哈！给我一杯忘情水！
现在人们的交流变得越来越亲密了。
男人听了会沉默，女人听了会流泪。
街道市集内自己搭建的小舞台
哈哈街道市集内还能看到
草根明星的表演！

守望——韩城古城城市设计

参赛人员 方素 周瑶逸 武梦宇 王逸慧 林逸风

参赛类别 城市设计

学　　历 本科

所属院校 华南理工大学

指导教师 周剑云 禤文昊 翁奕城

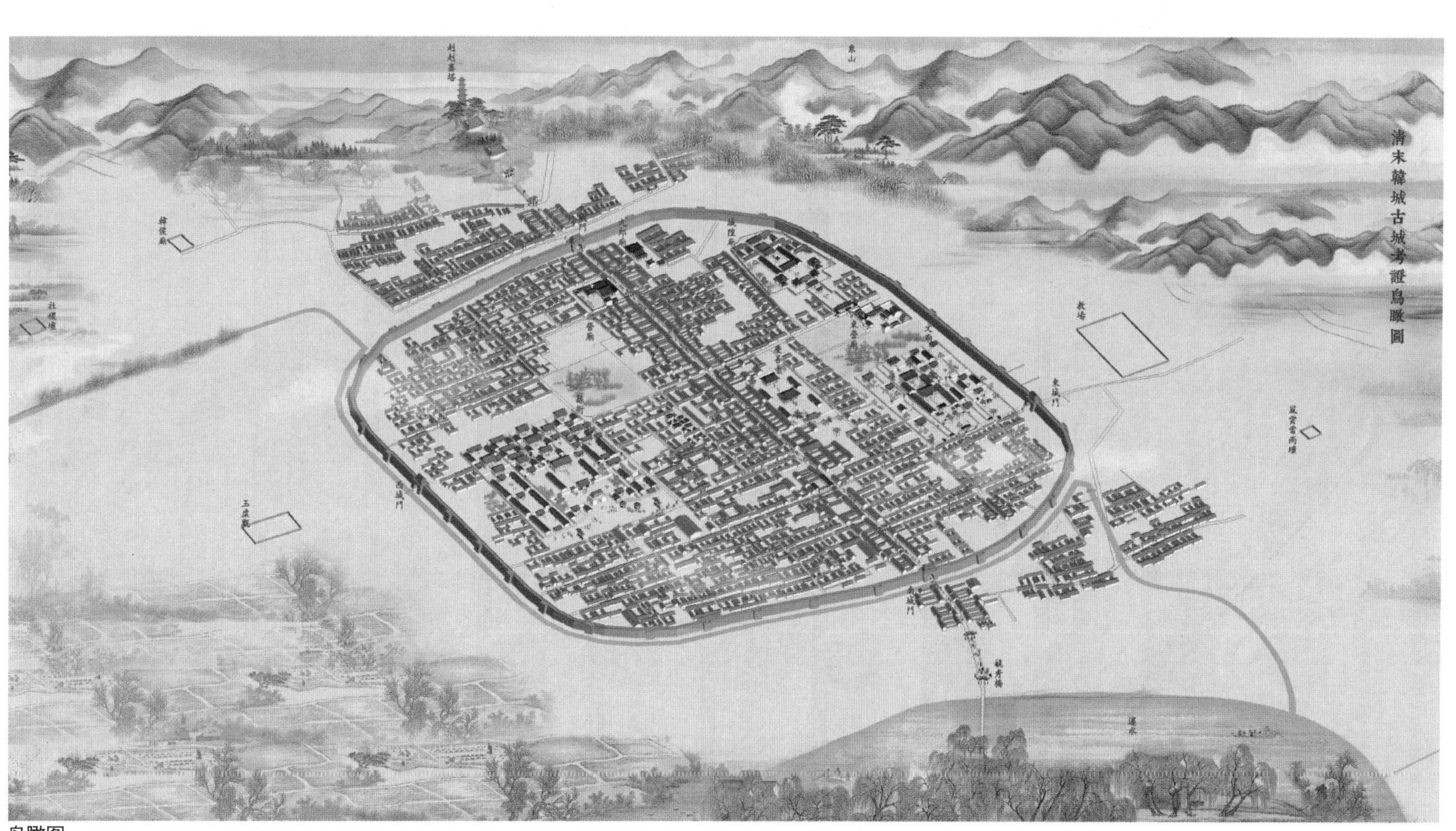

鸟瞰图

设计说明

韩城古城有着悠久的历史，但是考证和研究它的整体格局、功能载体等方面的文献较为匮乏，依据有限的历史资料，难以体察出其城市历史特征，因此在设计之前，先对韩城古城的历史演变进行了考证研究。我们选择最能体现其特色的一个时期——清末进行各方面考证意向图的推测。

经过考证，我们总结出韩城古城的三个重要特色：古都门户、文史高地、商旅重镇。结合对其现状的分析及韩城市未来总体规划，我们提出“自由生长”的发展模式，并通过襟山河、兴交通、振商旅、延文脉、守古风五个策略，重现古城历史特色，并使之适应未来的发展需求。

总平面图

环城公园平面图

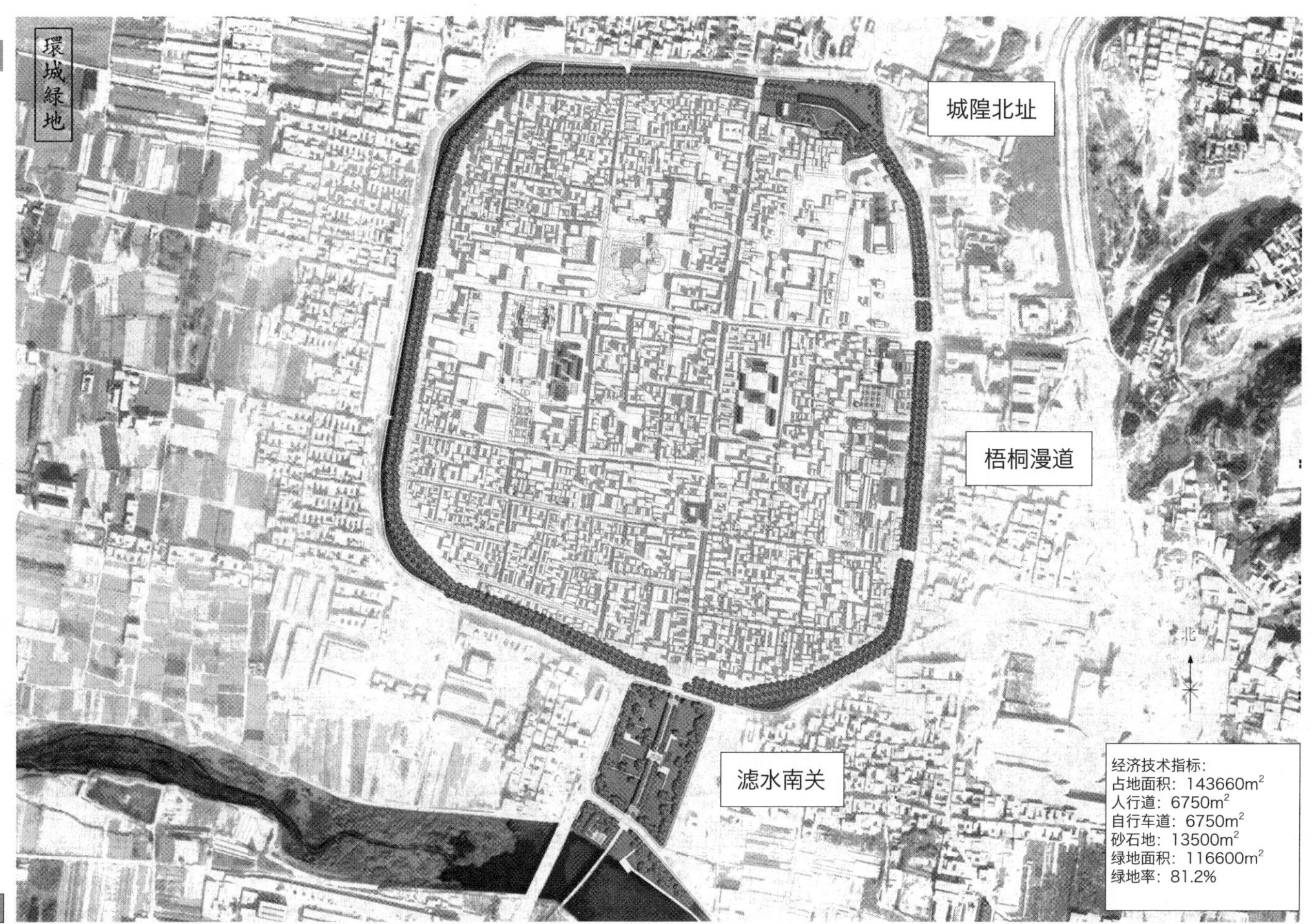

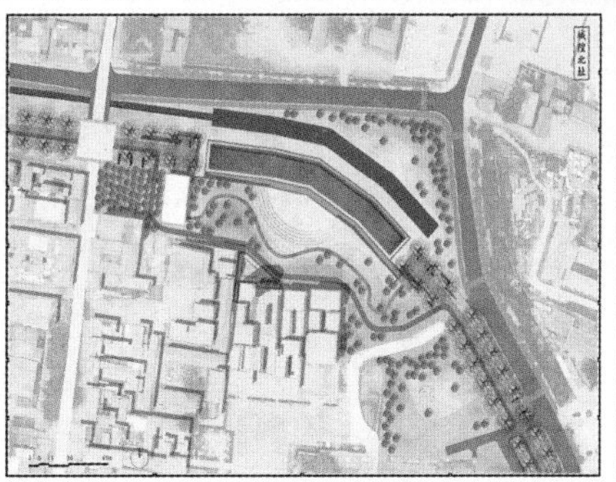

环城公园透视图

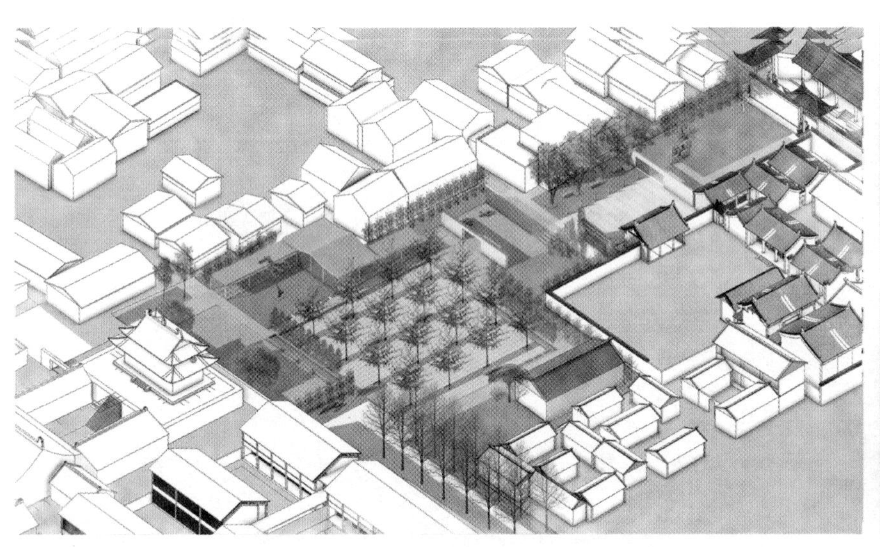

效果图

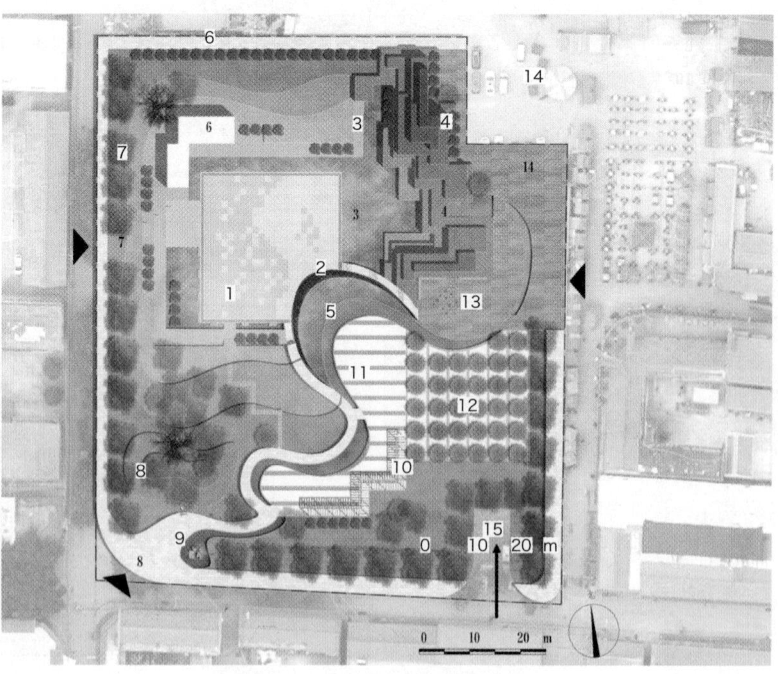

智岛·慢境——上海虹桥商务区拓展区城市设计

参赛人员 黄妙琨 袁维婧 马俊威 刘艺 秦添

参赛类别 城市设计

学　　历 本科

所属院校 东南大学

指导教师 江泓 高源 史宜

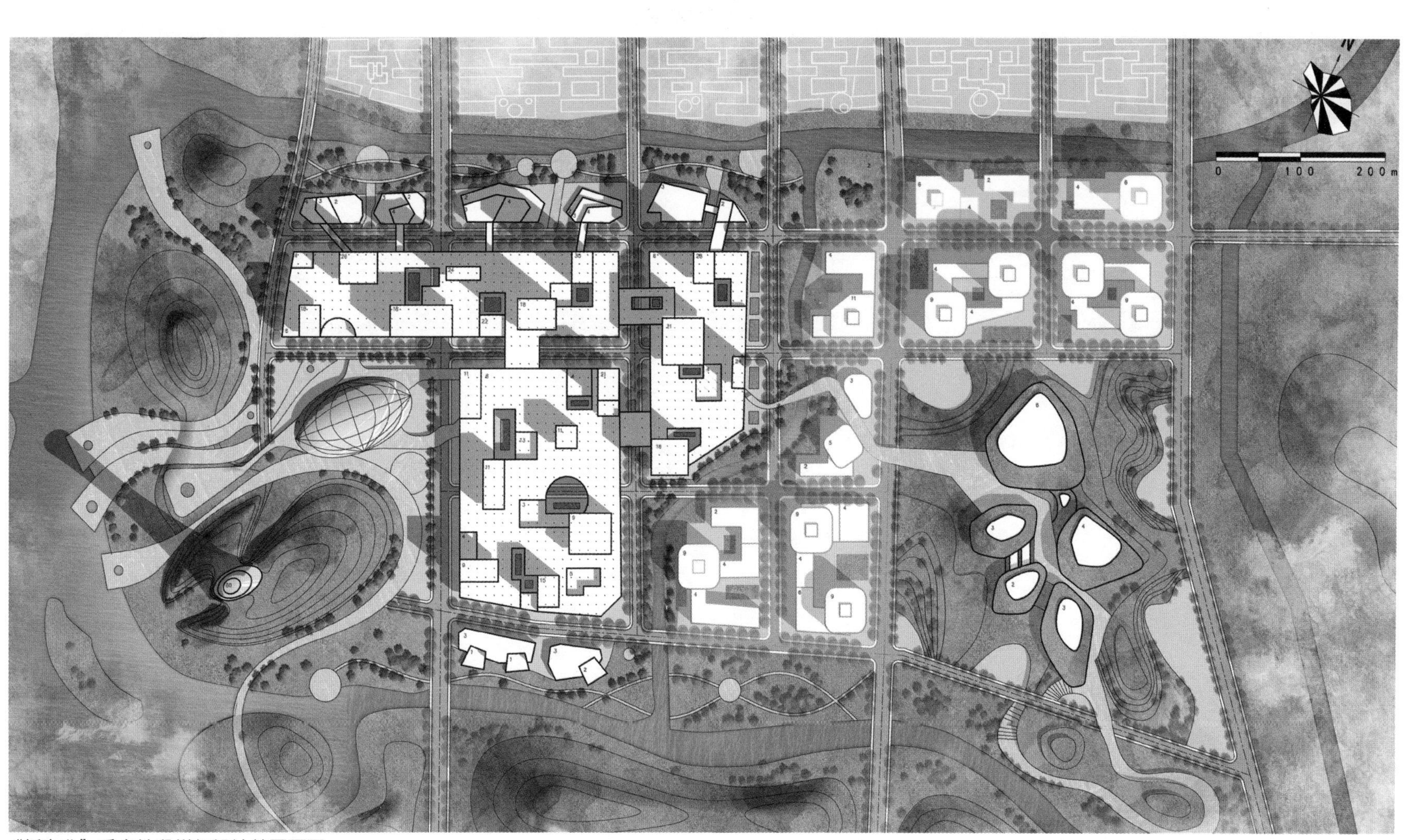

“新产业”重点地段详细设计总平面图

设计说明

随着《长江三角洲城市群发展规划》的发布，上海的城市定位提升为世界级城市，位于上海西部的虹桥商务区的定位也一并提升为第六大世界级城市群的地区中心。它将为长三角提供一个绝无仅有的交通、会展、产业、商务、生产、贸易、资讯的综合平台。虹桥商务区核心区西侧的南虹桥一带一直为空白地带。随着整体商务区定位的提升，南虹桥近 8 平方公里的建设用地将迎来全新的发展机遇。它北临苏州河，东连虹桥枢纽，南连会展中心，是大虹桥区域内最具开发潜力的地区。

南虹桥的开发同样面临着与其他地区新城开发相似的问题。然而面对如此高的定位和如此特殊的地理位置，如何开辟一条独一无二的开发路径则是最为重要的问题。本设计从南虹桥的自身特色出发，抛出“虹桥三问”，以之指导设计，在突破发展瓶颈、发掘特色资源、促进职住平衡三大方面对场地进行定义。设计理念为：优化上位规划，虹吸长三角，桥纳沪都心，寻味“老味道” “老记忆”，发掘“新产业” “新模式”，在这一战略位置极为重要的新城，实践一种独具中国特色的开发模式。

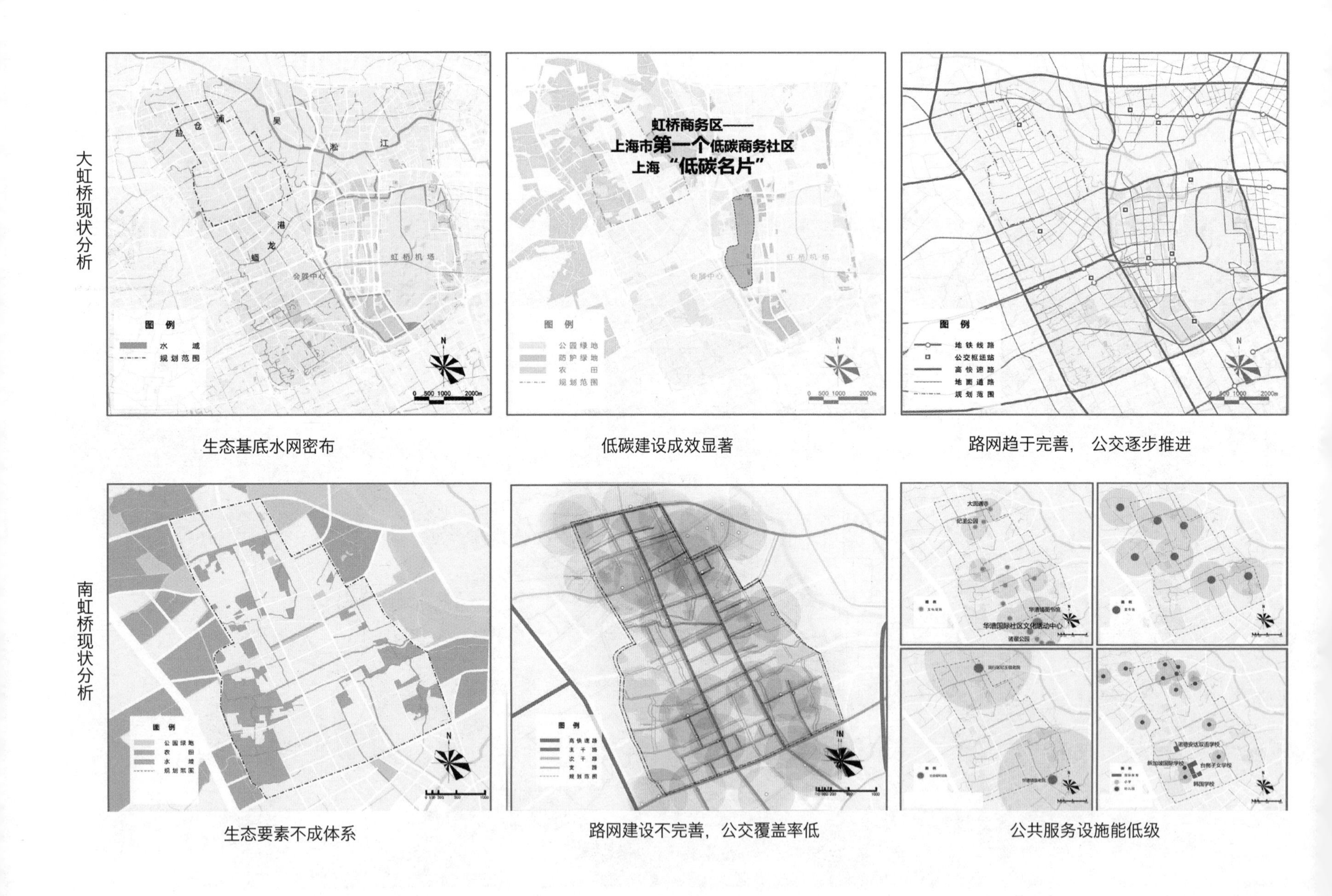

生态基底水网密布

低碳建设成效显著

路网趋于完善， 公交逐步推进

生态要素不成体系

路网建设不完善，公交覆盖率低

公共服务设施能低级

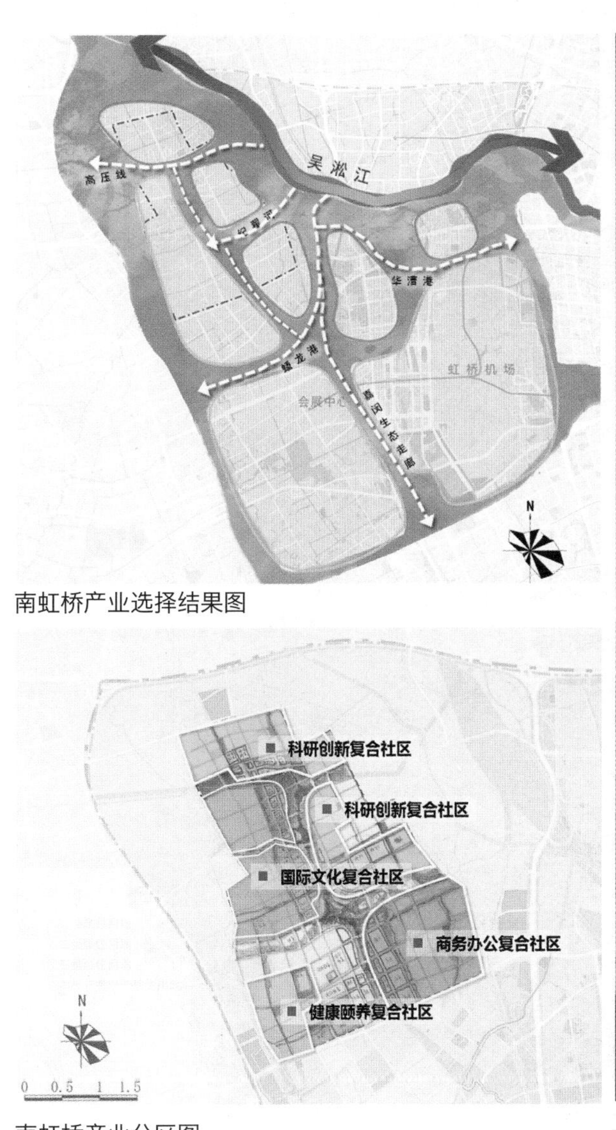

南虹桥产业选择结果图

南虹桥产业分区图

南虹桥片区鸟瞰图

系统设计

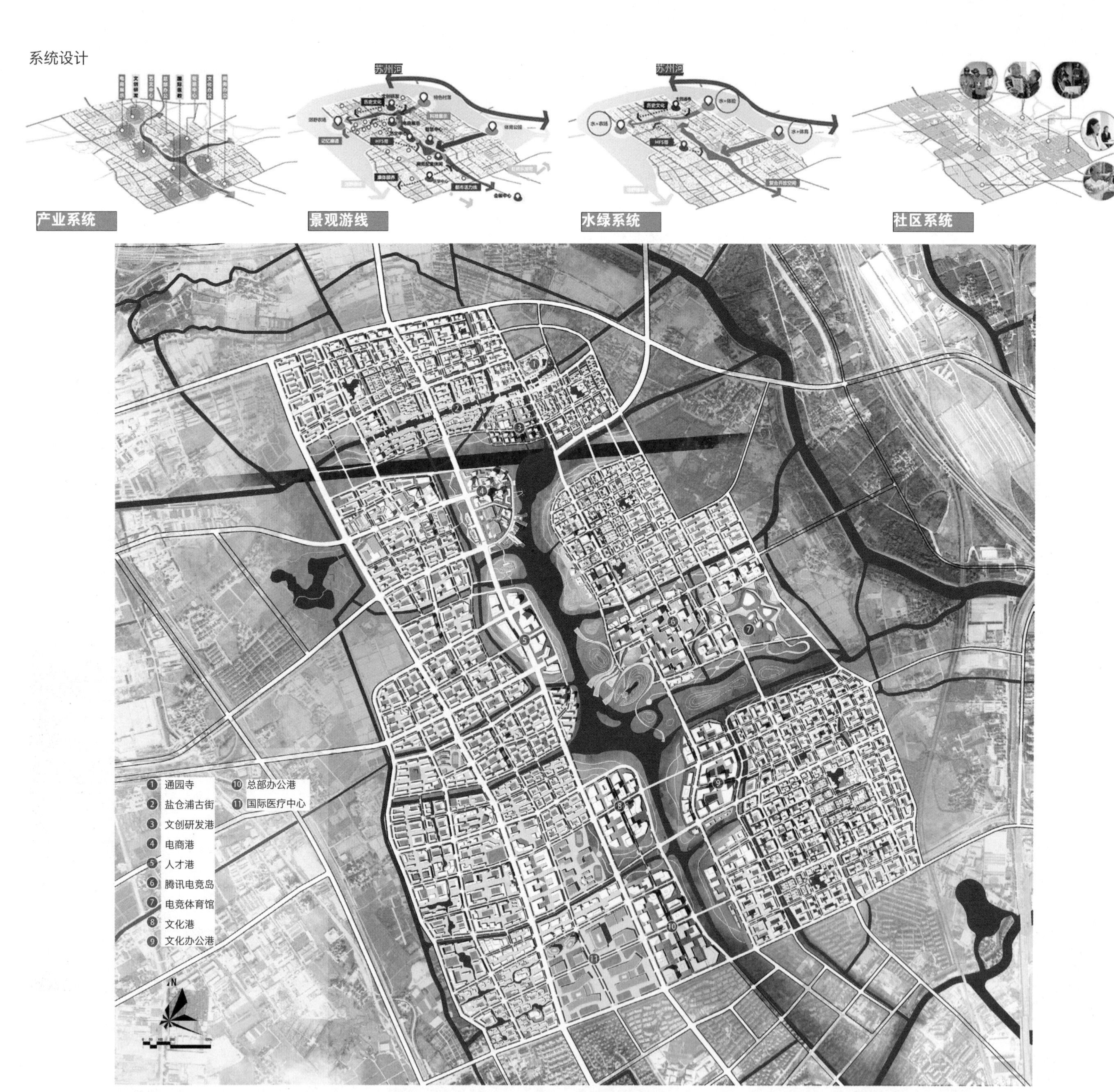

南虹桥片区总平面图

“老味道”重点地段详细设计总平面

“新产业”重点地段详细设计总平面图

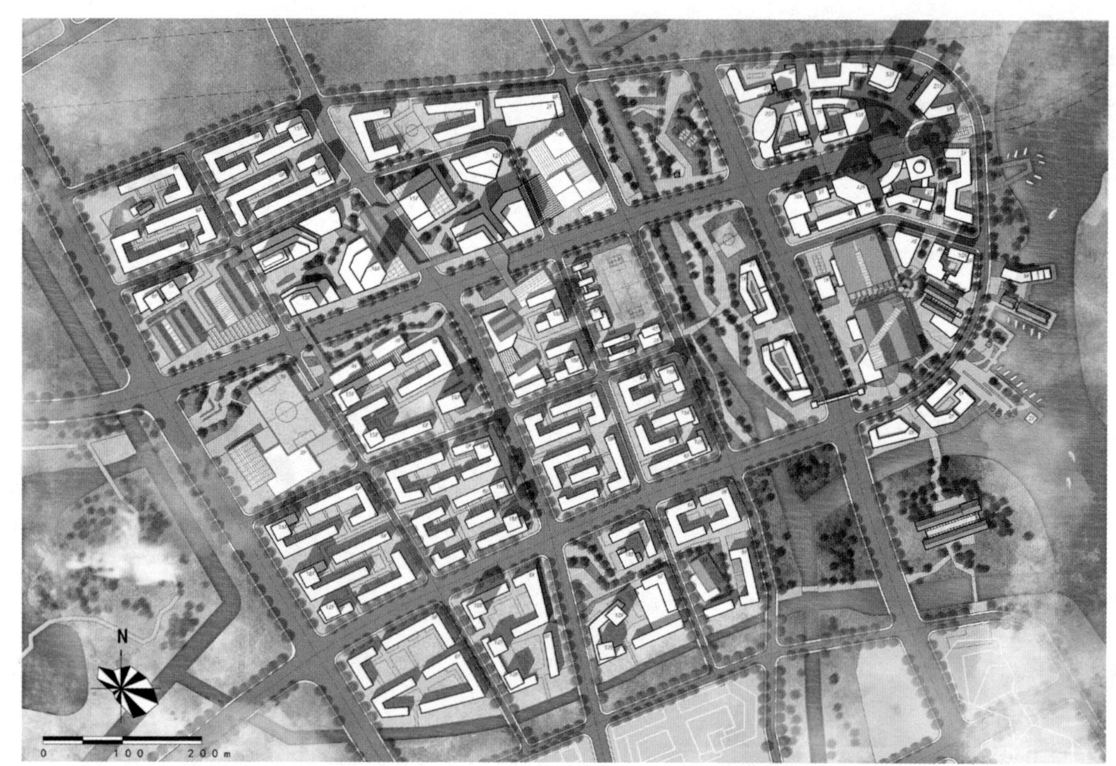

“老记忆”重点地段详细设计总平面图

“新社区”重点地段详细设计总平面图

Artery——轨交综合体空间模式创新研究

参赛人员 郑运潮 米锋霖 袁佩桦

参赛类别 建筑设计

学　　历 本科

所属院校 东南大学

指导教师 朱渊 叶如丹 张婧

效果图

设计说明

本设计以空间模式创新为核心任务，试图探索在 TOD 站点上开发一种新的空间组织模式。提出 Artery 的概念，建设集约、高效、有机的综合系统，着眼于复合交通换乘以及交通、商业、公共空间之间的功能交互关系两大问题，构建了交通换乘、空间接驳和区域辐射三级“点轴网”体系，通过功能切片的介入，将各功能提炼后清晰而均衡地分布于空间网络中，并在此基础上重点研究了复合交通与商业、城市空间的交互组织渗透模式，提出了空间网络的抽象模型，并尝试将该模式应用于建筑本体设计的探索。

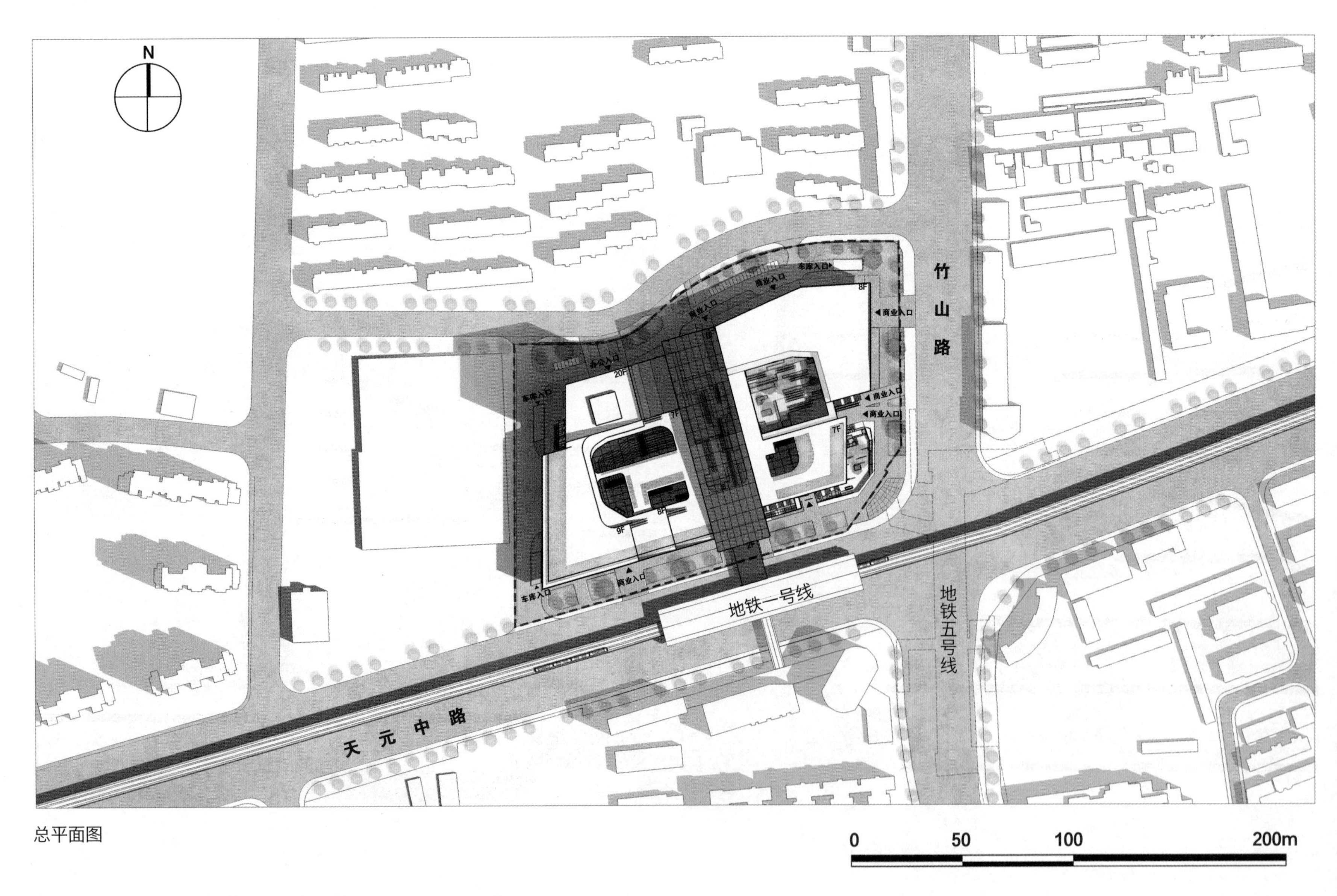

总平面图

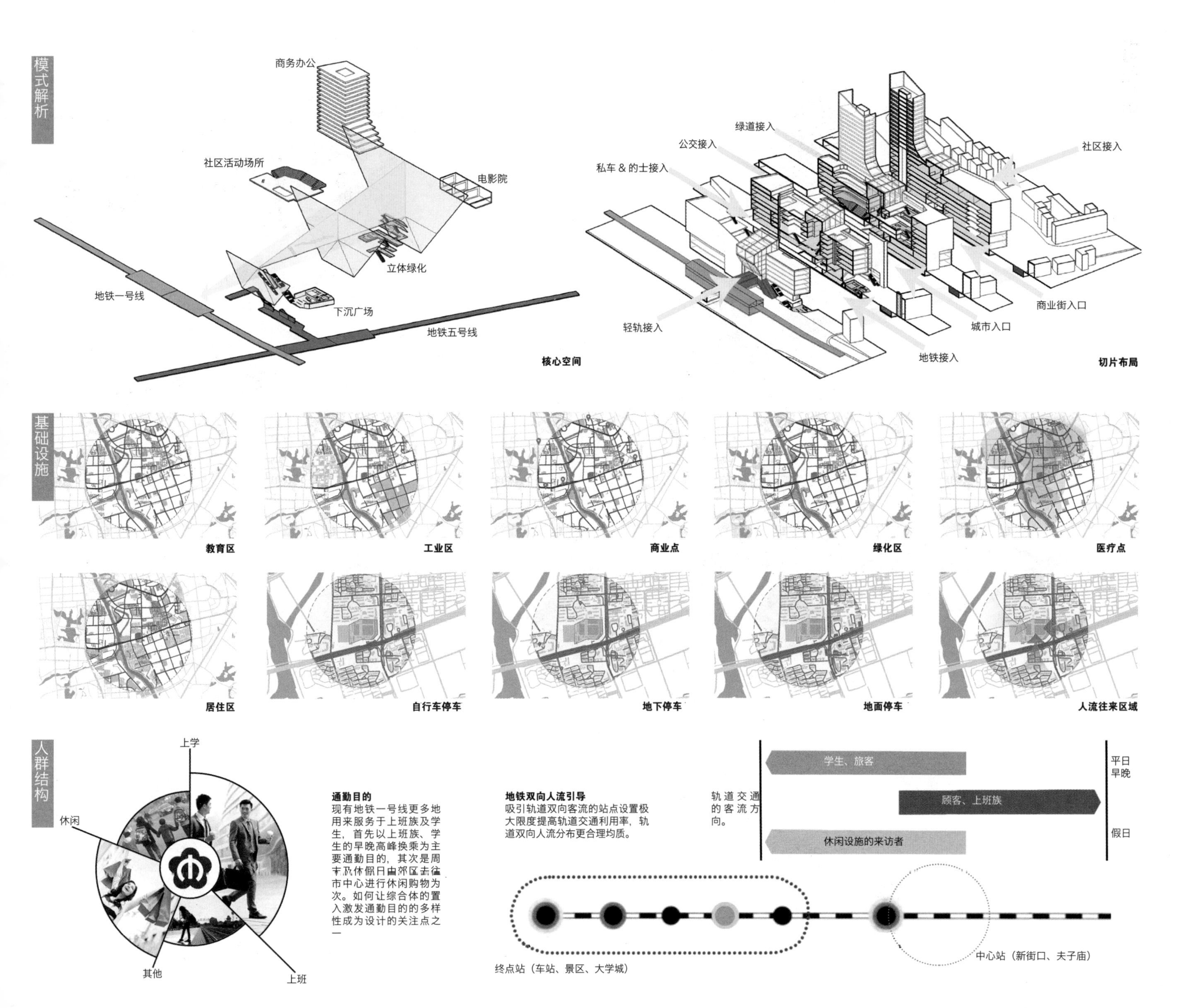
模式解析
商务办公
社区活动场所
电影院
立体绿化
地铁一号线
下沉广场
地铁五号线
核心空间
绿道接入
公交接入
私车 & 的士接入
社区接入
轻轨接入
地铁接入
城市入口
商业街入口
切片布局
基础设施
教育区
工业区
商业点
绿化区
医疗点
居住区
自行车停车
地下停车
地面停车
人流往来区域
人群结构
上学
休闲
其他
上班
通勤目的
现有地铁一号线更多地用来服务于上班族及学生，首先以上班族、学生的早晚高峰换乘为主要通勤目的，其次是周末及休假日由郊区去往市中心进行休闲购物为次。如何让综合体的置入激发通勤目的的多样性成为设计的关注点之一
地铁双向人流引导
吸引轨道双向客流的站点设置极大限度提高轨道交通利用率，轨道双向人流分布更合理均质。
轨道交通的客流方向。
学生、旅客
顾客、上班族
休闲设施的来访者
平日早晚
假日
终点站（车站、景区、大学城）
中心站（新街口、夫子庙）

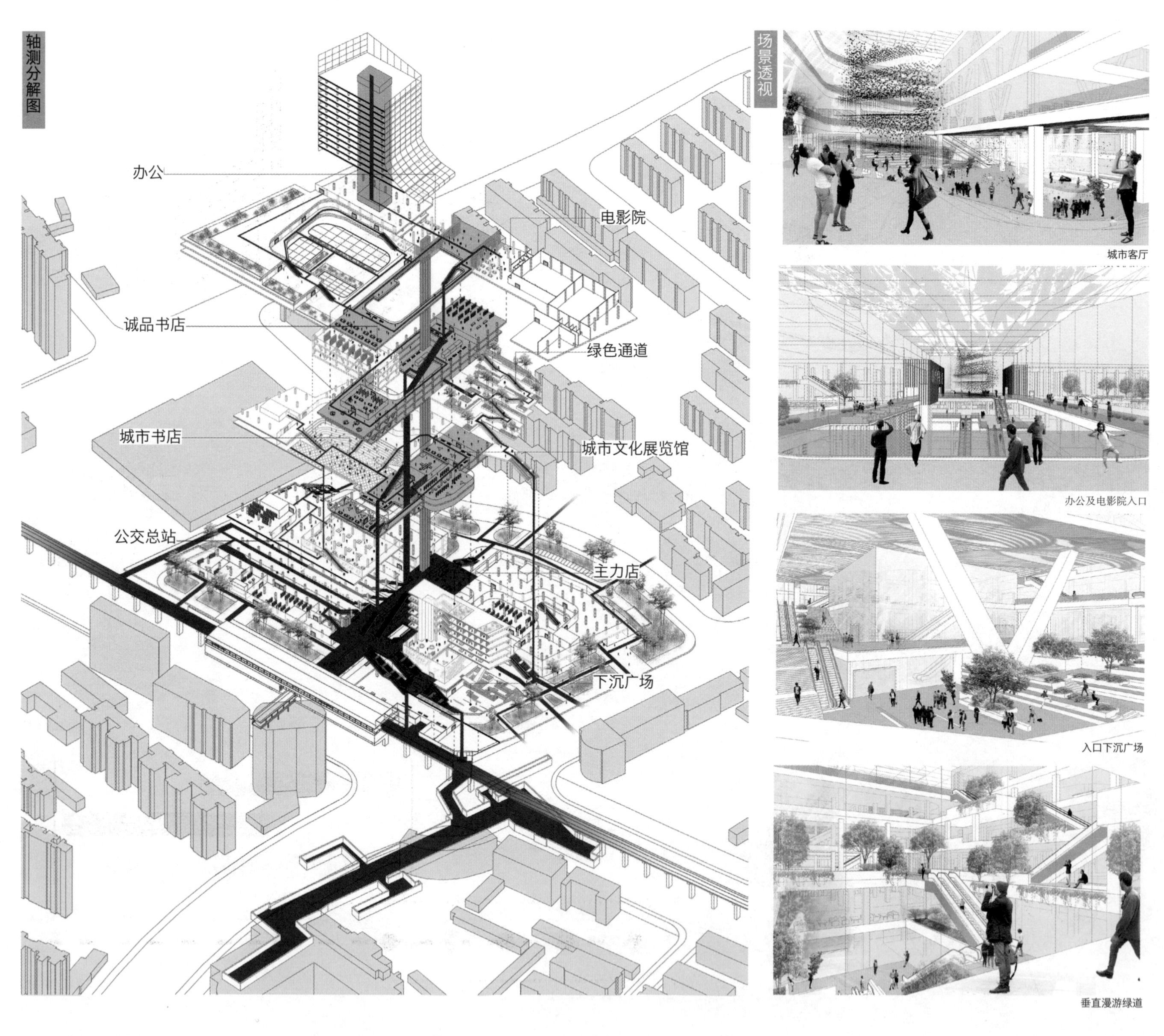

城市客厅

办公及电影院入口

入口下沉广场

垂直漫游绿道

方案一：换乘集中于与轻轨平行的带状空间，保证效率最高；从东南广场引出三条放射状场地流线，组织场地及建筑功能。

方案二：建筑设置两个"庭"，靠近轻轨的室内中庭用于集中交通换乘，室外庭院为城市公共空间，商业围绕两个"庭"布置。

两个初期方案比较

方案一虽保证了换乘效率，但并没有突破传统换乘空间单一孤立的现状，且与商业结合度不高，方案二集中换乘空间标志性不强，虽与商业有较好的结合，但包围式的布局使商业空间大多为线型空间，体验单一。

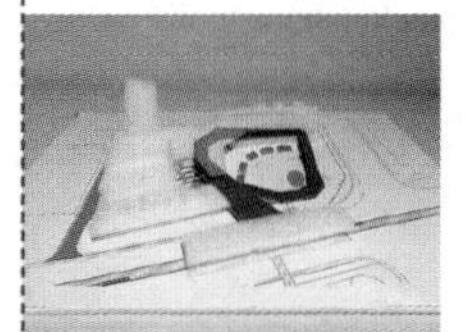

在上海调研的基础上，我们研究了换乘"核"的可能性，在保证换乘效率同时考虑与商业结合的前提下，我们提出了"一轴一环"的初步想法，轴用于集中交通换乘，环用于与商业和城市空间的联系。

换乘核心研究

"一轴一环"的策略并没有建立交通换乘与商业、公共空间之间的直接交互关系，"Urban Core"空间有待进一步复合化、集约化，并赋予强烈的可识别性；方案在场地东南角向城市打开的策略可以延续并深化。

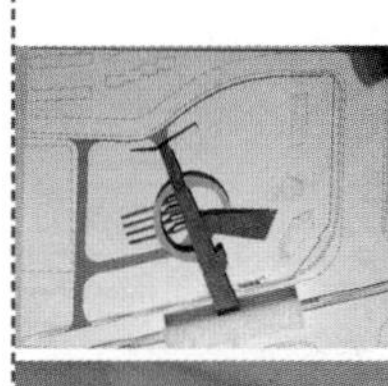

将"轴"与"环"进一步结合，轴作为集中换乘空间贯通建筑及场地，环作为初级联系空间，串联在轴上，轴与环交叉的地方形成核心空间。

核心空间初步

核心空间初步形成，但过分强调气形式感，导致核心空间与上部体量之间的联系脱节，且核心空间过于内向，与城市关系薄弱，下一步将明确核心空间组织模式。

通过香港案例调研，我们开始再思考核心空间的组织模式，从抽象空间逻辑入手，引入"空间切片"的手段，来进一步完善核心空间到整个建筑的功能排布及相互之间的关系，创造了在水平和立体维度都能实现"交通—商业"的空间价值逐渐过渡的模式。

抽象模式梳理与提取

明确了操作手法，空间组织逻辑逐渐清晰，交通空间与商业空间、公共空间之间的过渡和联系也趋于紧密和复合，形成了良好的互相激活和服务的关系；但核心空间与两侧空间的联系和衔接还欠考虑。

为了建立"换乘空间—商业空间、公共空间"之间的紧密联系，我们引入了"Artery"的概念，以核心空间为主动脉，将人流向周围空间引导和输送，在核心和末梢之间，我们试图创造一个"第三空间"来完成这种过渡和联系，而城市公共空间也紧密布置在第三空间内。

Artery- 概念初步

"第三空间"的尚未成形，由核心到末梢之间的过渡依然显得生硬；轴状核心空间两侧的界面与"第三空间"的设计是相互关联的，应该进一步推进。

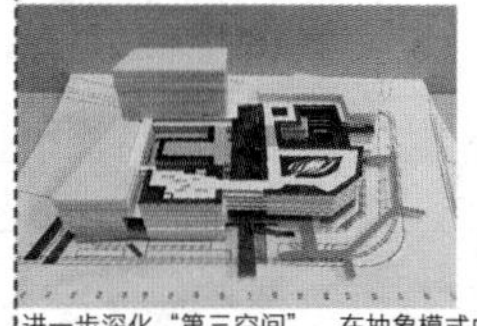

进一步深化"第三空间"，在抽象模式中植入一个斜面，通过斜面来实现核心轴路径的可达和视线的可见，斜面上在核心轴两侧各置入一个次级空间，次级空间为城市公共空间，在通过次级空间联系到商业空间。

Artery- 概念深化

空间模式是基本确定，交通与商业、公共空间的联系清晰可辨，但次级空间处理手法略显繁琐，核心空间不够突显，建筑形体需要整理。

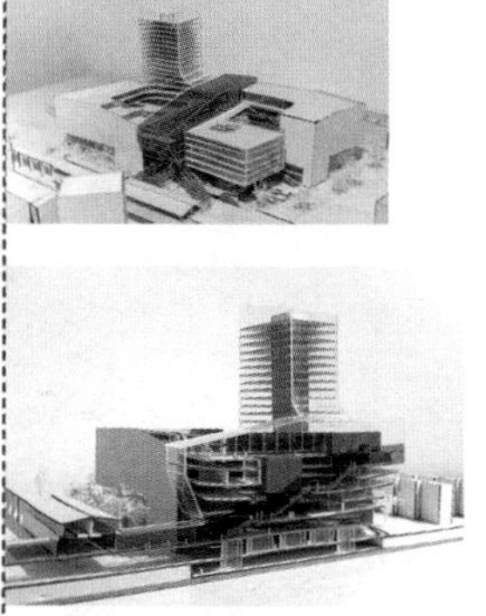

最终成果

研究过程

立面图

南立面图

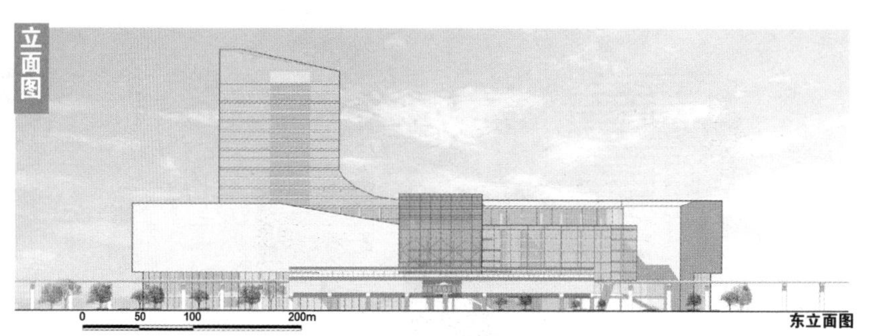

东立面图

剖面图

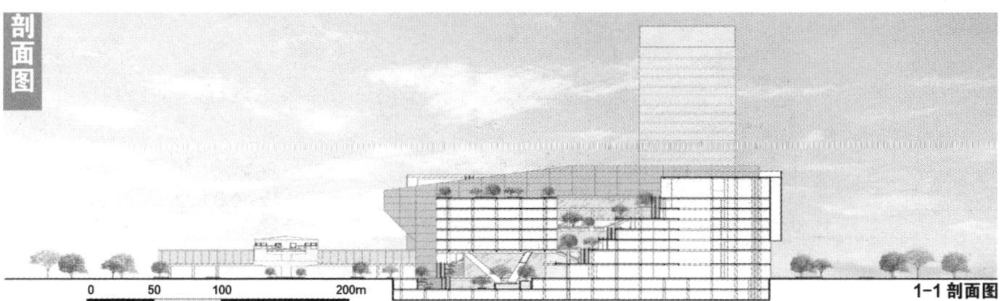

1-1 剖面图

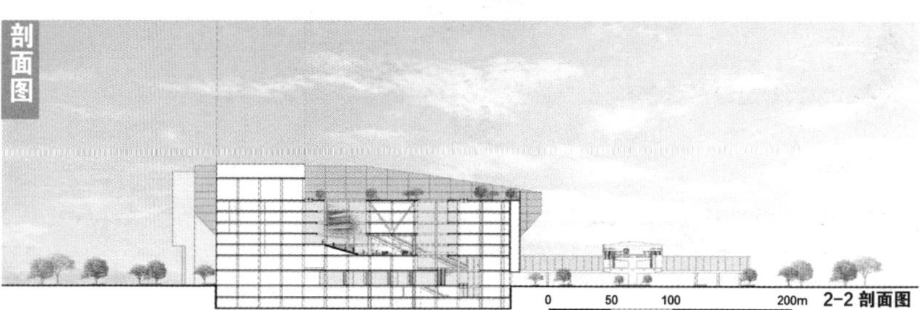

2-2 剖面图

效果图

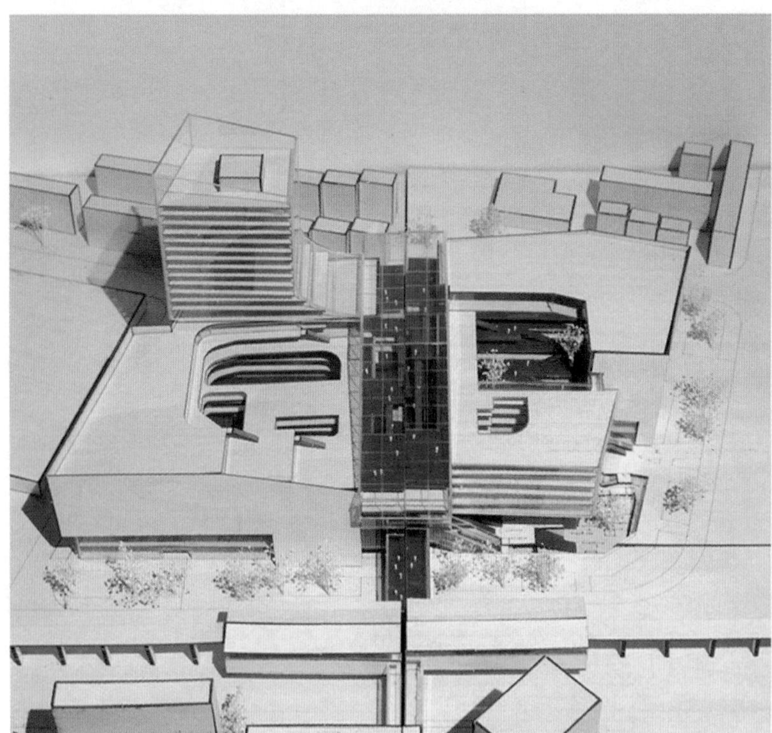

折子戏
——园屋之微缩瞻园

参赛人员 梁西 马宇晴
参赛类别 建筑设计
学　　历 本科
所属院校 东南大学
指导教师 韩晓峰

鸟瞰图

设计说明

本方案设计灵感源于历史名园——瞻园，我们试图在极小尺度内造园，形成瞻园的微缩空间。如果把园林理解为一种图纸上的“舞台般的地理布景”，那么，人、屋、桥、廊等就是这个舞台布景上的“道具”或者“角色”，是一个场景到另一个场景的中介之物。因此，采用空间切片的设计手法，在瞻园中，由南到北纵向截出关键的空间节点，然后抽象出瞻园入口、廊、轩、亭、厅、榭的空间，造出微缩园林，通过与园林的碰撞，形成极小尺度的游园体验。外展的空间，延长游园路径，当空间聚合在一起时，形成两条绝径，给人以可观不可达的空间体验。同时，结合传统门窗元素，获取几味意趣，在更小尺度内结合抽拉的座、书架和抽屉，丰富园屋的功能性。

我们将设计方案置于徽州民居的环境中，来探索园林的空间意向与民居的融合和碰撞。园屋空间的视线规划以及园屋立面的变化都融入徽州民居丰富的形态变化中。

折子戏是指由一场或几场组成的，有独立体系或全本大戏中的一出或几出别具特色的、有完整故事情节的小戏。本方案中由五个独立的模式组合形成一个完整的空间，就如同折子戏，每一“折”独立且丰富，空间整合到一起，再加上游人的互动，形成了意趣十足的游园“戏”。

总平面图

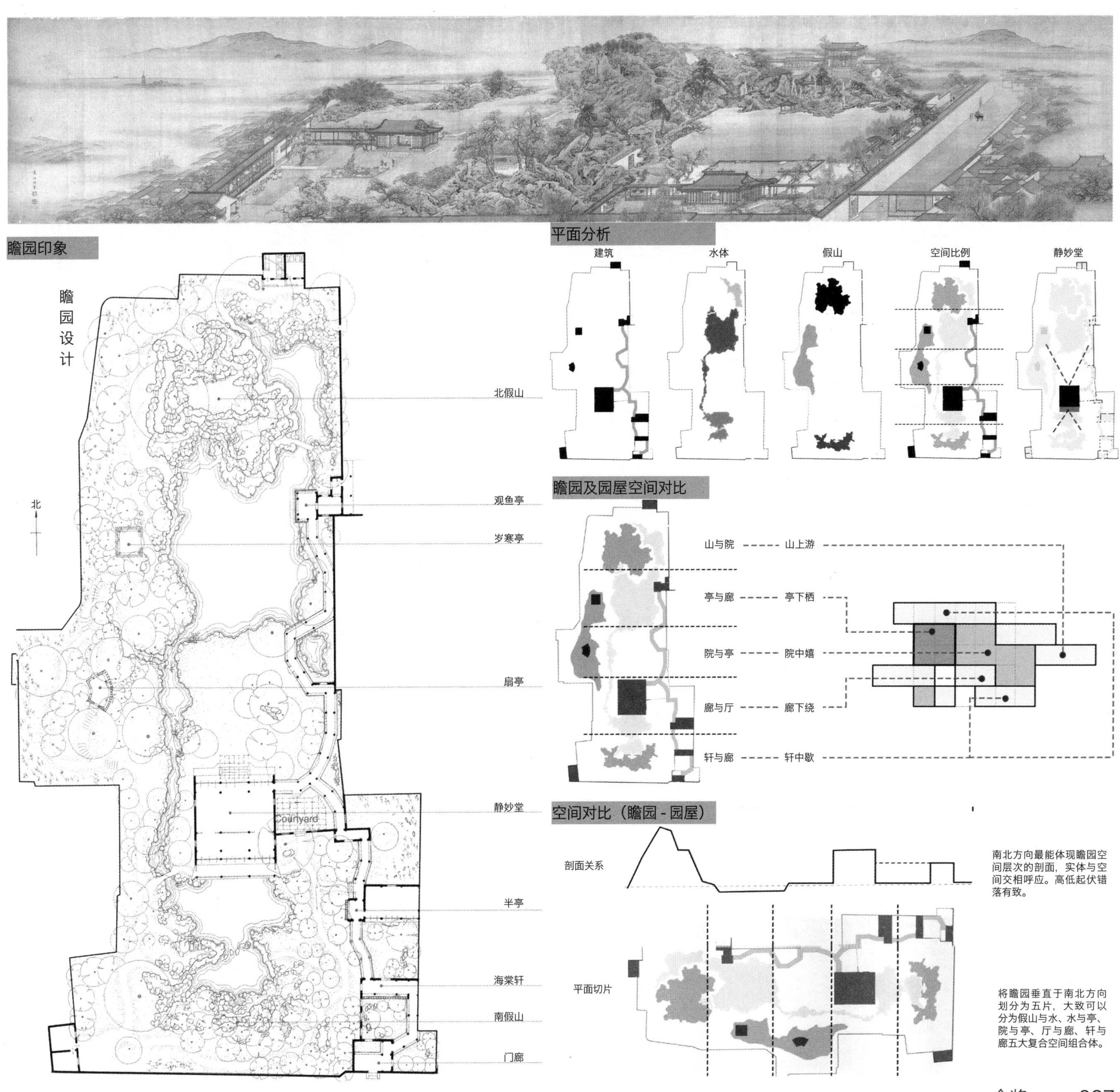
瞻园印象
瞻园设计
北
北假山
观鱼亭
岁寒亭
扇亭
静妙堂
Courtyard
半亭
海棠轩
南假山
门廊
平面分析
建筑
水体
假山
空间比例
静妙堂
瞻园及园屋空间对比
山与院 山上游
亭与廊 亭下栖
院与亭 院中嬉
廊与厅 廊下绕
轩与廊 轩中歇
空间对比（瞻园 - 园屋）
剖面关系
平面切片
南北方向最能体现瞻园空间层次的剖面，实体与空间交相呼应。高低起伏错落有致。
将瞻园垂直于南北方向划分为五片，大致可以分为假山与水、水与亭、院与亭、厅与廊、轩与廊五大复合空间组合体。

轴测分析图

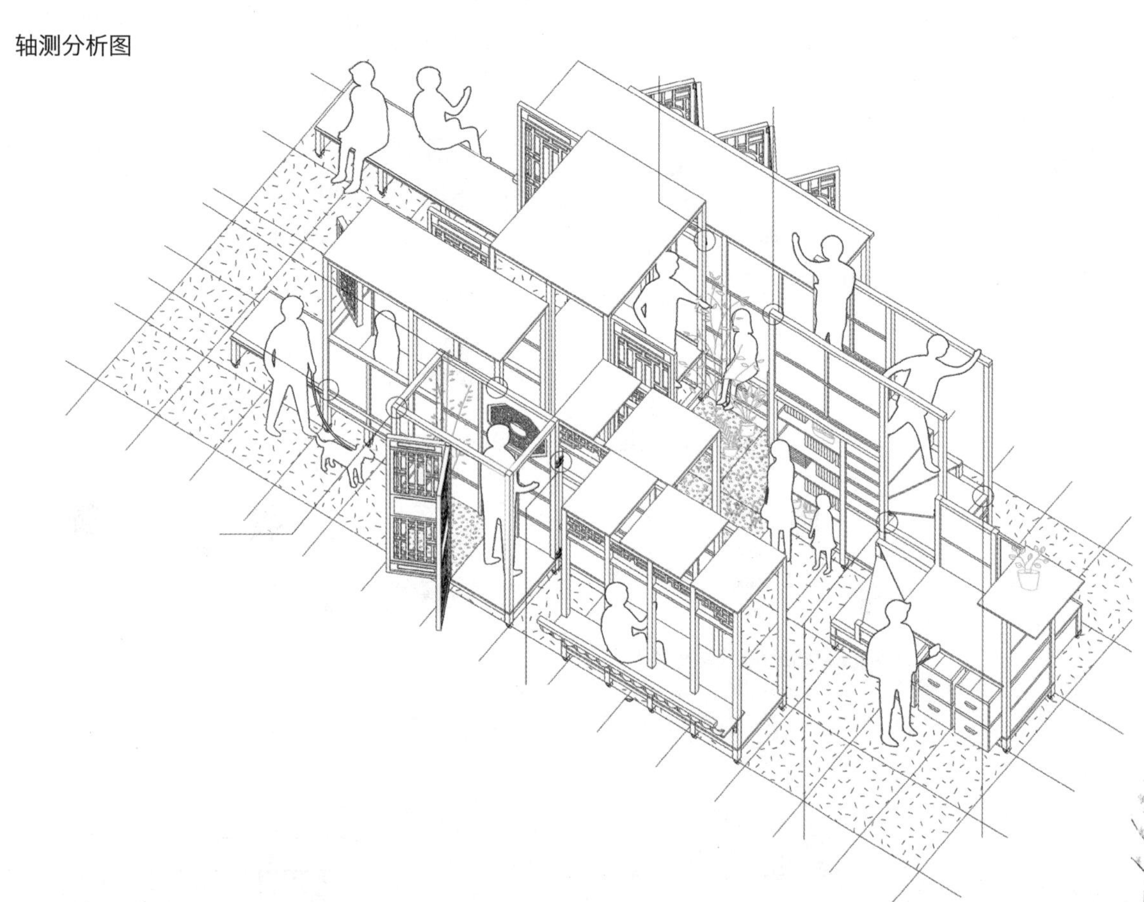

轴测分析图：体现园屋内人的状态，以及园屋外的状态。停留与行走，休憩与观赏，整个场景形成一出丰富的戏。

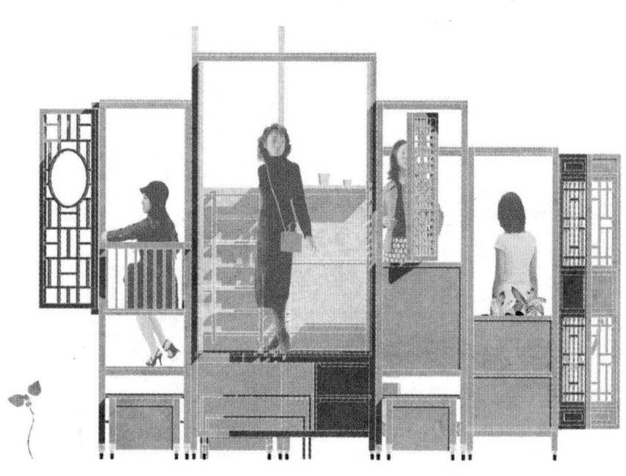

侧立面图（外展状态）

正立面图（外展状态）

侧立面图（外展状态）

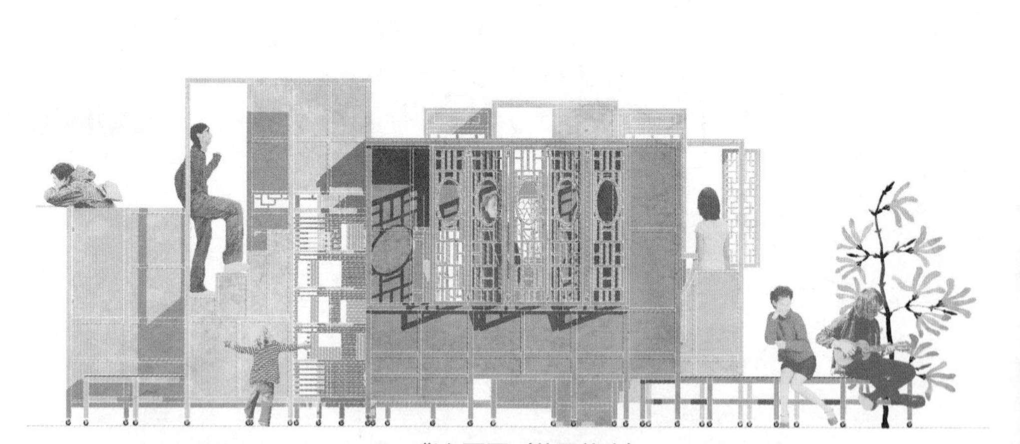

背立面图（外展状态）

背立面图（闭合状态）

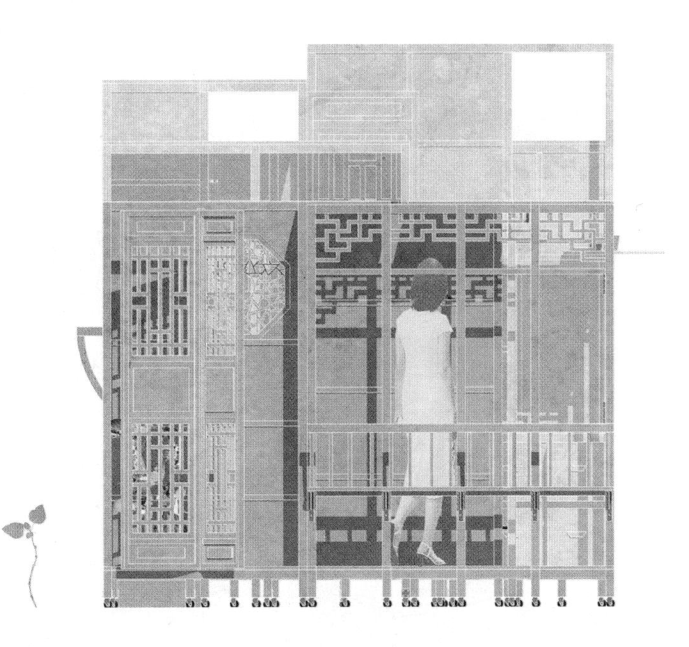

正立面图（闭合状态）

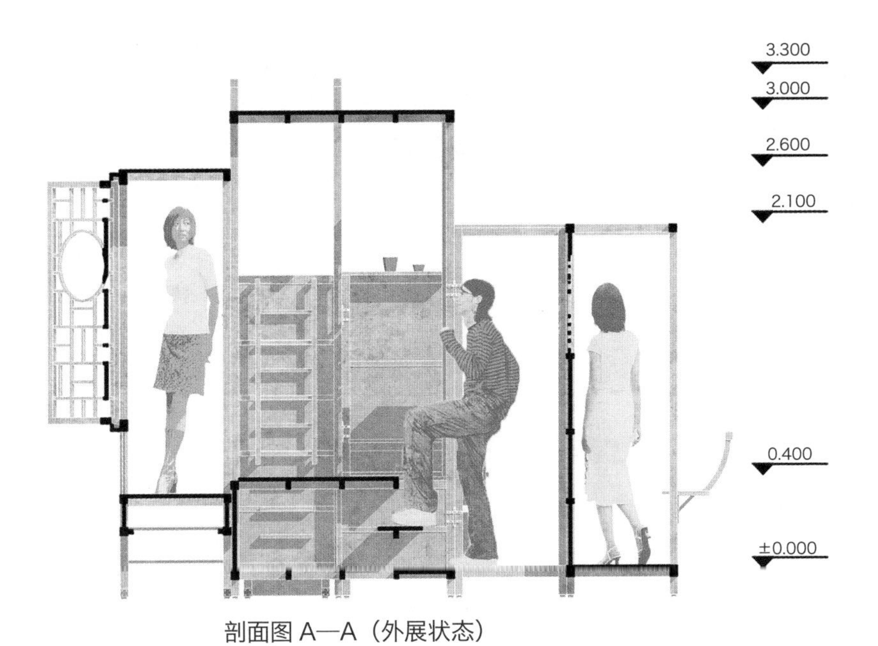

剖面图 A—A（外展状态）

剖面图 B—B（外展状态）

大透视图

小透视图

奥林匹斯工厂

参赛人员 王勇
参赛类别 建筑设计
学　　历 本科
所属院校 清华大学美术学院
指导教师 梁雯

效果图

设计说明

本次设计主要从技术对现代消费空间影响的研究入手，试图探讨消费空间与技术发展之间的关系，并对消费空间的发展方向提出一个新的转变。选取体育运动作为具体研究对象，分析发现，随着人们不断膨胀的虚假消费需求，现代消费空间的发展呈现相互叠加渗透、不断生长的状态。设计以此为背景，重新思考人的体验感知在消费空间的构建当中到底扮演着怎样的角色，如何重新定义消费空间。

奥林匹斯一号车间——健康怪谈建筑空间

建筑空间原型 | 独立健身室

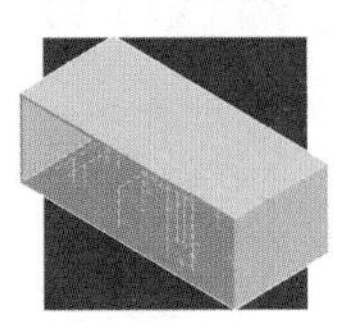

建筑空间原型 | 单杠器械训练室

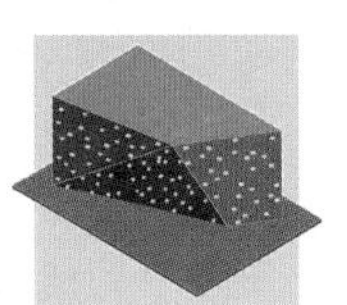

建筑空间原型 | 攀岩壁

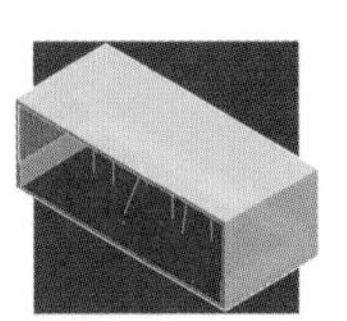

建筑空间原型 | 体操器械训练室

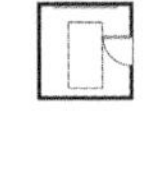

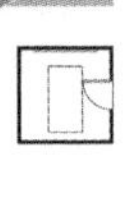

建筑空间原型 | 独立健身室

建筑空间原型 | 拳击训练室

建筑空间原型 | 体操锻炼室

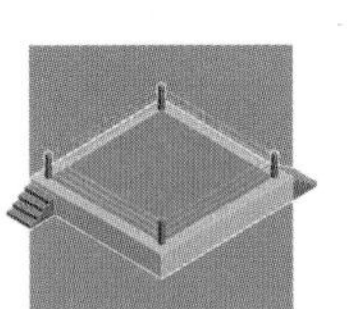

建筑空间原型 | 拳击擂台

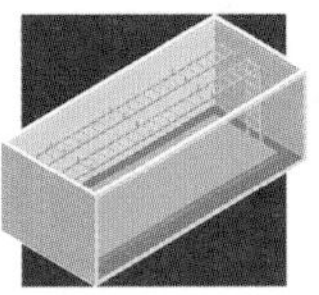

建筑空间原型 | 器械训练室

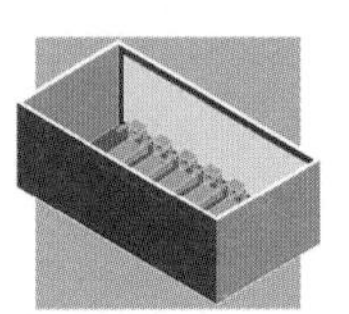

建筑空间原型 | 运动跑步机长廊

建筑空间原型 | 集体活动训练室

建筑空间原型 | 水上运动训练池

空间原型图

空间平面图

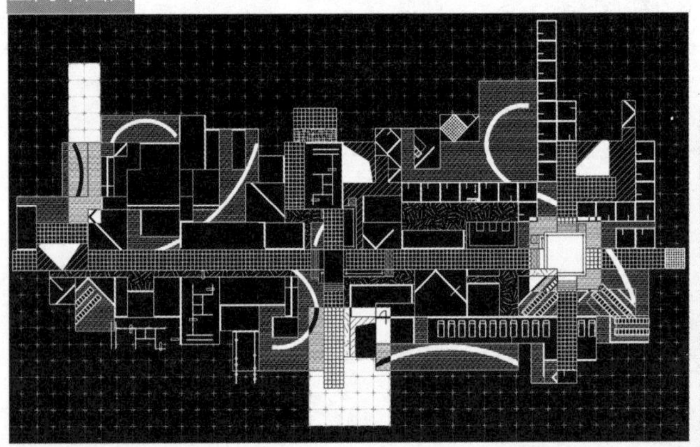

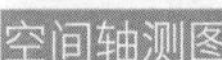

空间轴测图

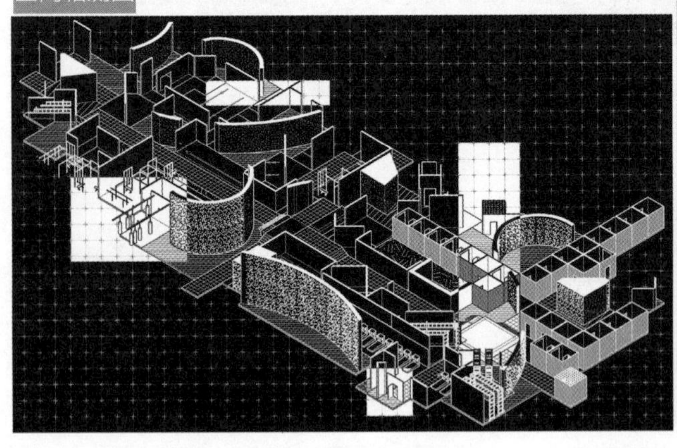

空间效果图

奥林匹斯二号车间——时尚秀场建筑空间

空间序列概念意向图

建筑空间原型 | 展示橱窗

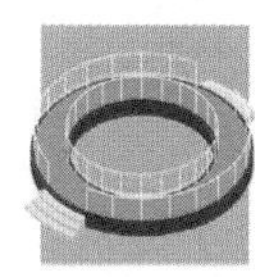

建筑空间原型 | 环形时装秀T台

建筑空间原型 | 时装秀T台

建筑空间原型 | 环形旋转楼梯

建筑空间原型 | 化妆间

建筑空间原型 | 剧场舞台

建筑空间原型 | 展柜

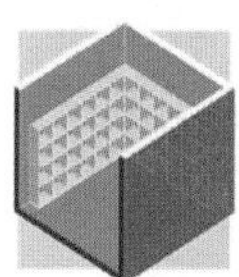

建筑空间原型 | 展柜

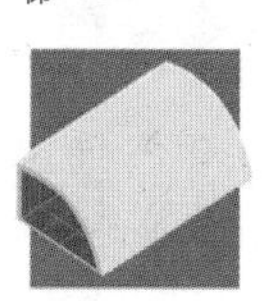

建筑空间原型 | 独立健身室

建筑空间原型 | 试衣间

空间原型图

空间平面图

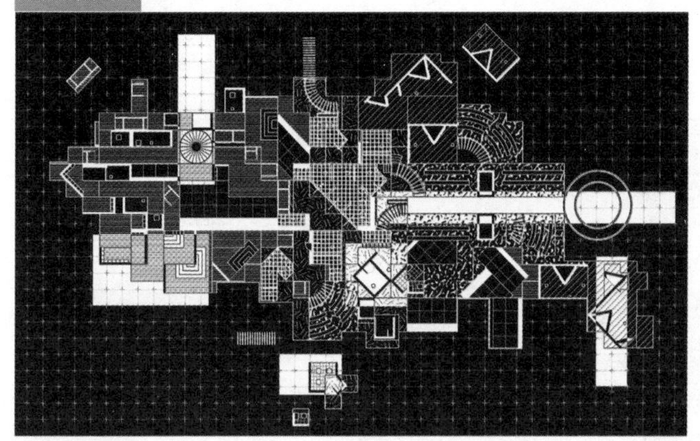

空间轴测图

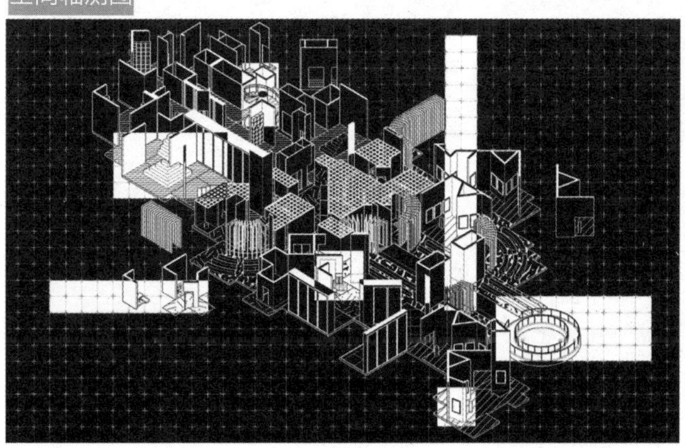

空间效果图

空间序列概念意向图

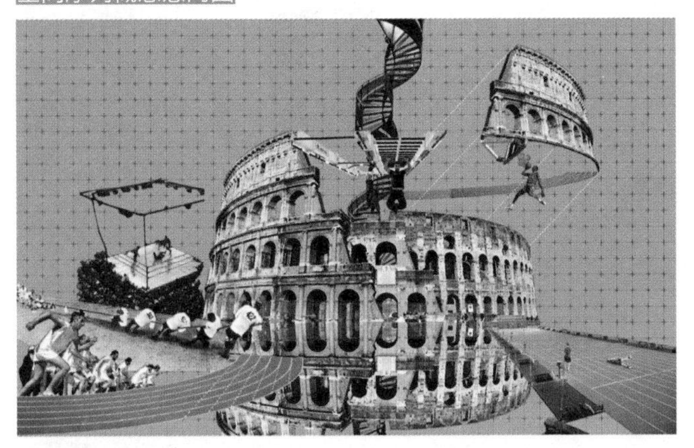

建筑空间原型｜运动操场

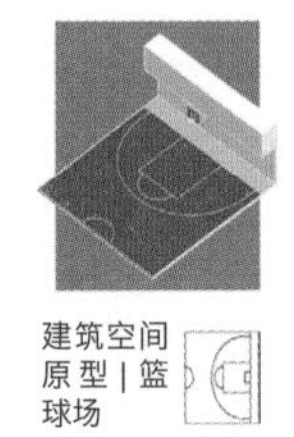

建筑空间原型｜篮球场

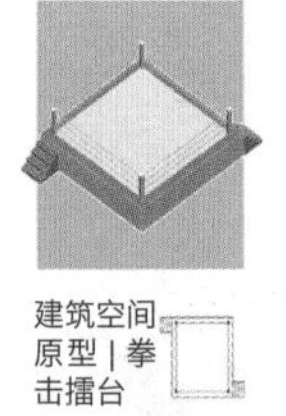

建筑空间原型｜拳击擂台

建筑空间原型｜曲面攀岩石壁

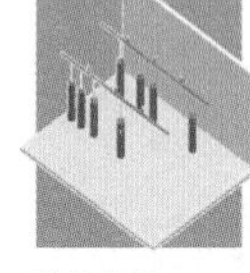

建筑空间原型｜拳击训练室

建筑空间原型｜羽毛球场

建筑空间原型｜雅典半圆形剧场

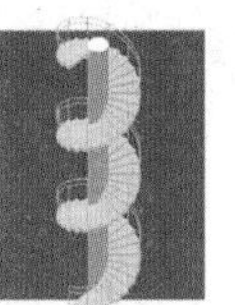

建筑空间原型｜旋转楼梯

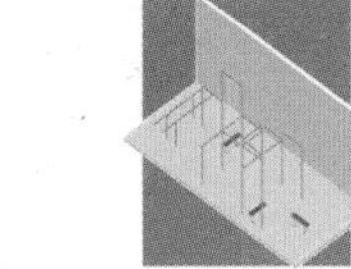

建筑空间原型｜机械对抗室

建筑空间原型｜游泳池

空间原型图

空间平面图

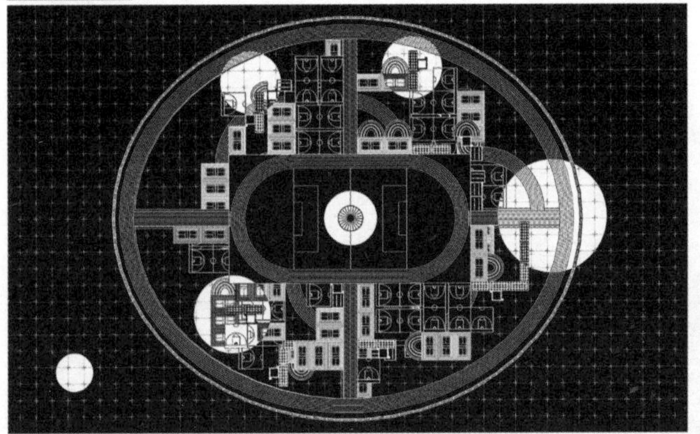

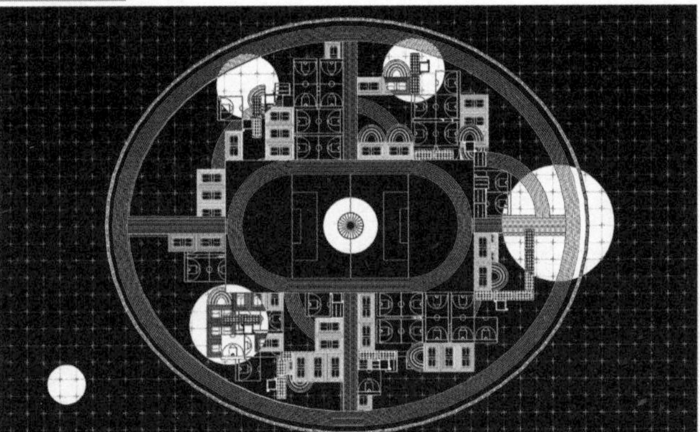

空间轴测图

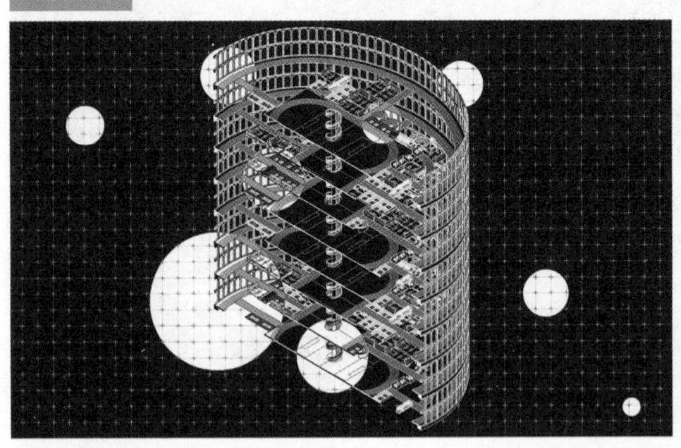

空间效果图

奥林匹斯四号车间——狂欢俱乐部建筑空间

空间序列概念意向图

建筑空间原型｜海报宣传阶梯

建筑空间原型｜环形座位

建筑空间原型｜运动比赛直播大厅

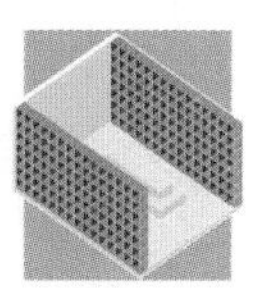

建筑空间原型｜展架

建筑空间原型｜独立卡座空间

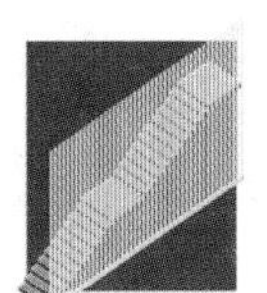

建筑空间原型｜格栅阶梯

建筑空间原型｜独立卡座空间

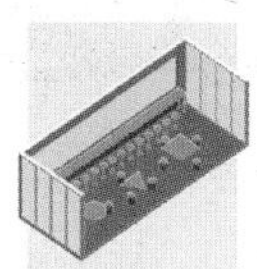

建筑空间原型｜长桌柜台

建筑空间原型｜电影放映

建筑空间原型｜多媒体幕墙

空间原型图

空间平面图

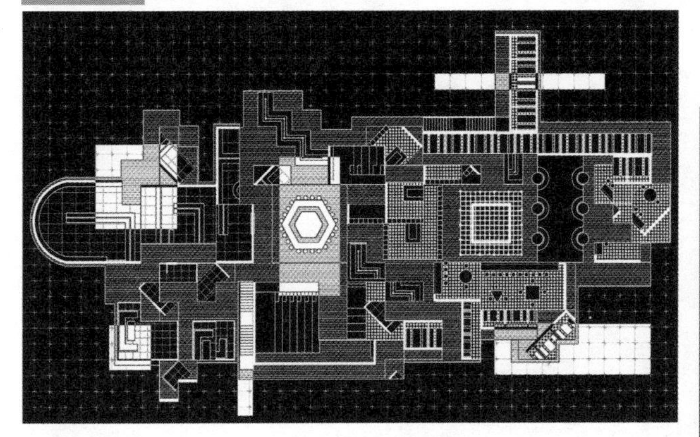

空间轴测图

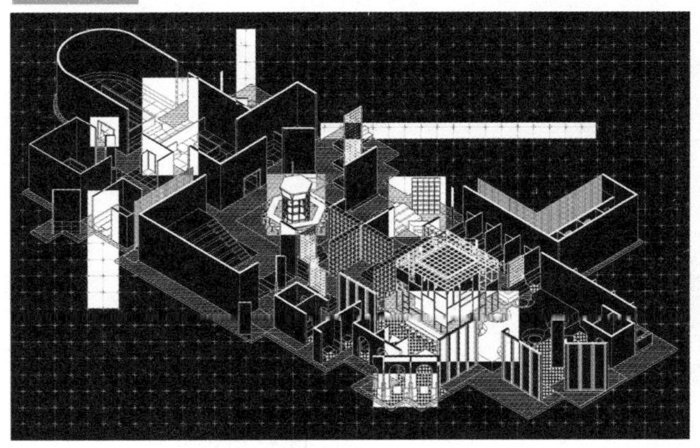

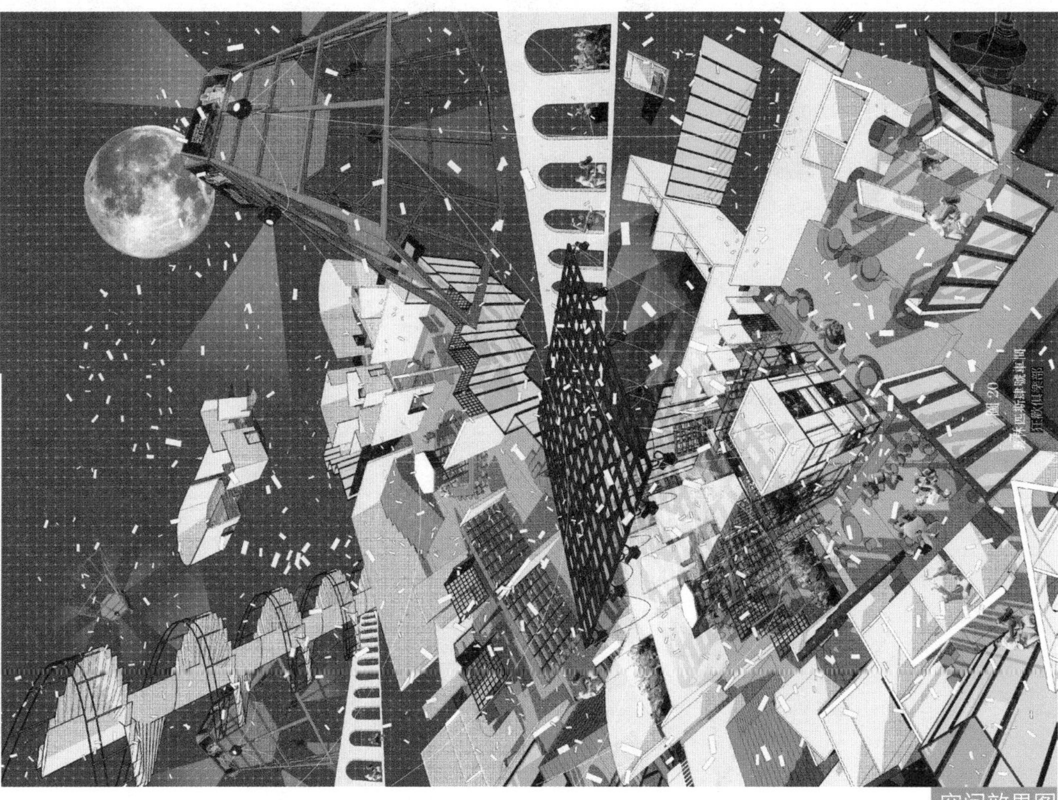

空间效果图

模型展示

基于新城代谢理论下的后工业矿坑景观与生态修复的再思考

参赛人员 孟钰 候海灵 封佳伟

参赛类别 景观设计

学　　历 本科

所属院校 吉林建筑大学

指导教师 郑馨

历史分析图

设计说明

莲花山矿位于吉林省长春市莲花山双山村，由于该基地的矿坑停止开采已久，每个矿坑内都有不同程度的地下水积水，景观破坏严重。根据其原理，希望利用每个矿坑的环境烘托出属于各个矿坑的不同气氛。矿坑从开发到鼎盛，再到荒废，是一个生长、更新到衰亡的过程。一号坑至三号坑的设计秉承这个理念，从开始到更新到反思，最后回归自然，不仅是建筑或是矿坑的消衍过程，也是人生的过程，让游览者在参观时也能体味人生，反思人生，不仅得到视觉上的感受，更产生情感上的共鸣。一号坑为本设计的开端，该坑的水域与地面参半，积水较浅，水生植物丰富。我们认为该地区具有良好的相互作用和亲水性，且有地势的优势，所以利用遮蔽性，创造富有乐趣的空间。二号坑是三个矿坑中水域面积最大、水深最丰富的一个矿坑，周边以采石场为主，有大量的原材料。设计将水上和水下相连，让水下的神秘和岛上的光明作对比。我们认为该区域可以在水上作出特别的效果，以沙漠中绿洲为原型打造矿坑水域中的孤岛，给人以希望。三号坑是一个极具特色的矿坑，它的水域呈细条状，这是特点之一；由于转角的视线遮蔽，进深不同，视线所及的范围不同，这是特点之二；入口流水形成的沟壑和矿坑周边原有的田地是特点之三；四号坑是整个设计流线的终点，所以我们决定利用实际的交错给人豁然开朗的新生感，沿着流线最后进入稻田景观，给人以回归自然，回归于现实的真实感。

鸟瞰图

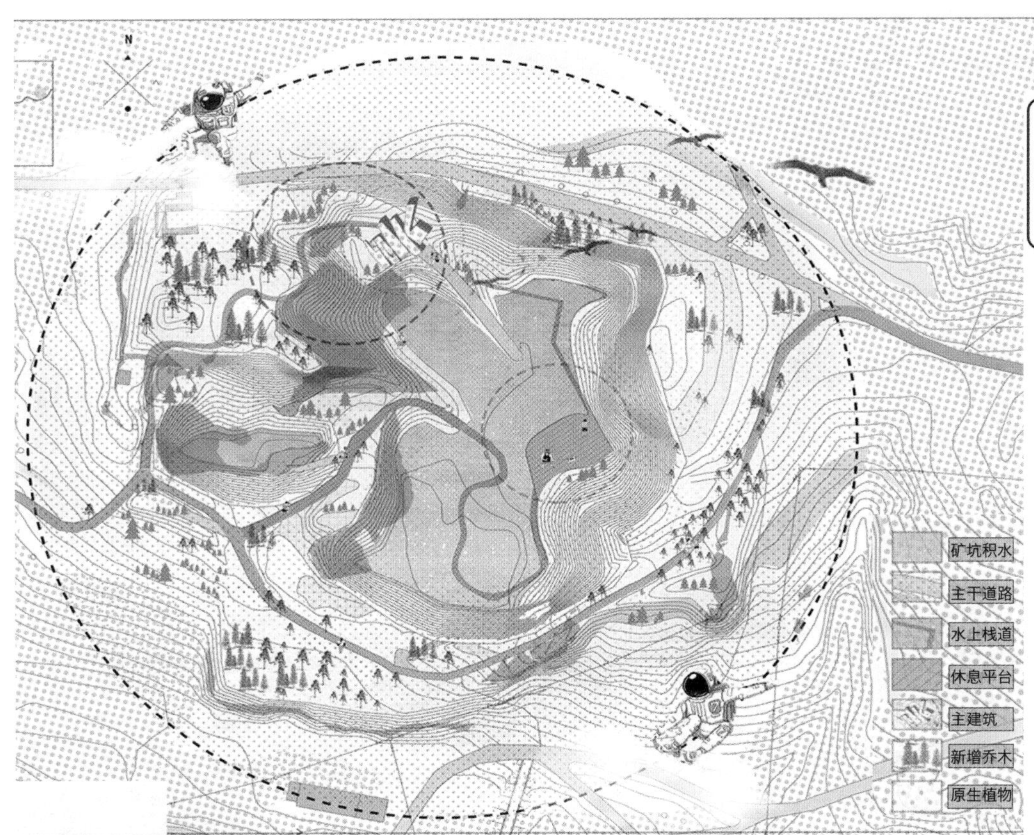

一号坑平面图

装配式可拆卸主体钢结构

体系简单：钢柱 + 钢梁 + 组合楼板的框架体系；结构稳定、质量轻、强度高、抗震性好、安全性好。模块化建设，构建工厂制作，现场模块化式安装，节约施工周期，施工速度快。空间布置灵活，能满足多种功能需求。建筑可拆迁，材料可全部回收利用，不会形成垃圾，符合可持续发展战略。

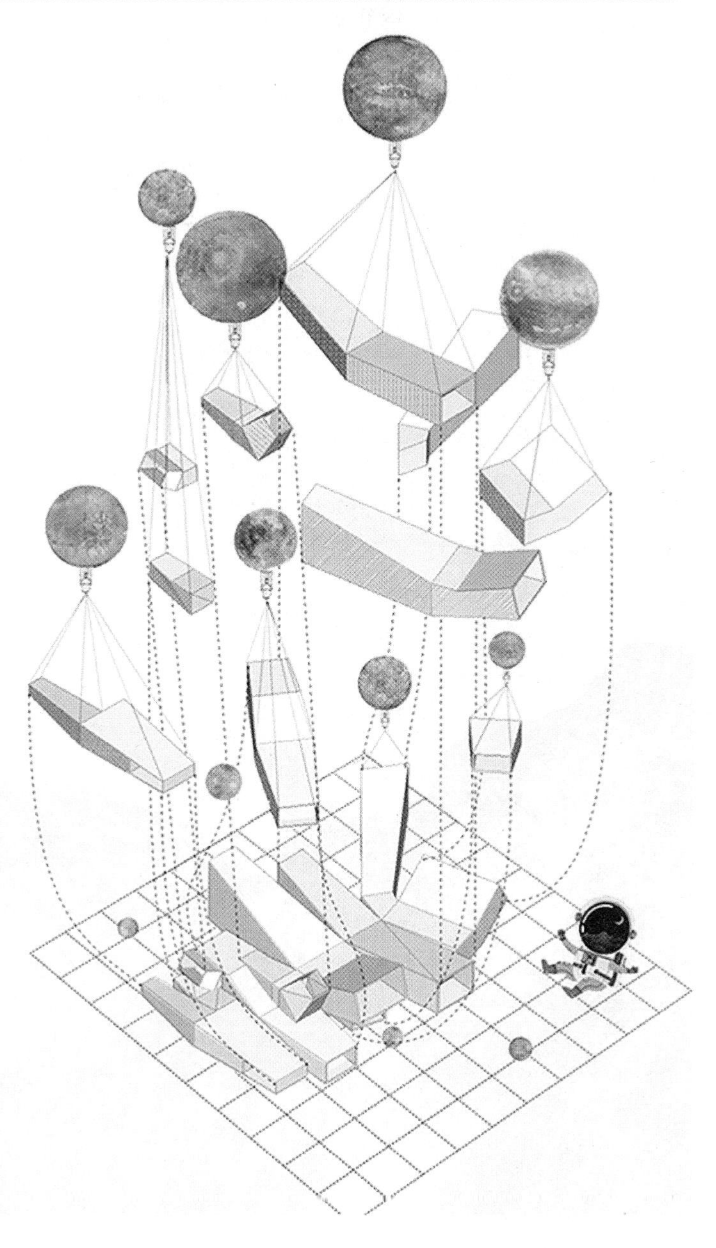

一号坑建筑分析

一号坑修复理念分析

二号坑修复理念分析

二号坑平面图

观景台效果图

Leylines Rebirth
——基于生态修复的船厂工业遗址景观设计

参赛人员 卢泓希 江蕙琳 刘雨含

参赛类别 景观设计

学　　历 本科

所属院校 浙江大学城市学院

指导教师 王玥

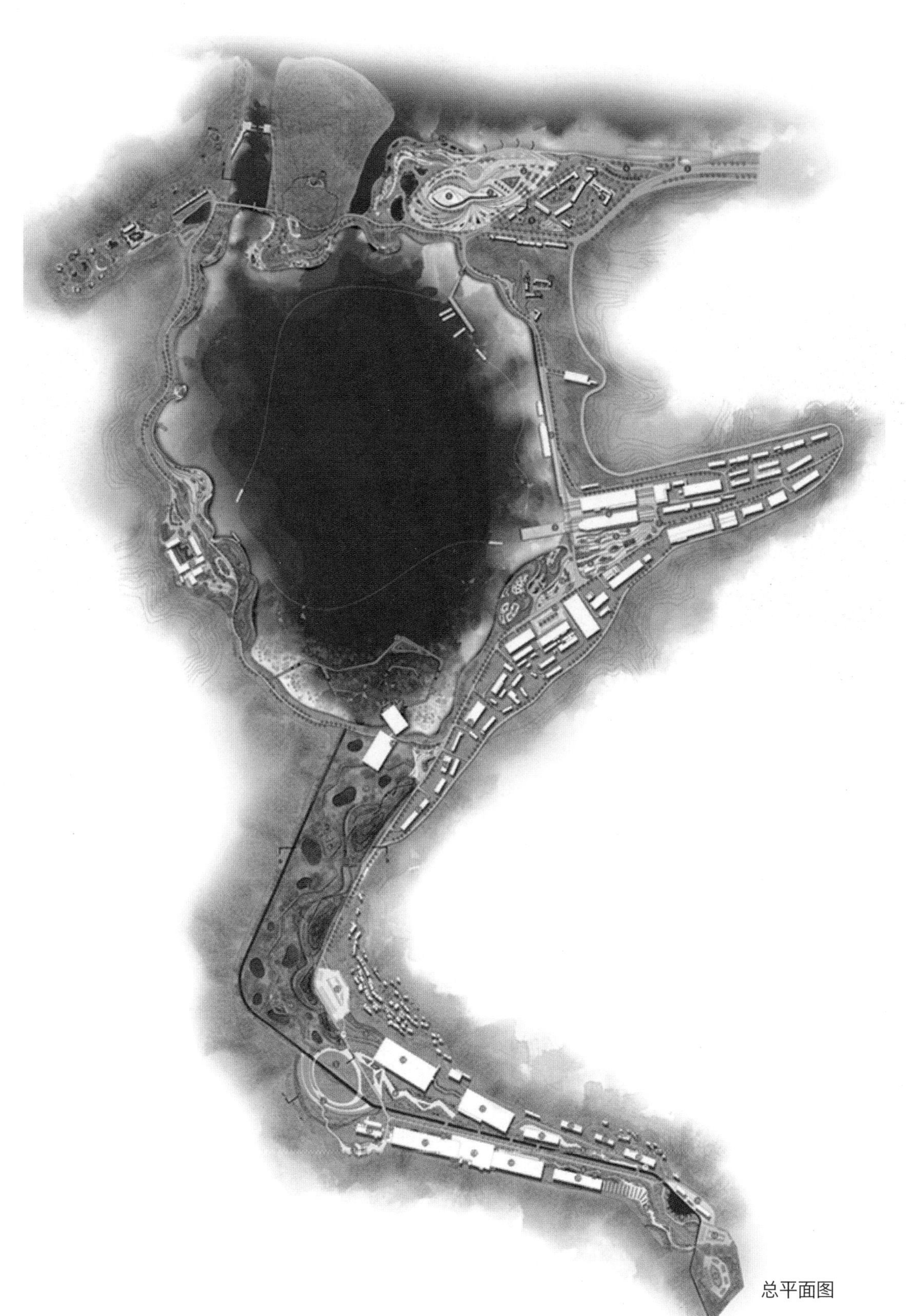

总平面图

设计说明

本设计从现状问题入手，探讨生态修复和人居环境提升角度下的工业遗址的更新手段，提出工业修复、工业改造、工业文化、工业更新四点策略，继而形成科技览船区、休闲读船区、众创品船区三个分区的中心设计理念，打造集工业科技、展览、旅游、休闲、科教于一体的特色综合工业体验区。

鸟瞰图

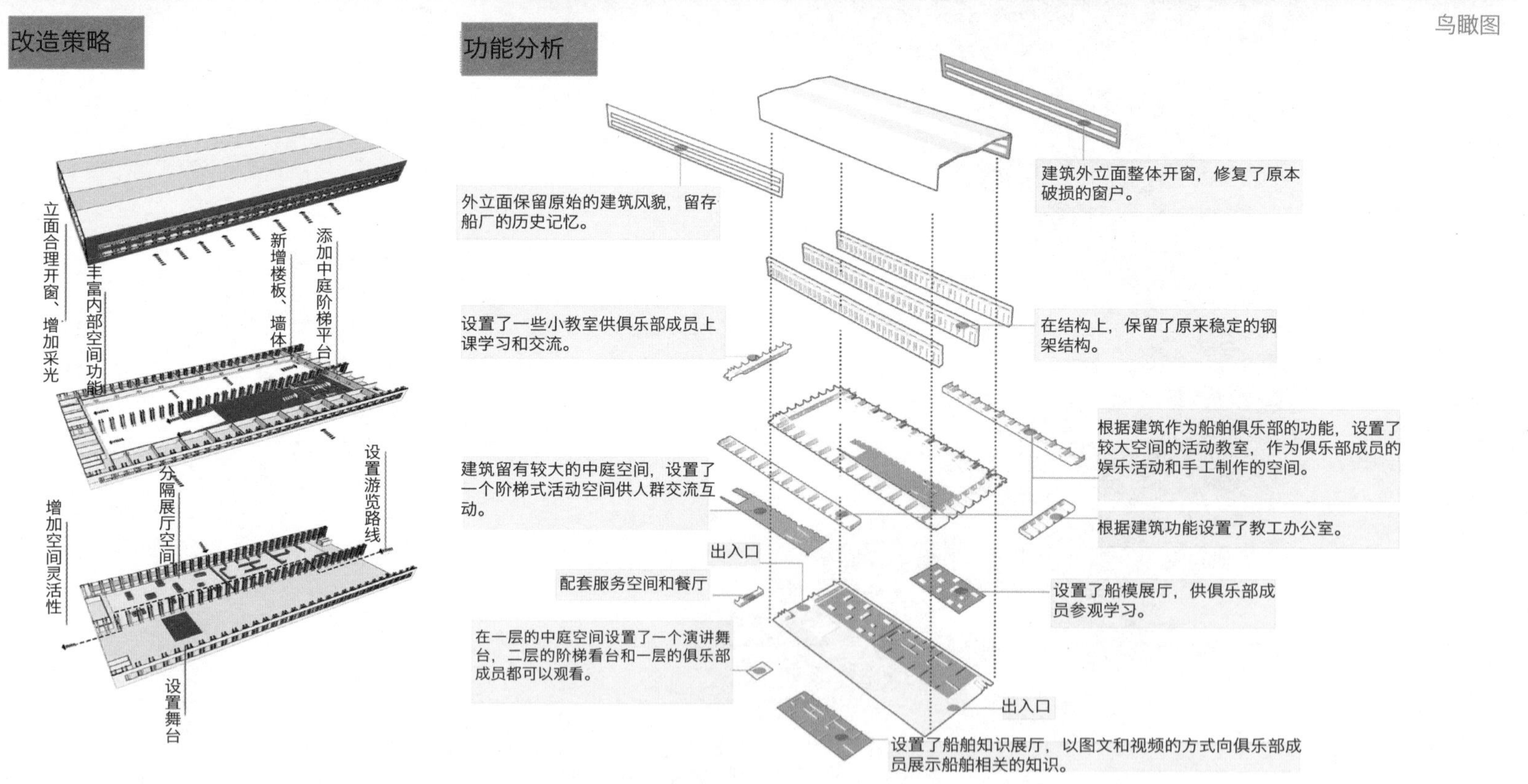

阶梯草坡节点

节点位置处于南部场地的入口，是一个重要的中心节点。与周边的建筑功能相结合，该节点处需要一个供人们交流的开放性的广场。

场地中贯穿一条细长的水渠，需要一个围合图形。

根据圆形的草坪，衍生出周边的咬合图形，使该节点在场地中较为突出。

根据水渠的形状和广场的功能需求，衍生出斜角的木质平台和座位席，丰富节点的功能与外观。

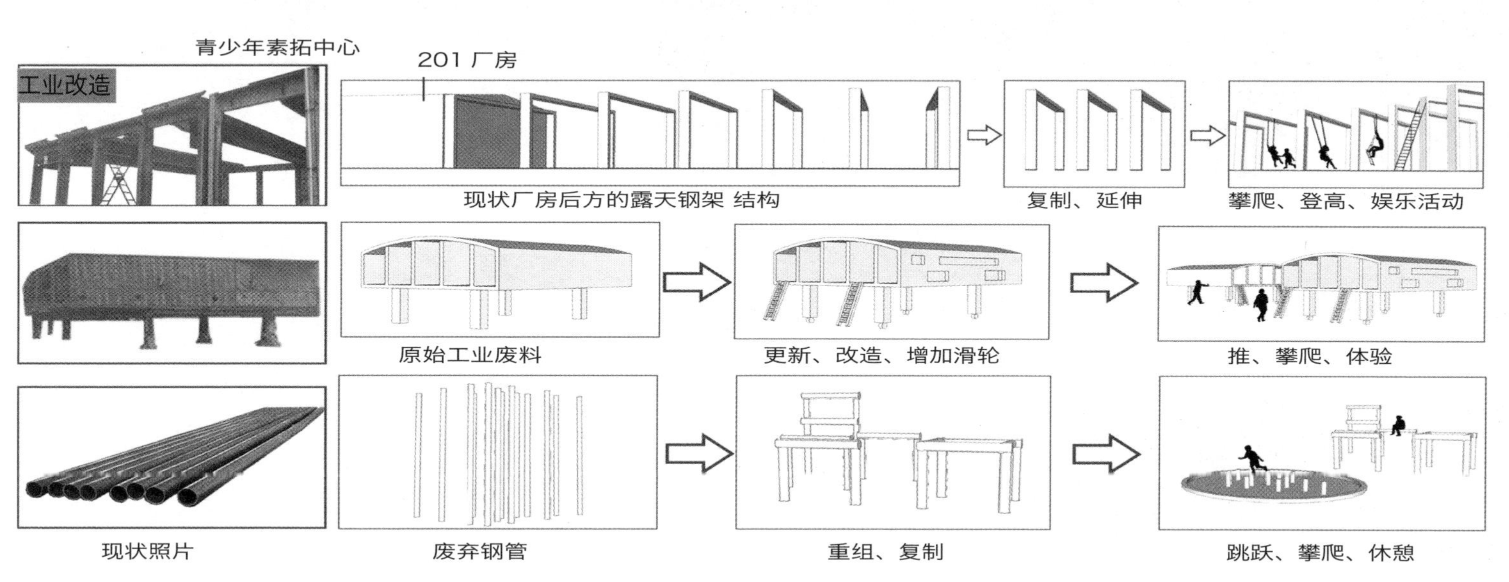

工业文化

船舶主题工业节点

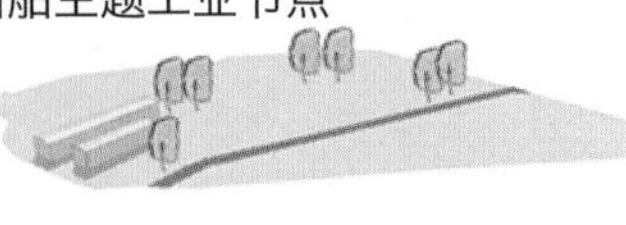

现状废弃开放空间

船零部件构筑物

=

船文化展示活动空间

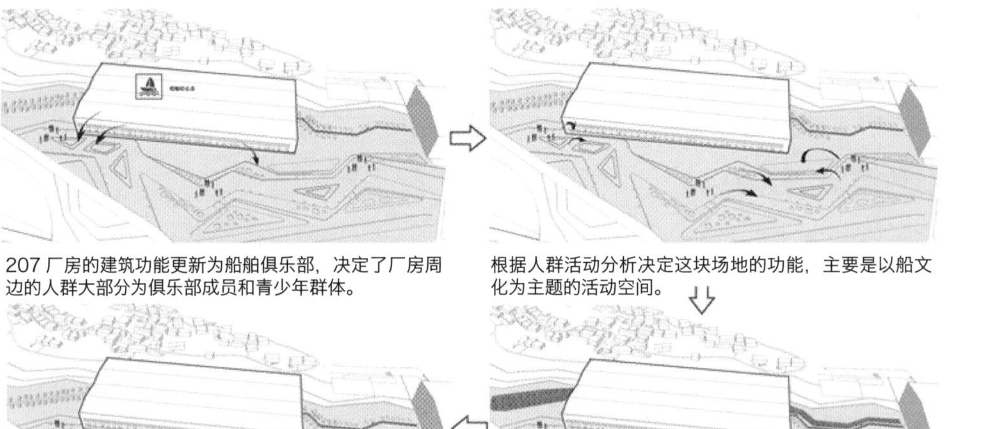

207 厂房的建筑功能更新为船舶俱乐部，决定了厂房周边的人群大部分为俱乐部成员和青少年群体。

根据人群活动分析决定这块场地的功能，主要是以船文化为主题的活动空间。

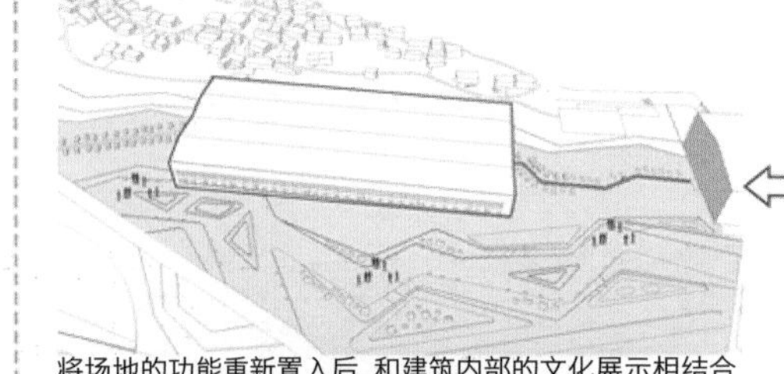

将场地的功能重新置入后，和建筑内部的文化展示相结合，成为青少年学习和参观船文化的另一个户外的活动空间。

结合场地本身随处可见的船零部件，将其改造利用，置入空间中，在主题公园中也放置了许多船和相关模型，作为户外的展示空间。

小火车节点

场地较大，增加小火车设施，可以更方便游客游览。小火车的造型也源于船的零部件，具有场地特色。

以主路进入船舶公园，在船舶公园中游览，途径船舶俱乐部和工业遗产教育基地，经过建筑外部和活动空间，于公园末端结束游线。

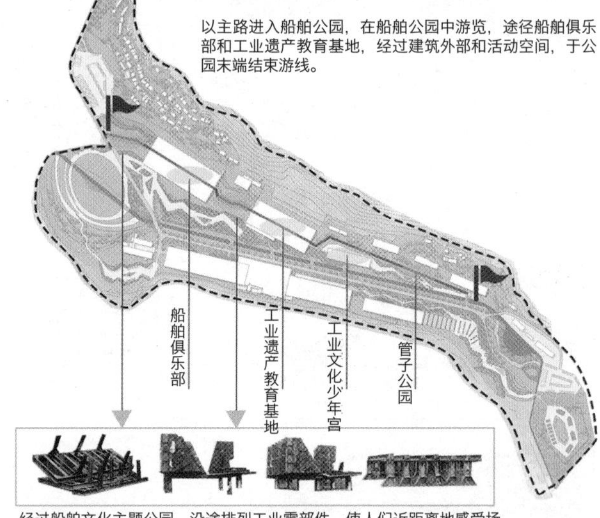

经过船舶文化主题公园，沿途排列工业零部件，使人们近距离地感受场地特有的工业文化气息。

场地中随处可见的工业废料

改造后服务于人群和体现工业文化的构筑物

改造利用

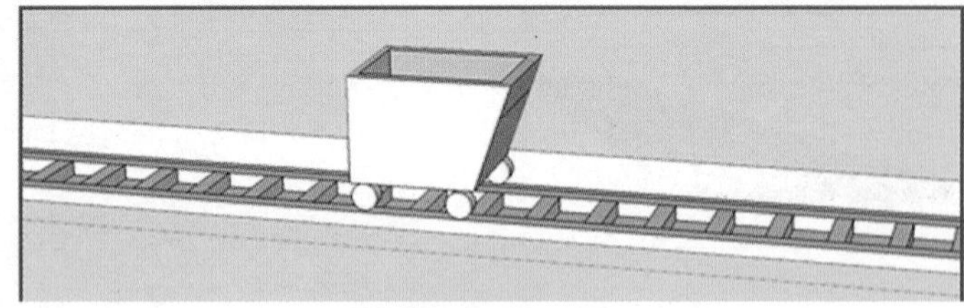

铺设轨道、增加座位和滑轮

漫读书园——南浔乌盆兜聚落式图书馆

参赛人员 虞佳 王哲君
参赛类别 景观设计
学　　历 本科
所属院校 中国美术学院
指导教师 邵健

鸟瞰图

设计说明

南浔藏书文化历史悠久，场地不仅临近南浔古镇，周边还有多所中小学及许多居民区。为了满足当地居民及部分游客的需求，我们提出了一个新的概念：园林式图书馆。

我们从图书馆这一概念出发，研究现代图书馆的流线和分区后发现，图书馆的气氛较为庄重，人们在图书馆内以阅读和学习为主。此外，图书馆作为一个多层建筑，与周边环境联系较弱。

我们希望未来的图书馆能解决这些问题，由此提出三个策略，一是将图书馆整体化的多功能区与阅读区打散分布；二是加入散落的休闲餐饮区和商业区；三是将景观系统引入，穿插在建筑中，让读者更亲近自然。

在节点设计中，我们选取了村落中心区的一块空地作为多功能广场，并将周边建筑改造成流动空间，同时将植物和水引入室内。整块区域在不同时间的使用方式也不同，分为普通日、周末书市、大型活动日（世界读书日）三种模式。

在未来，我们希望图书馆愈发侧重阅读者的交流理解，使读者的阅读行为与场所也更加自由，人们在读书时能够获得亦游亦读的惬意。

节点平面图

节点剖面图

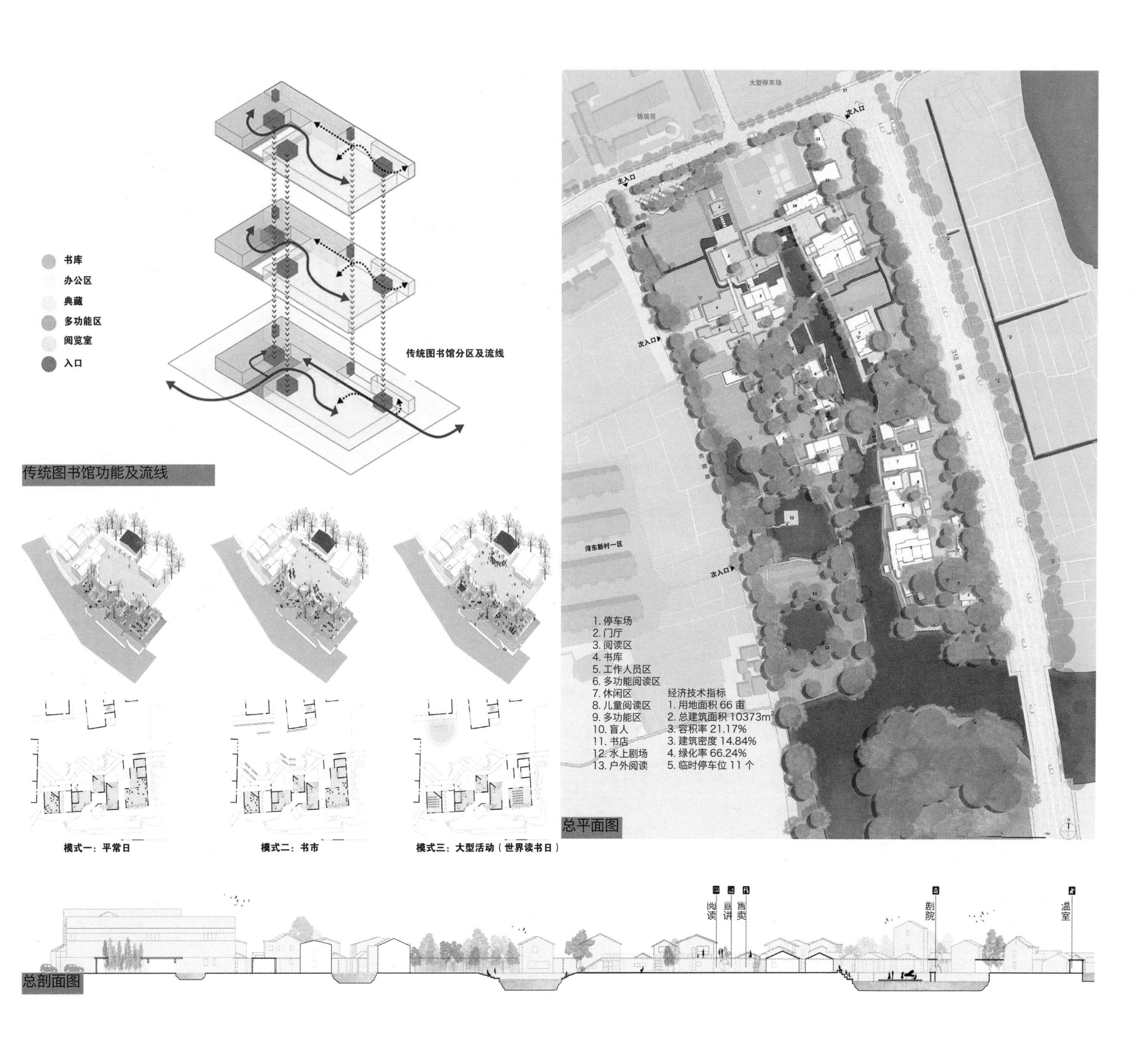

书库
办公区
典藏
多功能区
阅览室
入口
传统图书馆分区及流线
传统图书馆功能及流线
模式一：平常日
模式二：书市
模式三：大型活动（世界读书日）
大型停车场
次入口
主入口
318 国道
浔东新村一区
1. 停车场
2. 门厅
3. 阅读区
4. 书库
5. 工作人员区
6. 多功能阅读区
7. 休闲区
8. 儿童阅读区
9. 多功能区
10. 盲人
11. 书店
12. 水上剧场
13. 户外阅读
经济技术指标
1. 用地面积 66 亩
2. 总建筑面积 10373m²
3. 容积率 21.17%
3. 建筑密度 14.84%
4. 绿化率 66.24%
5. 临时停车位 11 个
总平面图
阅读
宣讲
售卖
剧院
温室
总剖面图

下沉阅读广场效果图

多功能广场效果图

归田乐购
——风景式田园超市

参赛人员 齐豫 赵雨薇
参赛类别 景观设计
学　　历 本科
所属院校 中国美术学院
指导教师 康胤

湿地采摘购物区效果图

设计说明

在这个超市里，村民是服务员，他们管理土地，制作一些农副产品，并教授耕种技能。市民作为顾客，在体验耕种的同时，能够更清楚地了解自己日常所食用的食物是如何从土地中生长出来的，收获安心健康的食品。

在场地大的规划中，我们打通了村内原有的河兜，使之与外围河流相连，打造水上交通。另外，根据场地原有土地肌理和种植特色，分为谷物、菜、果、湿地作物、草药几个大的购物区。因为受到季相变化、气候等因素的制约，在不同时段，超市购物区块的活跃程度是不同的，但是保证一年四季都有可以采购的食材。

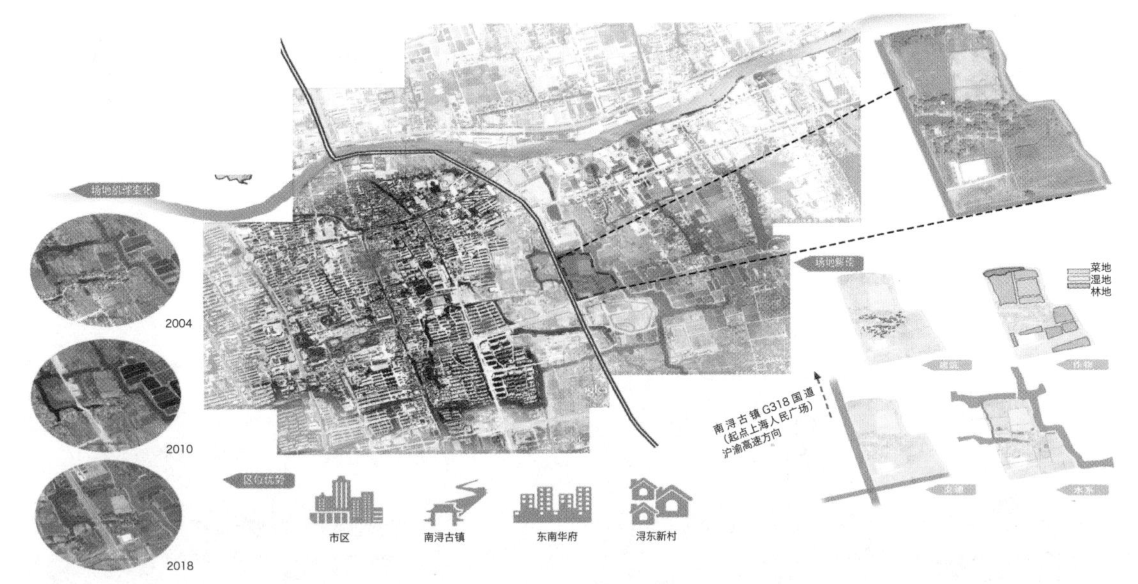

场地背景分析

总平面图

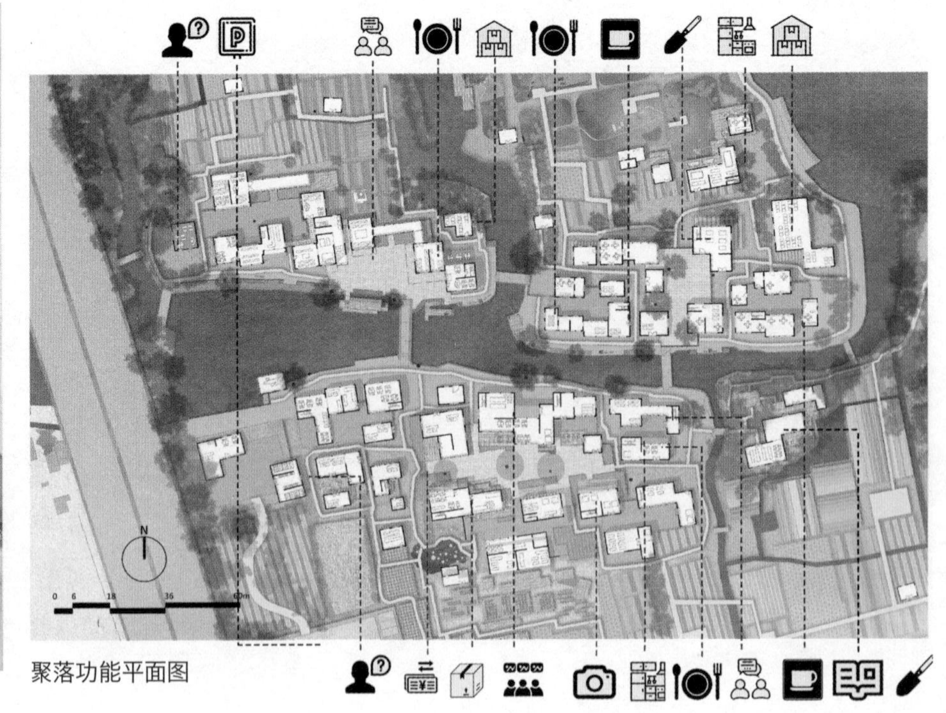

聚落功能平面图

田园节点效果图

总剖面图与节点效果图

水街广场效果图

内街广场效果图

San Junipero

参赛人员 王文武

参赛类别 室内设计

学　　历 本科

所属院校 清华大学

指导教师 梁雯

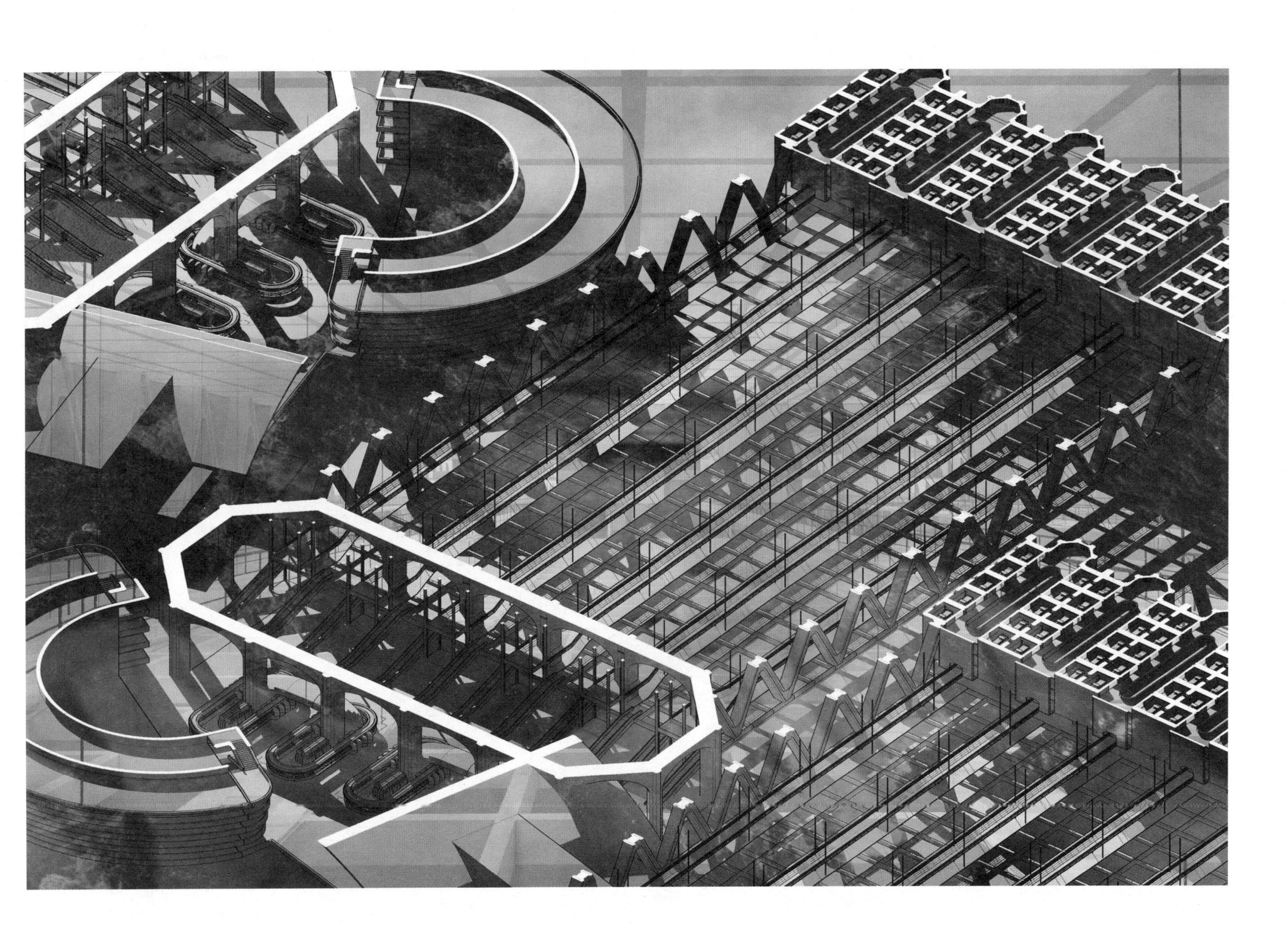

设计说明

此项目源自课程课题，课题通过食物这一平时被人忽略的东西，思考空间的意义生成，重新估量空间、距离和体验等概念，并提出一个新的审视空间运作的视角。项目从一部聚焦在两性关系的电影《花样年华》开始展开研究，研究得出一个与之捆绑的关键词，围绕“食物”这个对象，需要进一步定义二者之间的关系。“图像操作”是这个阶段的主要方法，通过选取和拼贴各种艺术作品片段，审视自己创作图像的特征，逐渐剥离出隐藏其中的空间意义，并构成设计概念。之后，“拼贴”策略被再一次使用到方案推进中，而这一次的操作对象是经典的空间元素和构件。

在前期对《花样年华》电影的研究中，发现食物在维系苏丽珍与周慕云之间的情感关系中是很平淡的，云吞面和糯米鸡都是香港大街上随处可以买到的小吃，即使是最正式的一场约会（两个人约在了茶餐厅），也无非是在香港典型的茶餐厅中吃鸡趴和牛扒，食物是融入在两个人的生活中的，而不是刻意的成为两个人的交集。所以我提取的关键词是“虚无”，食物在那里，又不在那里，即处于一种不重要、似乎不存在的虚无状态。

门诊轴测图

空间效果图 1

空间效果图 2

住院部轴测图

手术室轴测图

药房轴测图

空间效果图

情系黄土 重返家园
——陕州地坑院保护与更新模式下的更新设计

参赛人员 季然 赵涛 崔为天
参赛类别 室内设计
学　历 本科
所属院校 西安建筑科技大学
指导教师 刘晓军

设计说明

随着国家经济的发展、生活条件的改善，陕州乡村居民的居住条件也正逐步发生巨大变化。村民们逐渐从地下走向地上，地坑院正被一座座砖瓦房所替代，如今很少有人再建造地坑院了，村子里最晚建成的地坑院建于 20 世纪 80 年代初，成片的地下村落正在加速走向消亡。在此民居保护与土地开发产生矛盾的关键时刻，有选择地保护一些有代表性的地坑院村庄，已是刻不容缓。

经过改造的陕州地坑院，以改善当地居民居住环境、传承与保护地坑院的建筑形式为主，同时可以增加当地居民收入，留住人才。

村落的轴线延伸到村落区域，空间整合和渗透形成地域街巷，地坑院具有特色的建筑布局、材质、元素融入到街巷里。农居与农业景观结合起来，形成乡野特色景观。街巷部分充分体现地域活力与价值。还有就是需要功能广场，因此设计了下沉广场以作为各功能分区的枢纽或进行休闲娱乐、文化展示等活动。广场分为入口广场、休闲娱乐区、历史展示区、文化展示区、次入口广场、地坑大院区、餐饮特产区、民宿居住区等。在地坑大院区，原本是两座废弃的地坑院，经过整修与扩建，建成了大型的下沉广场，平时除了有绕场的社火表演和婚俗表演外，还有露天的具有陕州特色的“十碗席”。

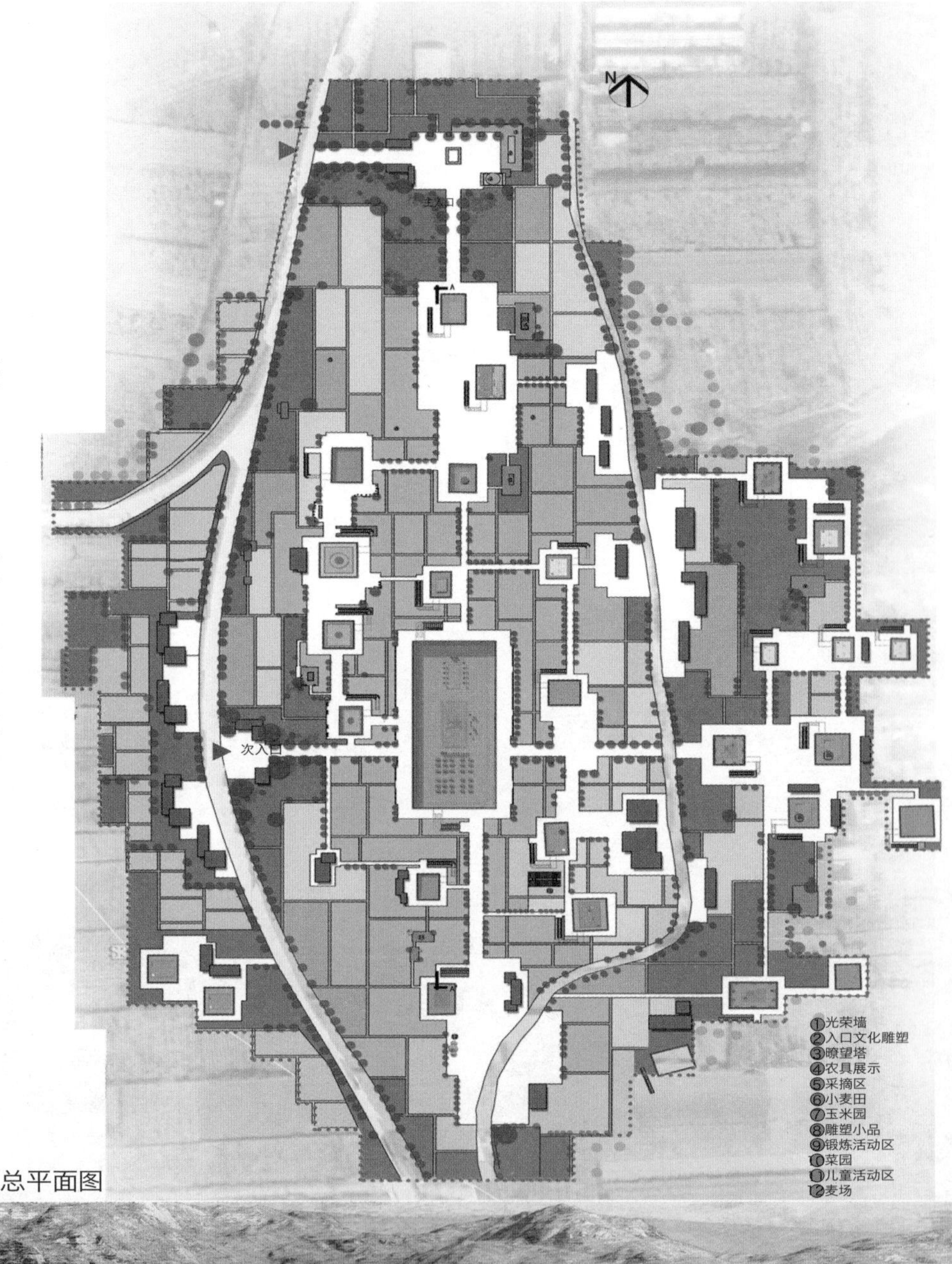

总平面图

鸟瞰图

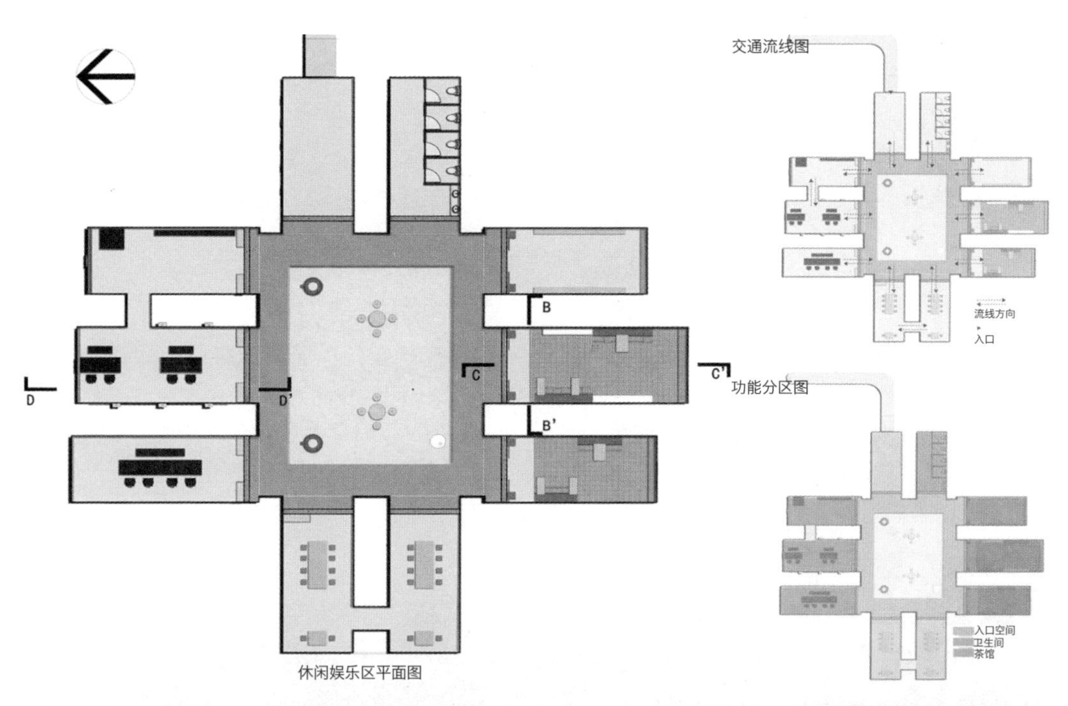

休闲娱乐区平面图

书房分析图

书房内根据不同人看书的方式不一样而设置，室内大部分由木色的材质组成，整体简洁干净，与原有的夯土墙很好的融入成一个整体。

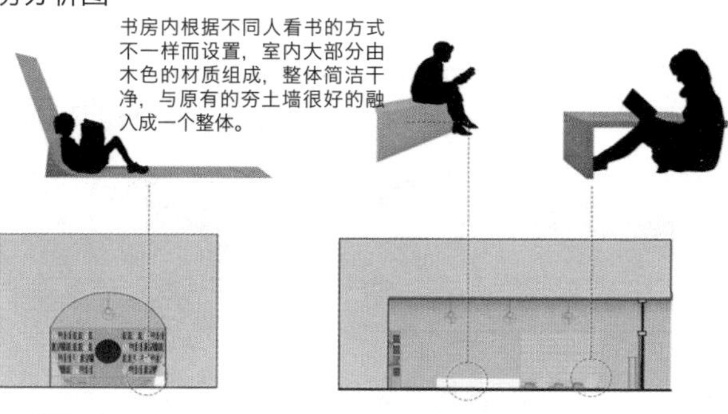

剖面图 B-B' 1:100

剖面图 C-C' 1:100

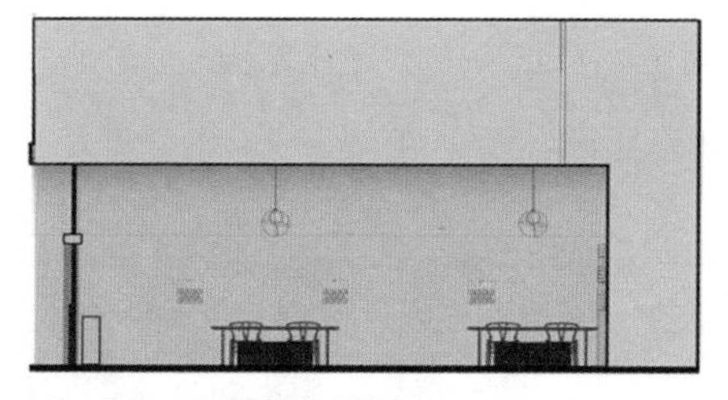

剖面图 D-D' 1:60

居住区效果图

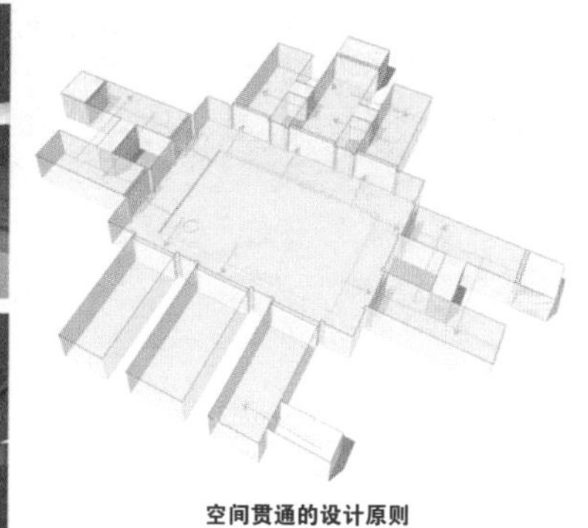

空间贯通的设计原则

夯土 + 水泥 + 混凝土

公共空间地面的营造技艺改良

原本的地面是黄土夯实，再铺地砖。这样的地面不够美观并且不耐用。经过现代技术改良的地面加入了夯土、水泥、混凝土，十分坚固并且与窑洞墙面有极高整体性，提升了空间的美观程度。

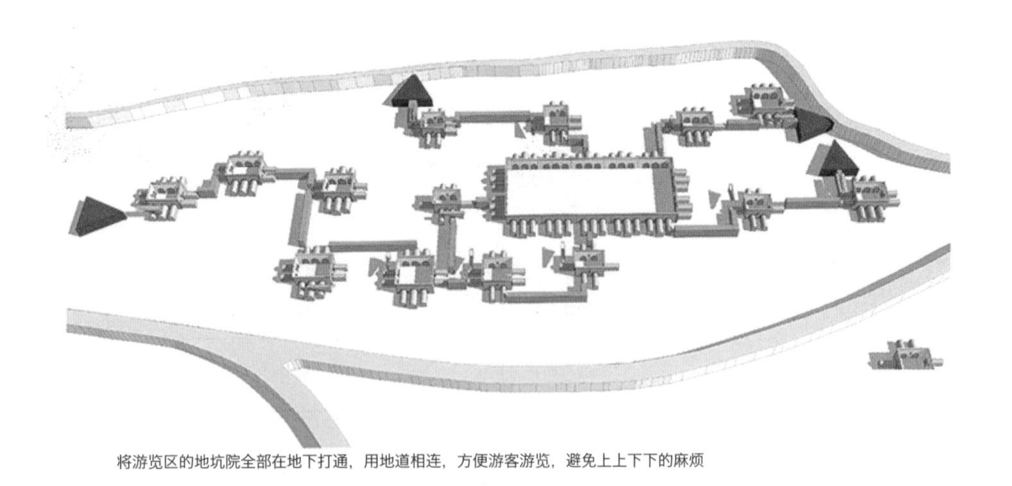

将游览区的地坑院全部在地下打通，用地道相连，方便游客游览，避免上上下下的麻烦

轴线分析图

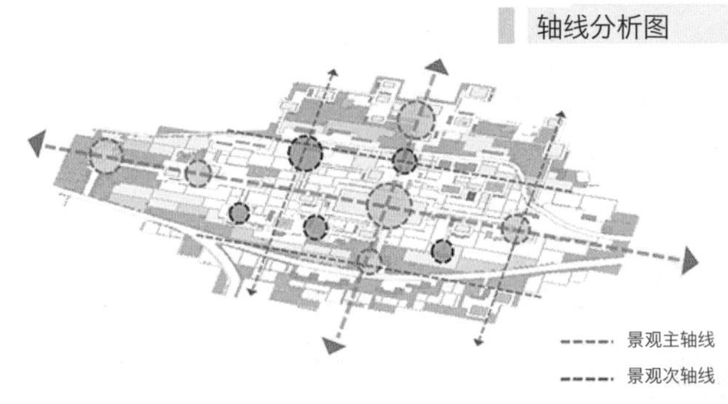

地坑大院效果图

传统手工艺的前世今生

参赛人员 王姝月

参赛类别 室内设计

学　　历 本科

所属院校 清华大学美术学院

指导教师 崔笑声

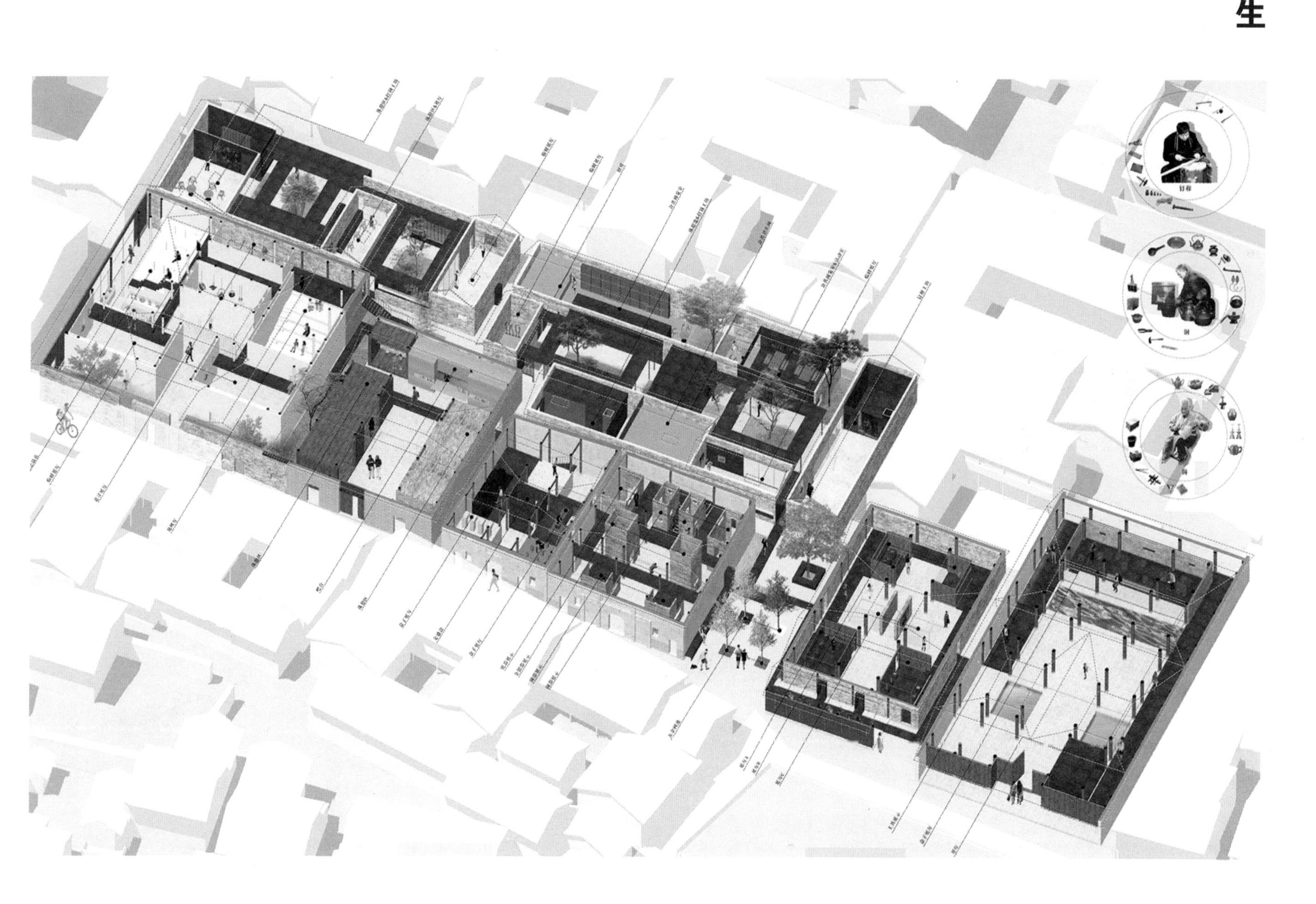

设计说明

打破原本单一的南北流线（从大门进入内庭），重新组织一条贯穿六个祠堂的东西向展览流线，诉说一个关于传统手工艺的故事。沿着流线，依次按时间顺序设定祠堂，分别表达传统手艺的过去、现在和未来，将这条流线实体化，同时置入在历史长河中发生的“事件盒子”，引导人们不断地探寻这背后的故事。后面拓展的旧民居区为前面祠堂的展览服务，为游客、村民、手艺传承人等提供各类服务，最终形成一个丰富的、以五金文化为特色的旅游活动区。

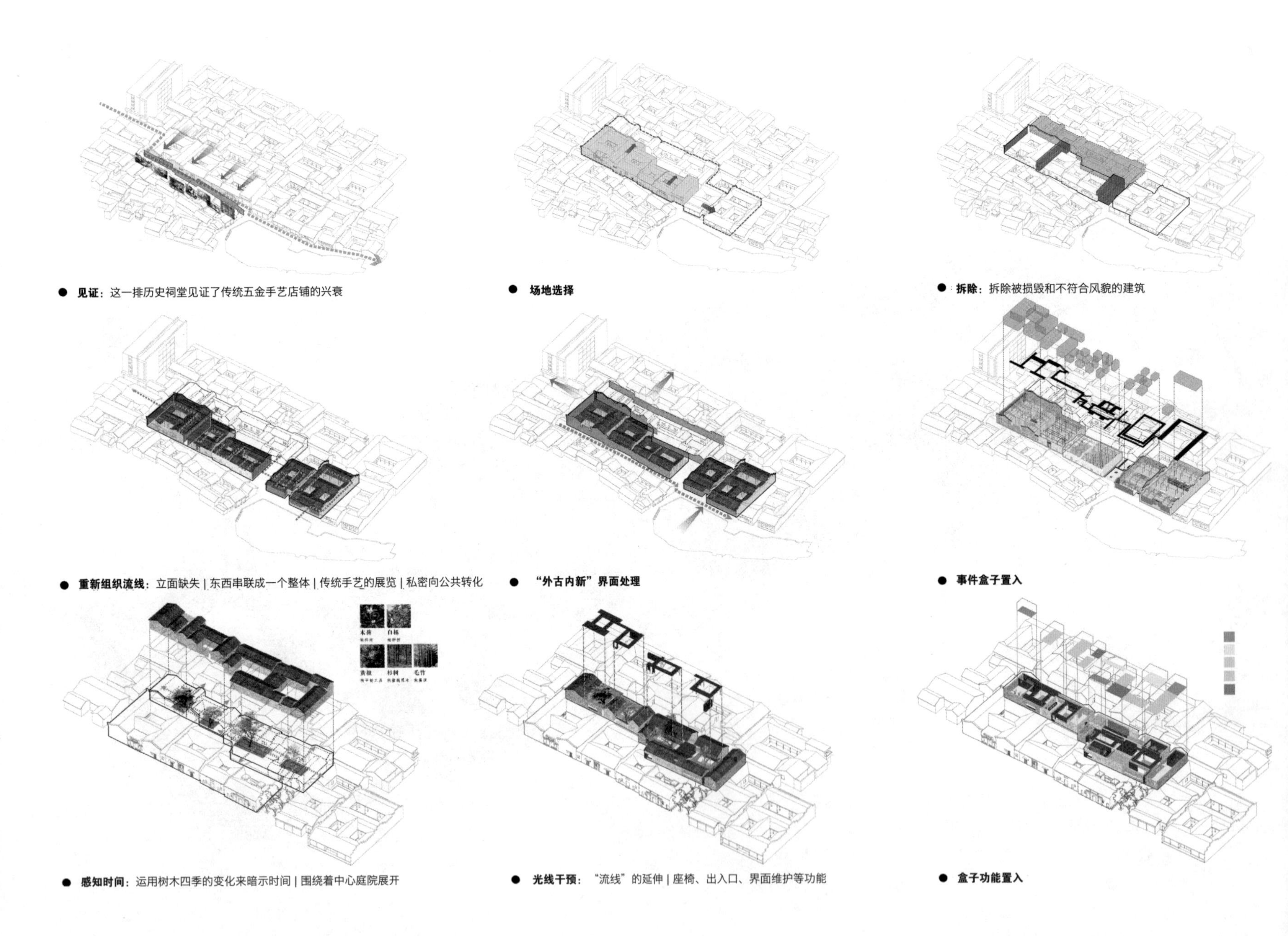

● **见证：**这一排历史祠堂见证了传统五金手艺店铺的兴衰

● **场地选择**

● **拆除：**拆除被损毁和不符合风貌的建筑

● **重新组织流线：**立面缺失 | 东西串联成一个整体 | 传统手艺的展览 | 私密向公共转化

● **“外古内新”界面处理**

● **事件盒子置入**

● **感知时间：**运用树木四季的变化来暗示时间 | 围绕着中心庭院展开

● **光线干预：**“流线”的延伸 | 座椅、出入口、界面维护等功能

● **盒子功能置入**

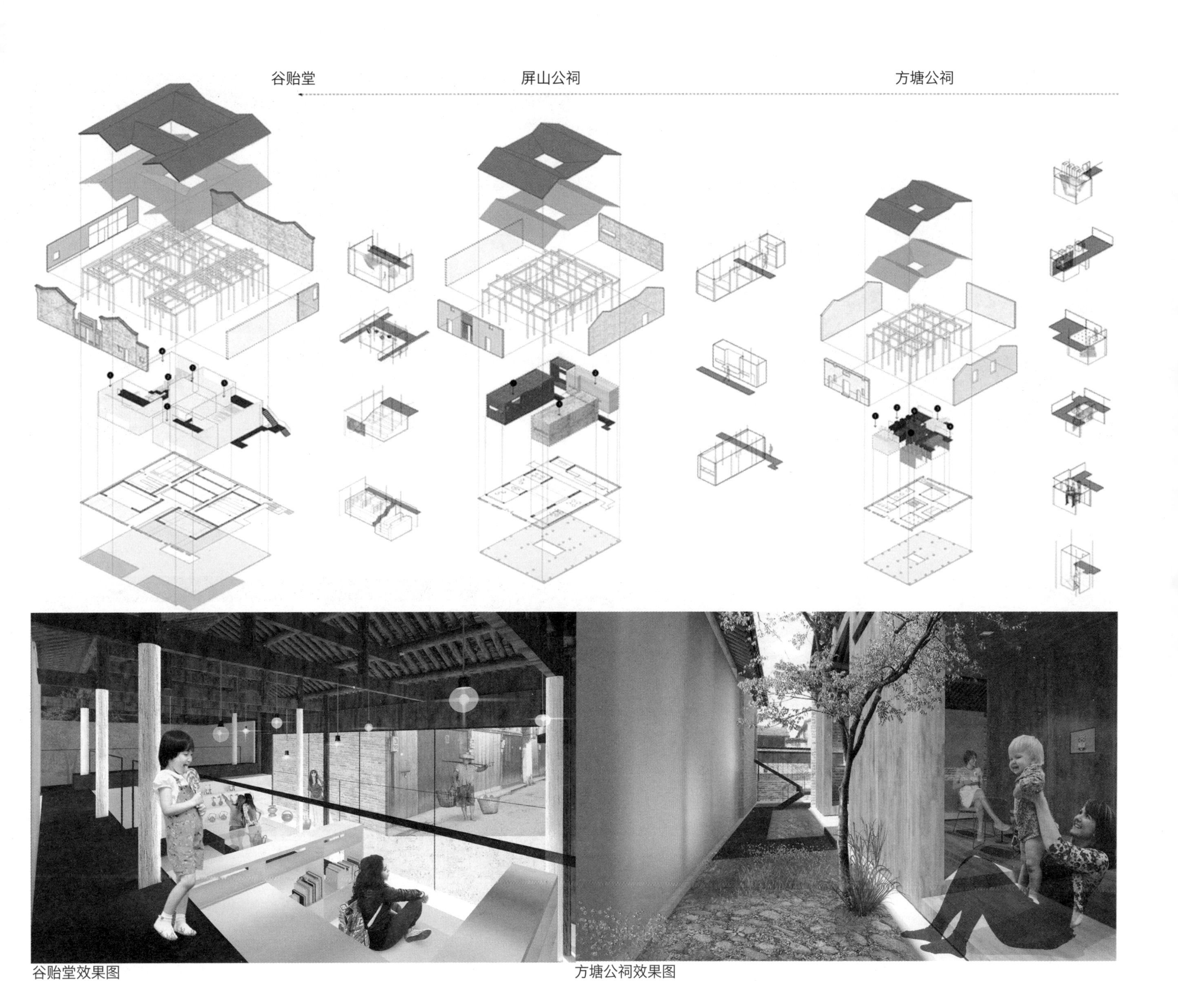

谷贻堂效果图

方塘公祠效果图

小宗祠堂效果图

民居改造效果图 1

民居改造效果图 2

民居改造效果图 3

银奖

照澜院改造规划设计

参赛人员 黄贵恺
参赛类别 城市设计
学　　历 本科
所属院校 清华大学
指导教师 边兰春

效果图

设计说明

成都远洋太古里项目别具一格，纵横交错的里弄，开阔的广场空间，呈现了不同的都市脉搏。同时引进快里和慢里的概念，树立国际大都会的潮流典范。值得把玩的生活趣味、大都会的休闲品味、林立的精致餐厅、历史文化及商业交融的独特氛围，让人于繁忙的都市中心慢享美好时光。

成都远洋太古里的建筑设计顾问公司一直坚持这样的理念：一个优秀的空间既要沉淀城市的文化与历史，又要提供开阔的平台汇集当代思潮。北京的胡同、曼哈顿的大厦、罗马的教堂，悠久的历史与崭新的文化相互碰撞，新旧交织的人与事编织出一幅色彩绚丽的城市画卷。

成都远洋太古里城市空间承载了文化与历史这一重要职责，秉持“以现代，释传统”的设计理念，将成都的文化精神注入建筑群落之中，这座城市的色彩与质感，成都人的闲适与包容和点点滴滴的地域特色都将在房屋、街巷、广场一一呈现。针对项目当中的六座古建筑，要求对历史建筑进行保护及完善，在遵循古建筑原本比例的基础上，采用国际最新的保护复原体系，融入更多文化创意以及对建筑保护的新理解，根据它们各自不同的建筑风格量身定制未来的用途，最大限度地保持和延续它们的历史和文化价值。

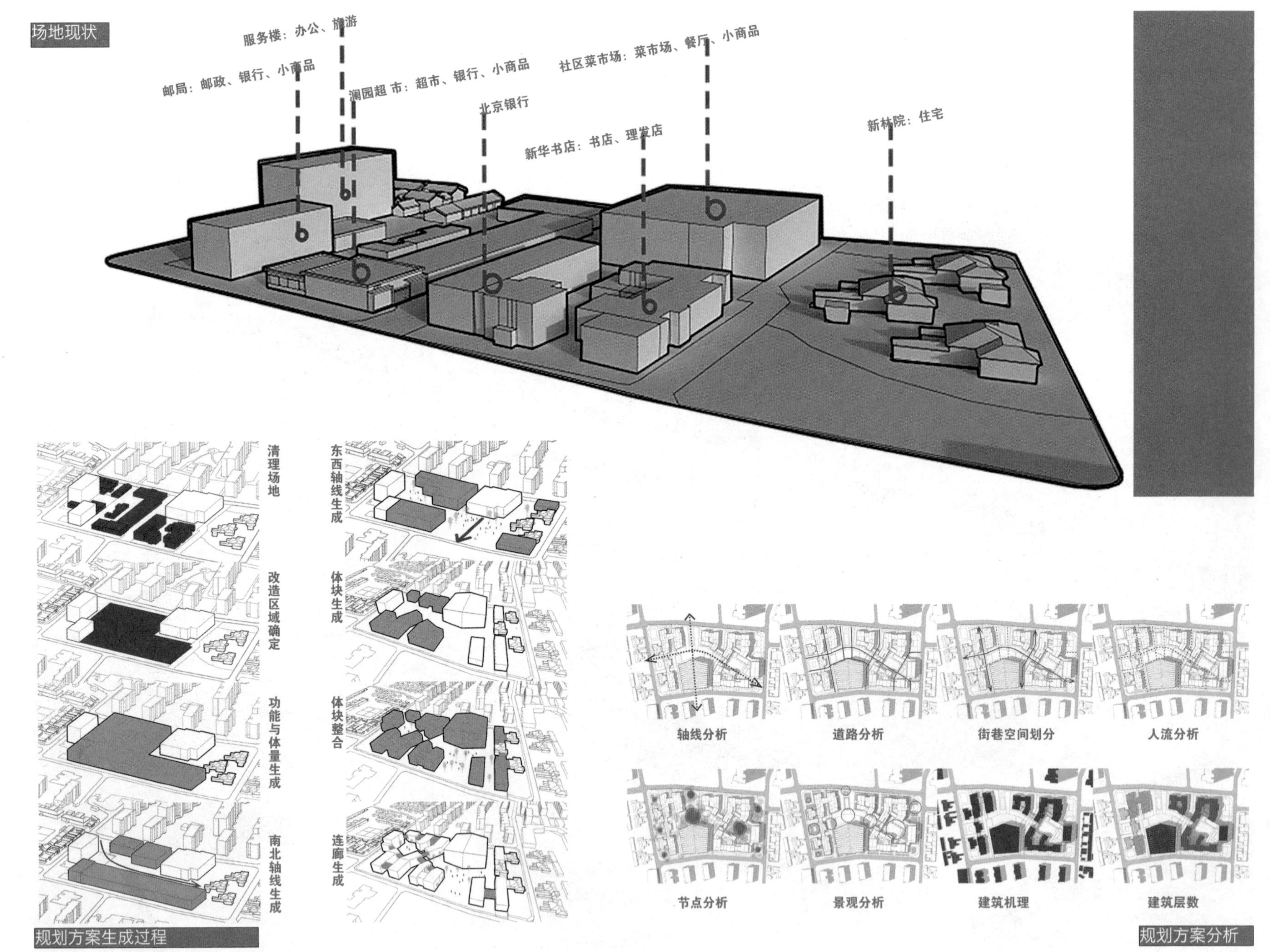

规划方案生成过程

规划方案分析

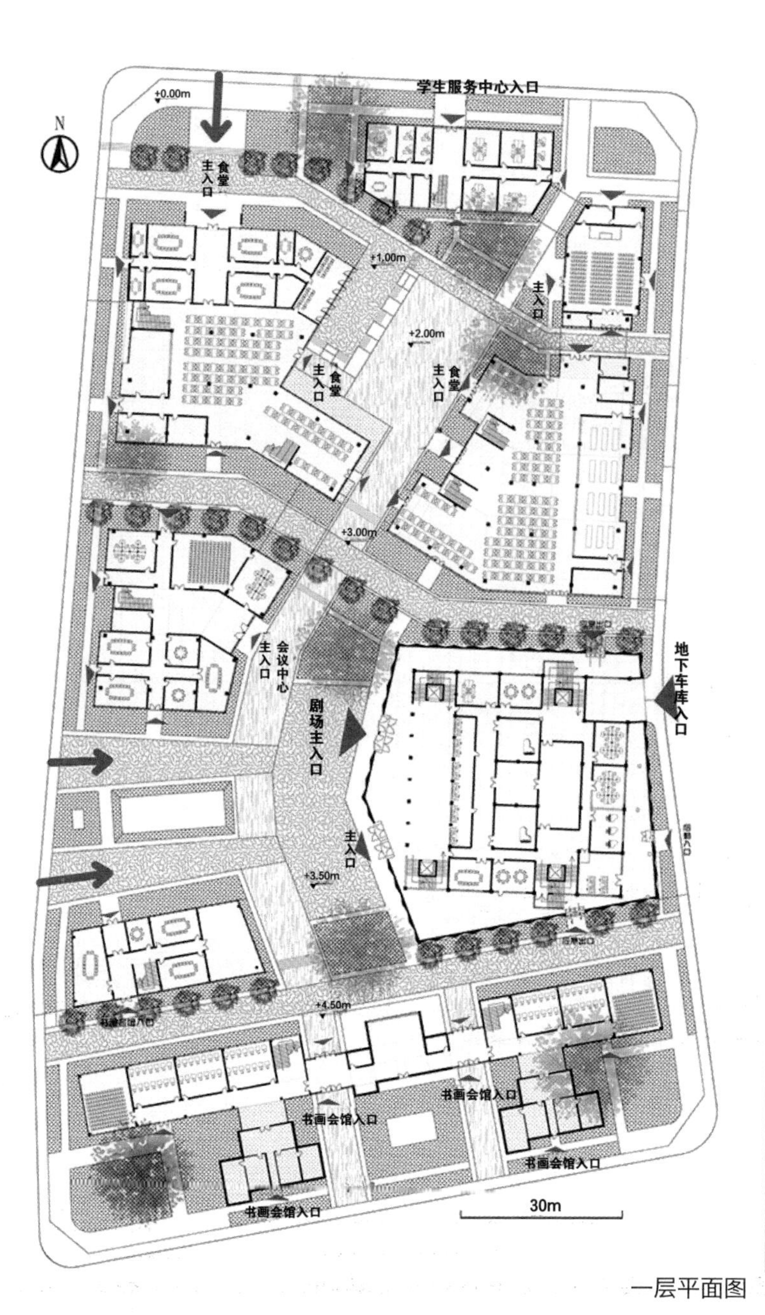
学生服务中心入口
+0.00m
食堂主入口
+1.00m
主入口
+2.00m
食堂主入口
食堂主入口
+3.00m
会议中心主入口
剧场主入口
地下车库入口
主入口
+3.50m
+4.50m
书画会馆入口
书画会馆入口
书画会馆入口
书画会馆入口
30m
一层平面图

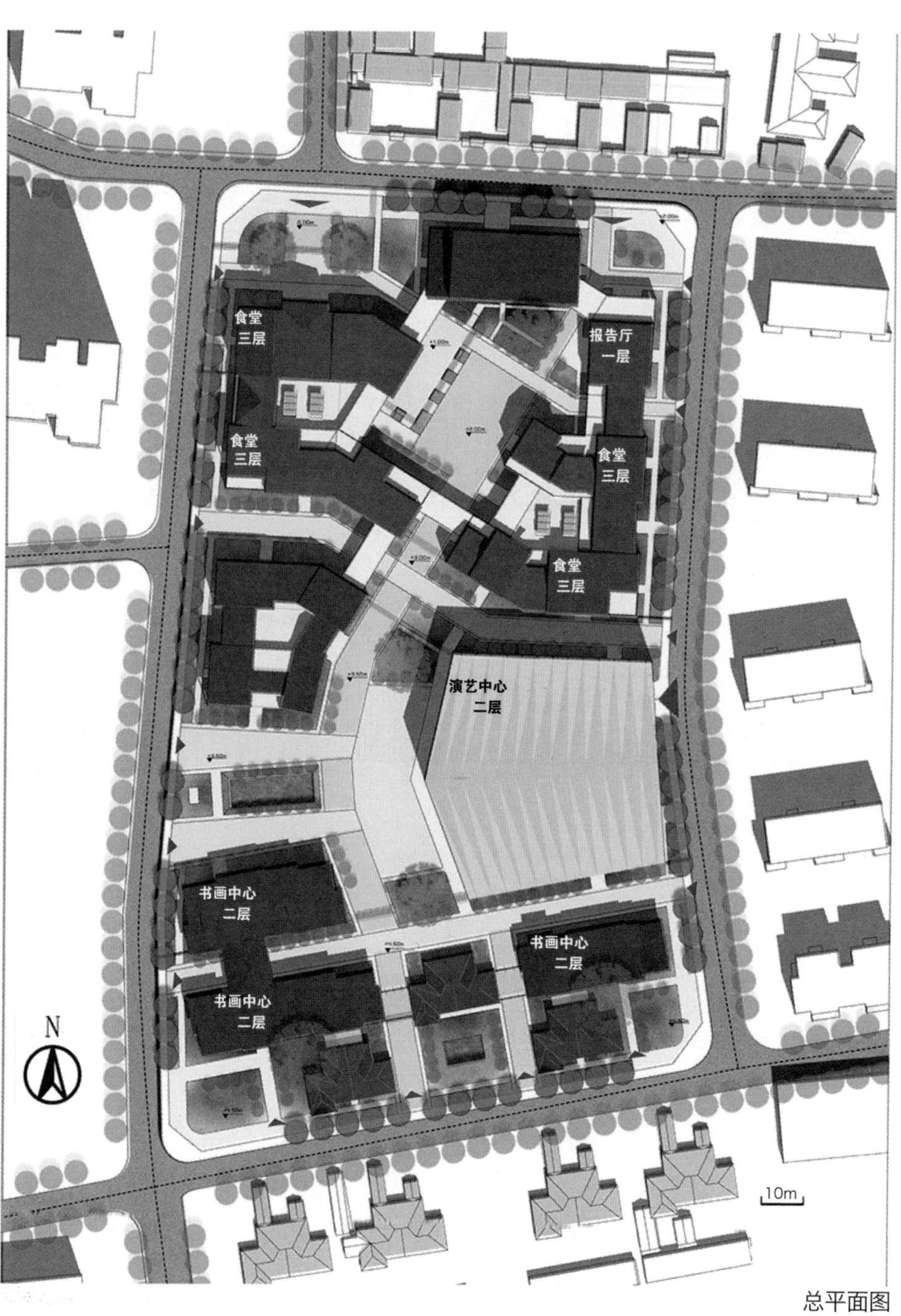
食堂
三层
报告厅
一层
食堂
三层
食堂
三层
食堂
三层
演艺中心
二层
书画中心
二层
书画中心
二层
书画中心
二层
10m
总平面图

立面与剖面

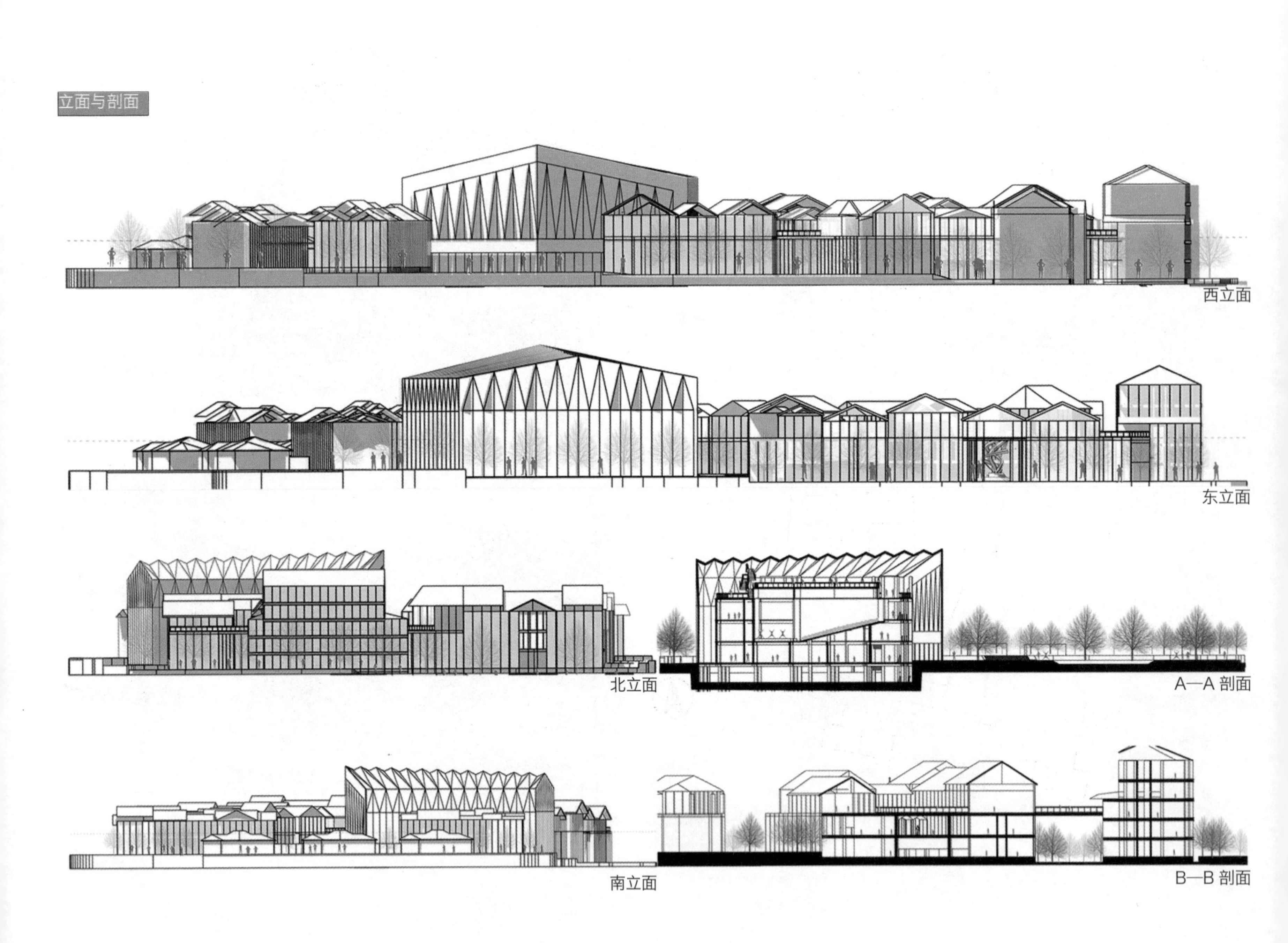

破界——基于共享理念的社区边界微更新模式研究及设计

参赛人员 沈祎 杨一鸣

参赛类别 城市设计

学　　历 本科

所属院校 东南大学

指导教师 鲍莉 张玫英

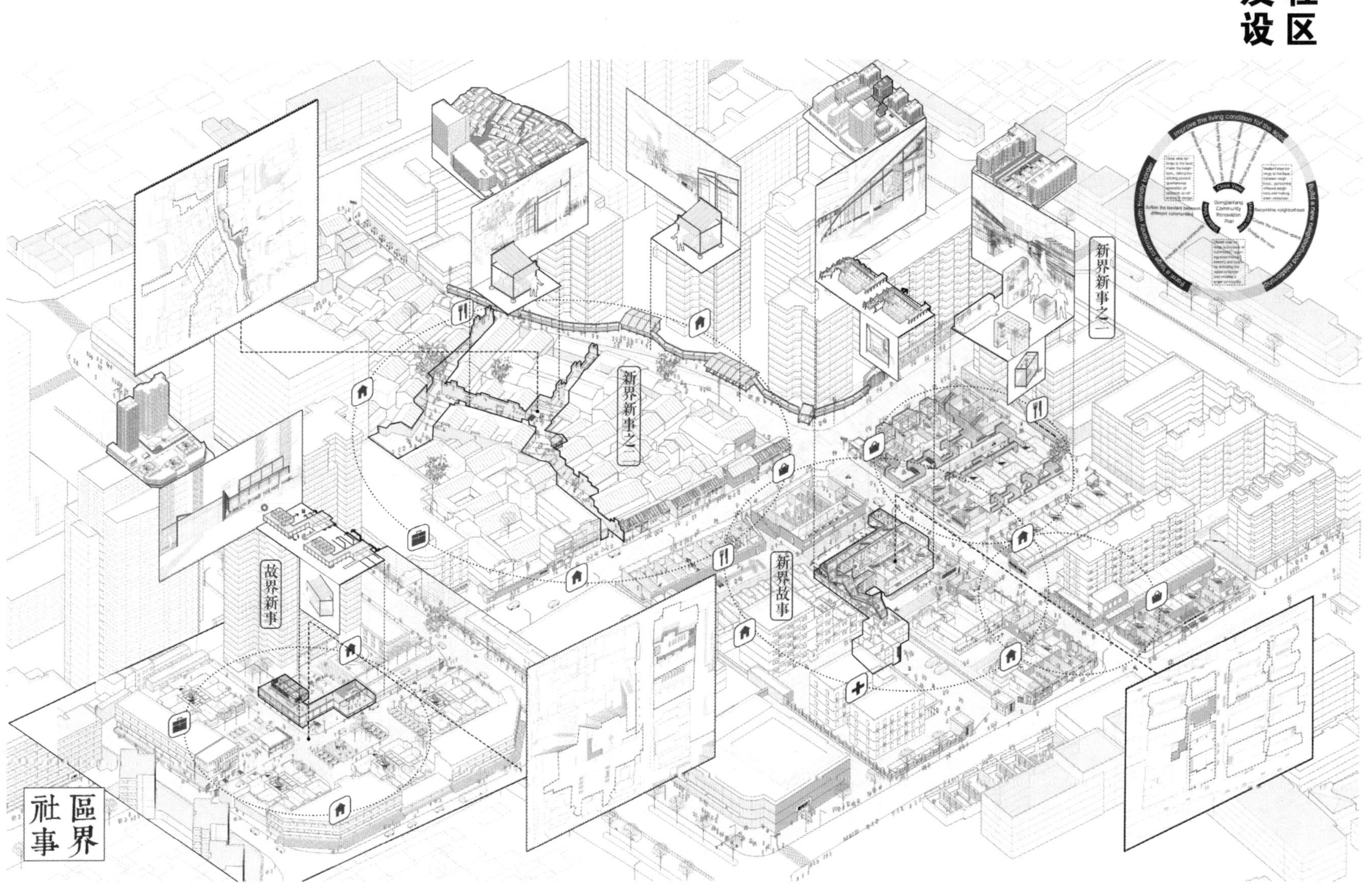

设计说明

弓箭坊社区位于江苏省南京市秦淮区升州路南侧。相传孙权建都时在此制造弓箭，弓箭坊由此得名。如今，弓箭坊社区包括弓箭坊片区、黑廊巷片区、秦状元里片区以及许家巷片区。社区内由高层住宅、多层住宅、平房住宅、公建、自发加建等多种类型建筑构成，呈现出一种高度混合的状态。本设计研究起于对场地外部空间感知的预先设想与真实调研后产生的反差，引出了对于场地中边界状况的研究。

设计过程主要基于物质空间（边界）与生活场景（社区活动）展开，分为观察、调查、设计三阶段。观察主要基于对场地中边界的初探提出问题，并确定边界作为研究对象的可行性；调查是针对老年人和边界之间关系的深入探讨，基于大量实地问卷访谈、跟踪调研、场景记录和数据整理，将边界分为事物的边界与事情的边界两方面，对于老年人的活动与客观存在边界的多种分析图进行叠加分析，从而得出矛盾所在；设计是针对边界存在的矛盾，提出具体的针对性解决策略，并将具体策略汇总整理成一定的模式设计。

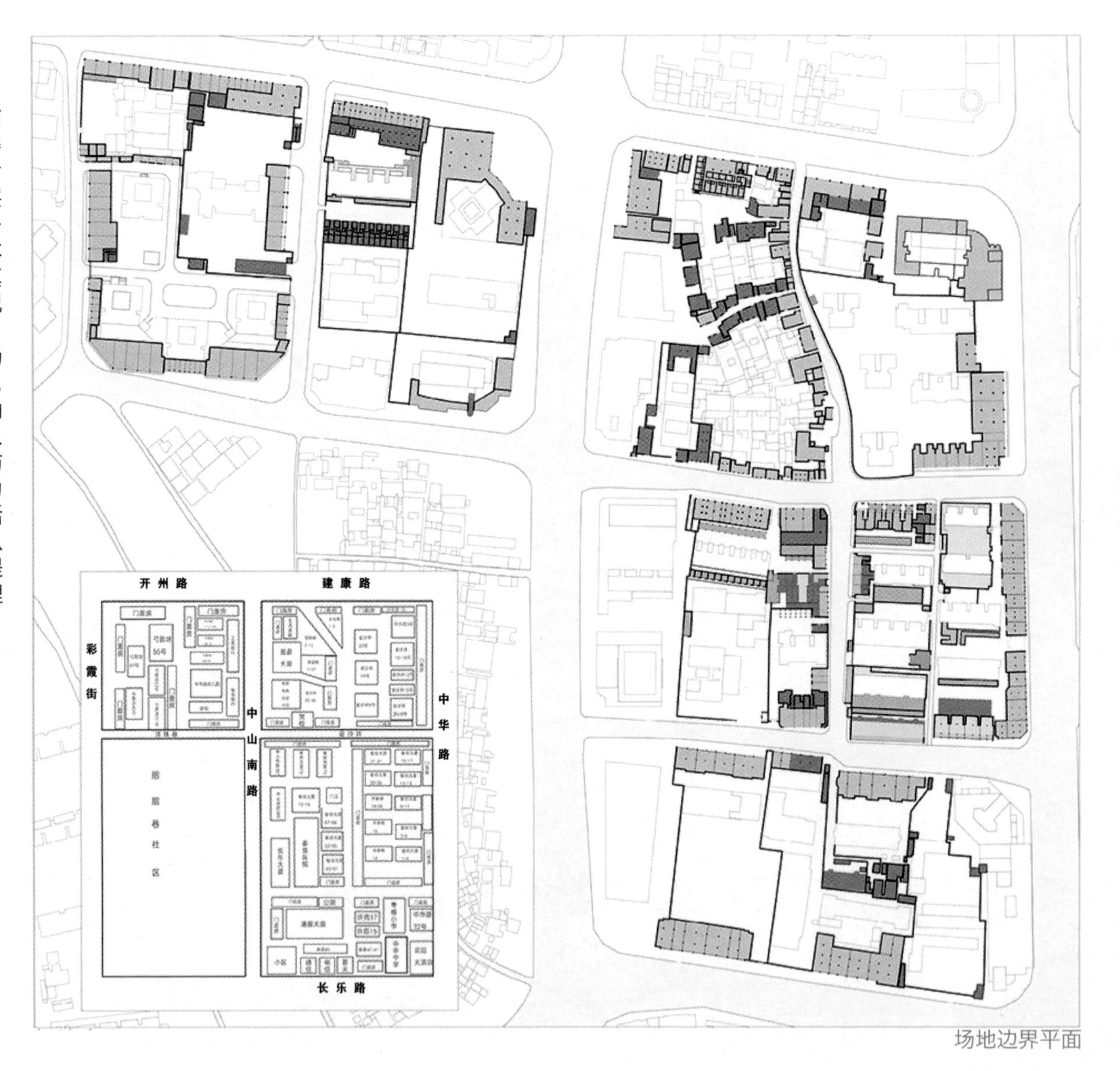

场地边界平面

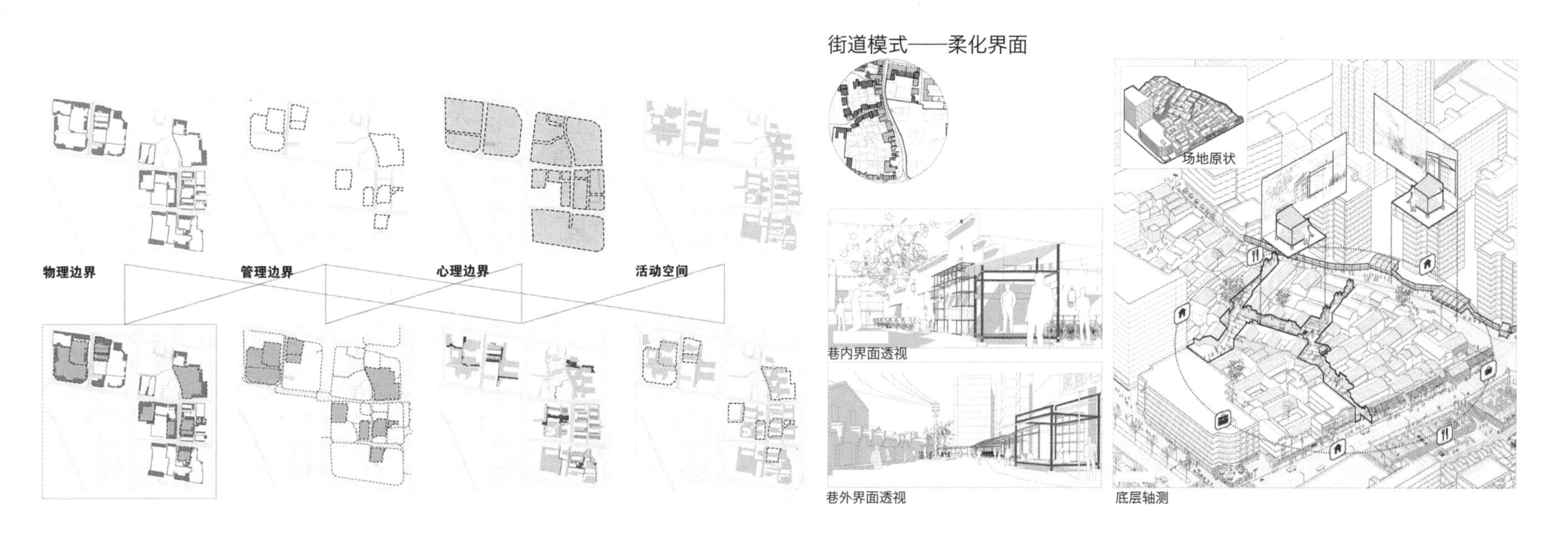

街道模式——柔化界面
物理边界
管理边界
心理边界
活动空间
场地原状
巷内界面透视
巷外界面透视
底层轴测

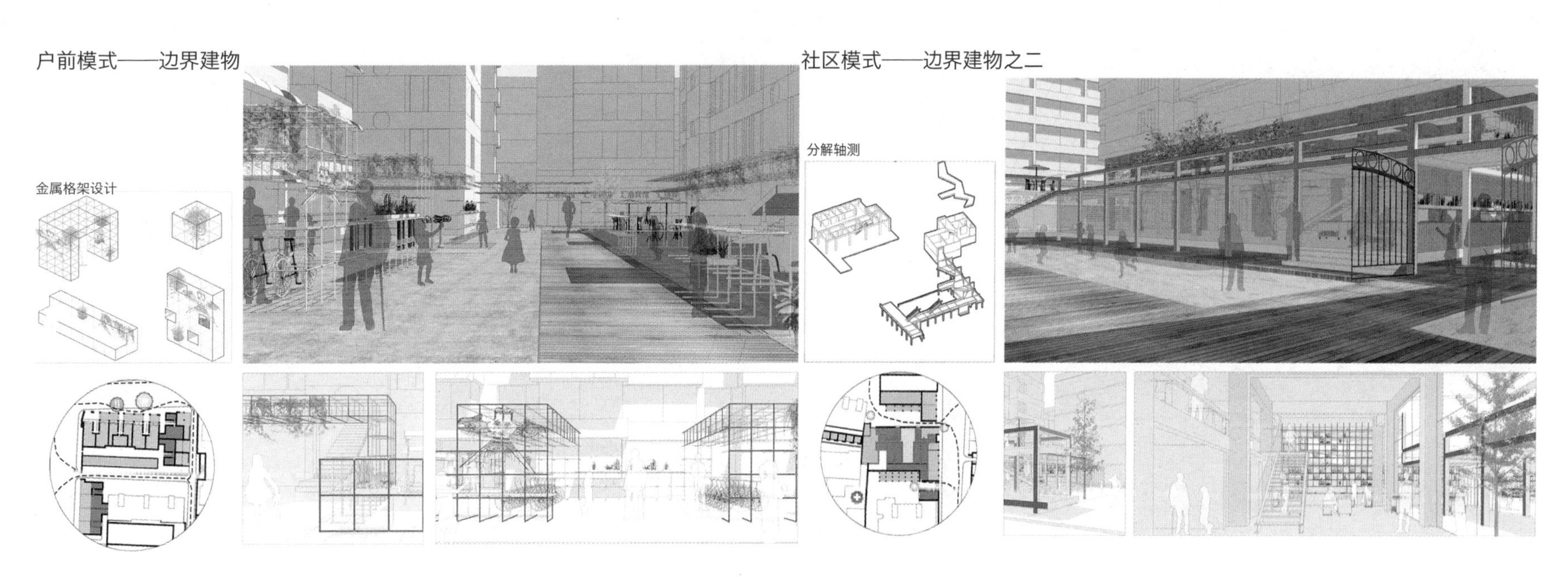

户前模式——边界建物
金属格架设计
社区模式——边界建物之二
分解轴测

游园——苏州市干将路古城区段的缝合与复兴

参赛人员 刘志现 岳凯

参赛类别 城市设计

学　　历 本科

所属院校 东南大学

指导教师 张应鹏

西向鸟瞰图

设计说明

本设计通过四个关键视角（场地条件、交通、公共开放空间和城市建筑形态），进行一系列从城市尺度到项目尺度的分析研究和规划设计。经过大量的前期分析，设计的最佳策略是保留干将路的通行及其维护相关建筑设施的日常运营，而在其之上设计一个全新不对称的结构基础，用于连接原先被割断的古城街区，由此为城市的公共活动和建设发展提供新的平台。在新的基础平台上建设一条 3.6km 长的立体园林式步行系统，在结构平台之上建立有古城特色的活力创新区。本次设计还在关注和基广场、凤凰广场和双塔等现有的古城重要节点，通过对于此类关键节点的公共空间和建筑空间的具体设计来更有效地为街区提供多样性、开放性和活力。

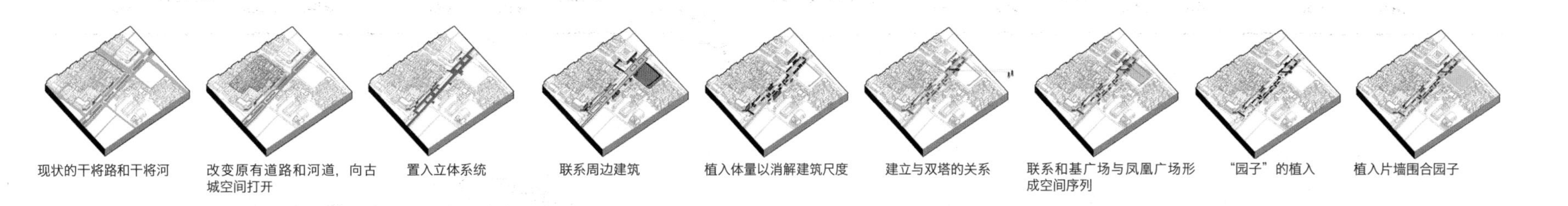

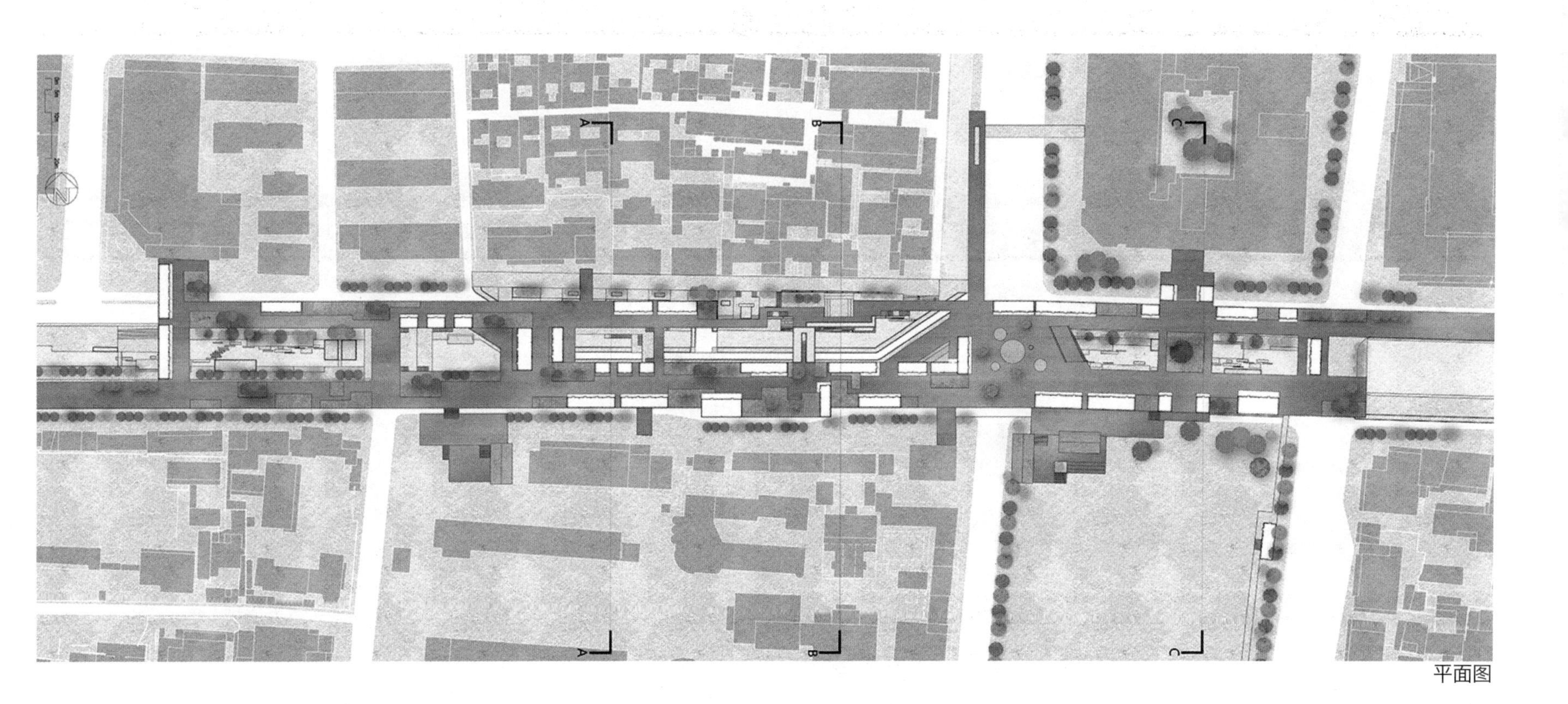

平面图

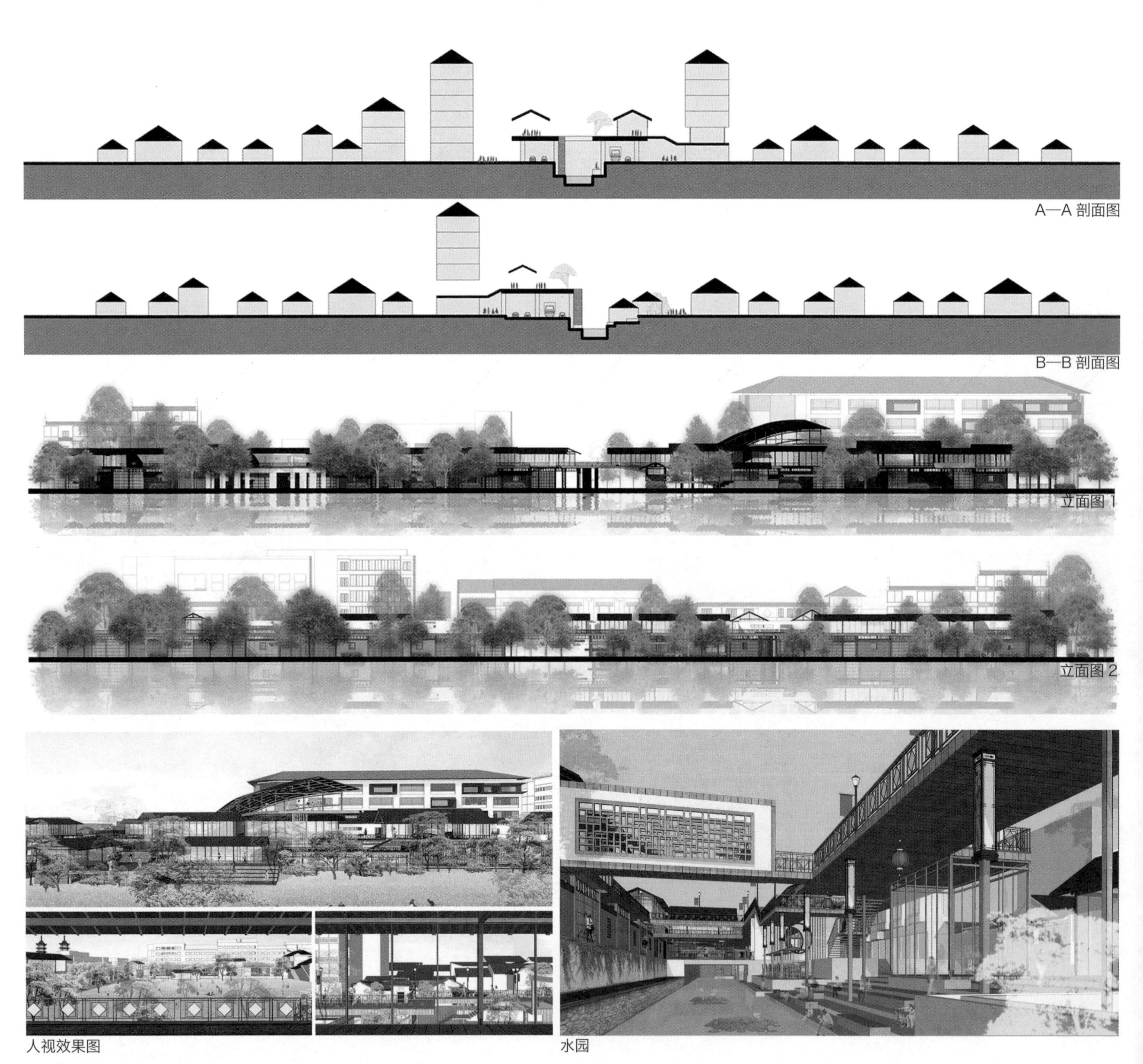

人视效果图

水园

苏州市干将路古城区段缝合与复兴城市模式探索

参赛人员 孙嘉昕 关芃
参赛类别 城市设计
学　　历 本科
所属院校 东南大学
指导教师 张应鹏

鸟瞰图

设计说明

本设计以新的城市交通网络为背景，以苏州市干将路古城区段的“缝合”与复兴为研究对象，以古域风貌保护与交化复兴为目的，通过城市设计建筑化、交通组织立体化的方式，对干将路新时代的缝合复兴模式进行了新的探索。设计目标为缝合城市空间、激活商业行为、展现古城交化和还原街道活力。

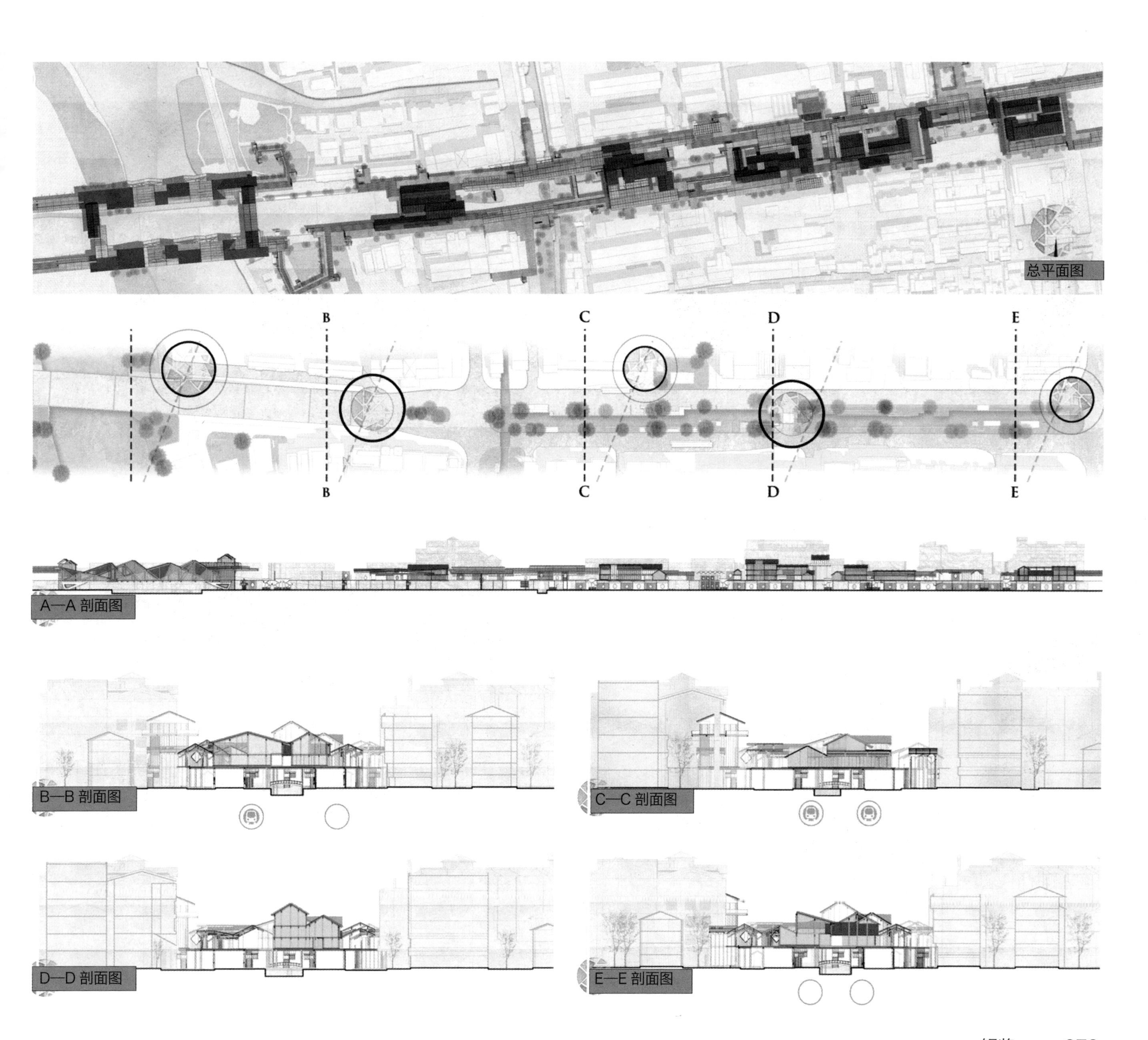
总平面图
B
B
C
C
D
D
E
E
A—A 剖面图
B—B 剖面图
C—C 剖面图
D—D 剖面图
E—E 剖面图

效果图 1

效果图 2

效果图 3

效果图 4

城隙·弹性生长
——时间推演下的区域动态改造

参赛人员 白晋 胡瀚丹 刘砚 魏云飞
参赛类别 城市设计
学　　历 本科
所属院校 成都理工大学
指导教师 焦颖慧 李欢

设计说明

首先，打破固有的功能模式，当前社会面临着严峻的老龄化趋势，设计场地中，现有居住人口以中老年人居多，因此，设计依托市二医院和教会的优势资源，选择保留基地原有的居住性质，增添养老设施，并打破传统的养老院模式，将修缮后的历史建筑改造为促进不同年龄段人群交流和互助的"多代活动中心"，使之成为多代人的联系纽带，塑造多代和睦共居型社区。不同年龄段人群在这里既有相对独立的居住区域，又有丰富的室内外空间场地为交流创造可能。其次，突破传统的保护改造模式，城市发展是连续不断且无法准确预估的过程，历史片区常常遭到现代城市发展的压迫和侵蚀，若要长久地在城市中留存，就不应仅仅停留在一种状态中。因此，我们在设计中引入"弹性生长"的概念，探索场地在时间推演下可能呈现的不同状态，达成历史文脉长久留存的愿景。

模式一：弹性模块植入—— 保留文脉的微改造

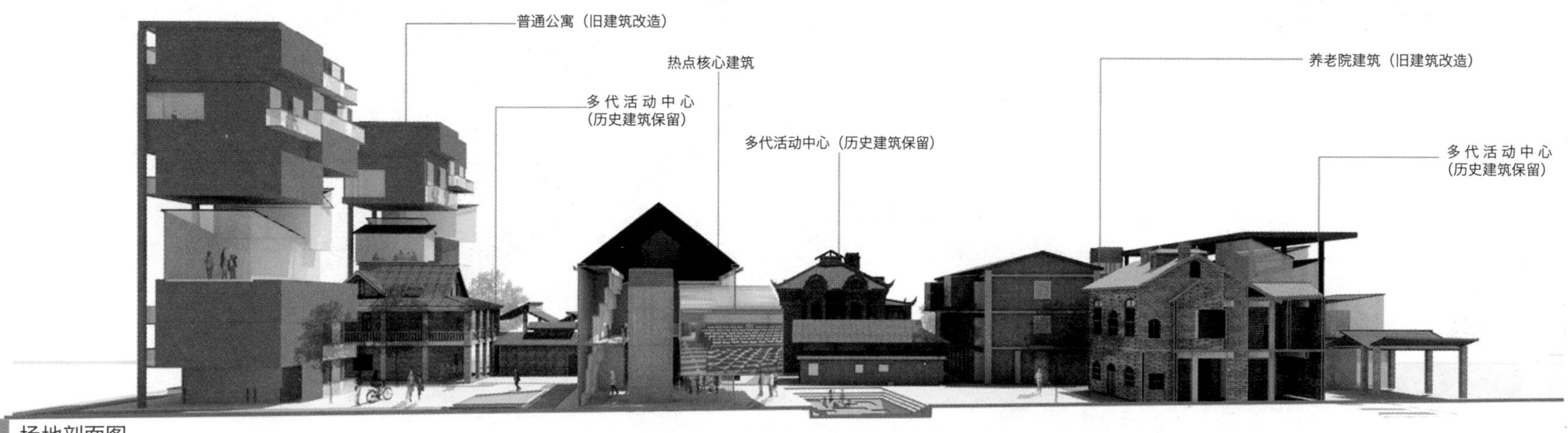

场地剖面图

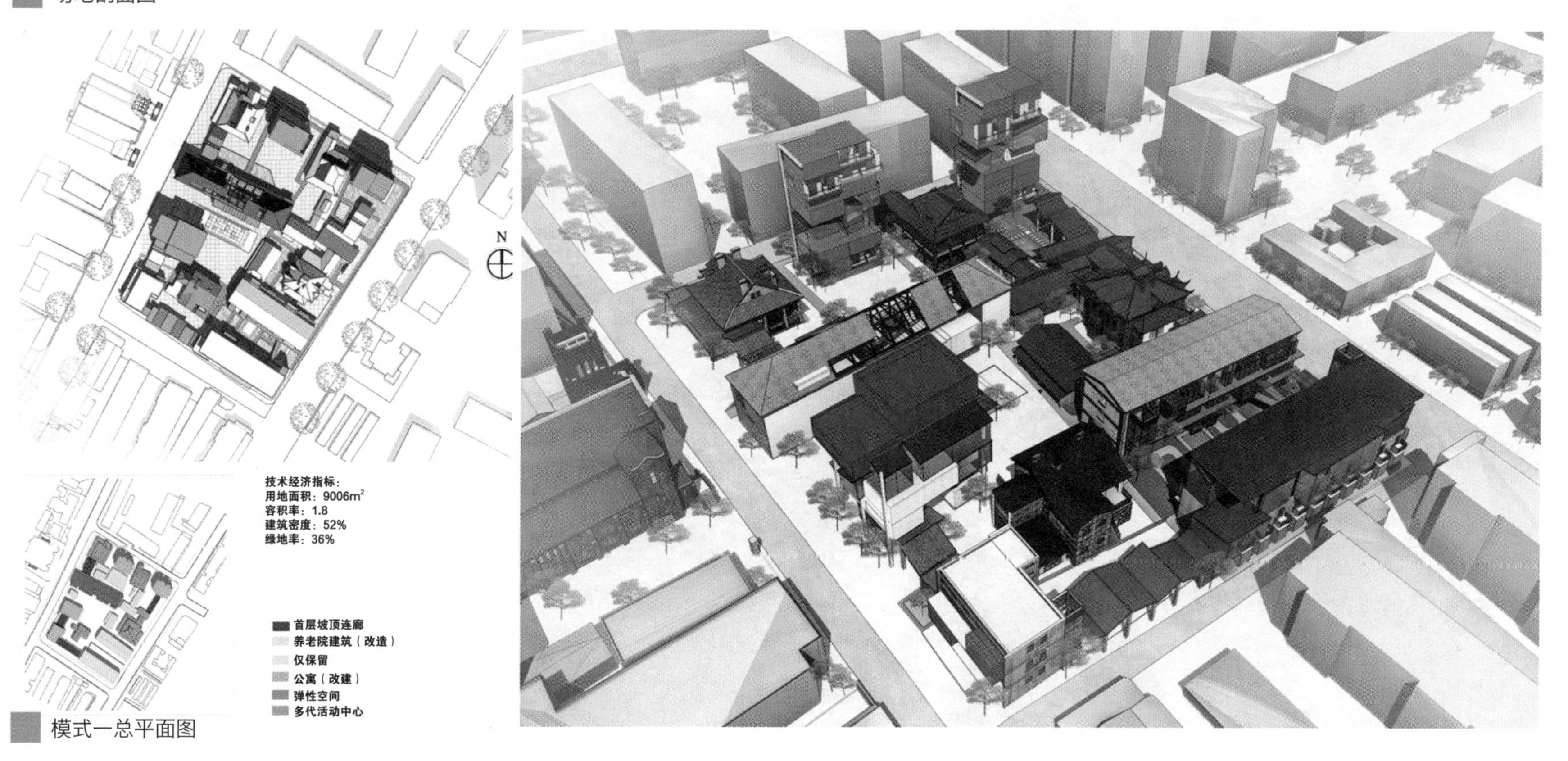

模式一总平面图

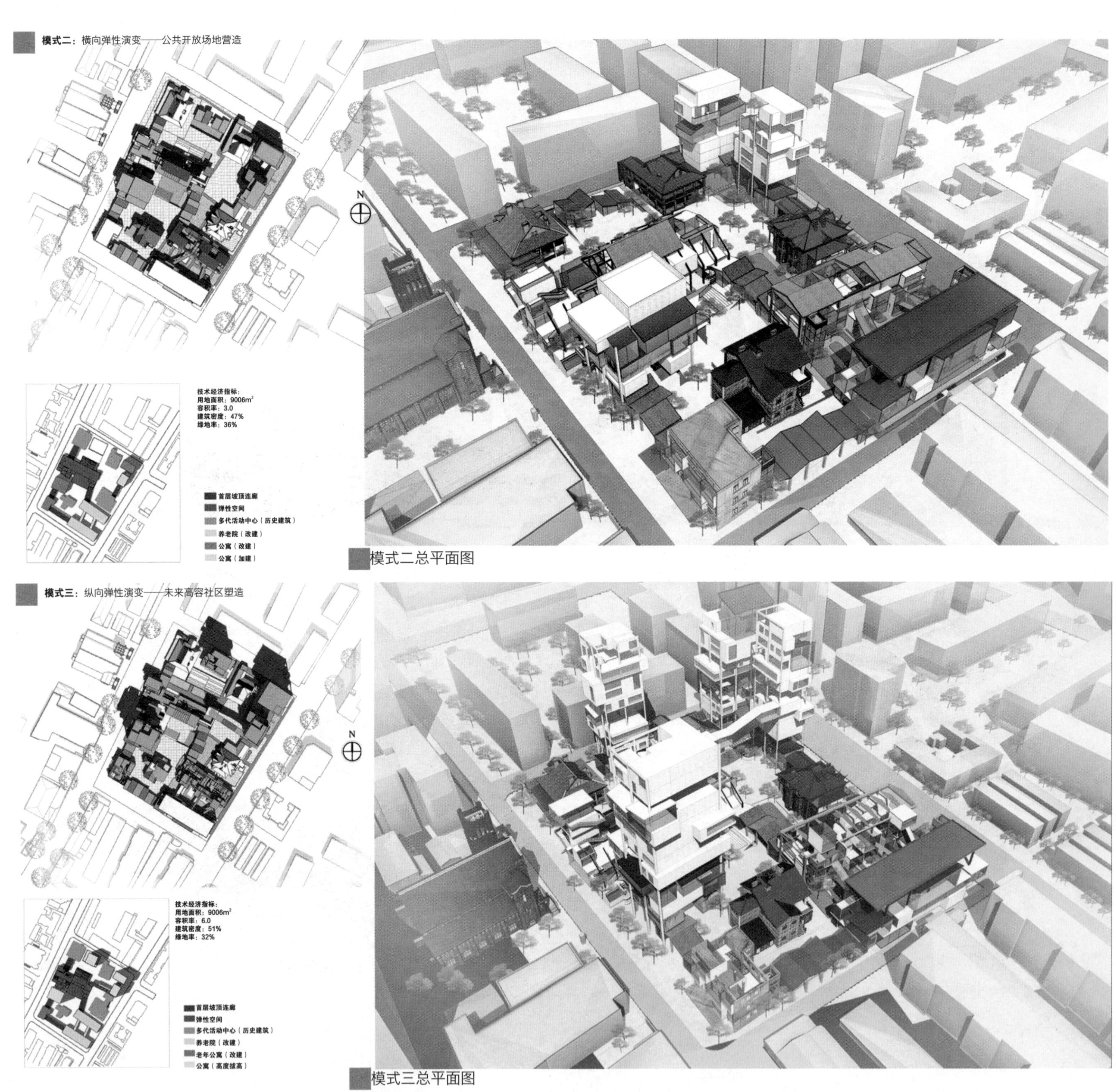

模式二总平面图

模式三总平面图

乐活遗址——基于申遗背景的妙乌古城遗产保护研究

参赛人员 张程远 顾家维 张淦 张韩清 邸衎
参赛类别 城市设计
学　　历 本科
所属院校 东南大学
指导教师 董卫

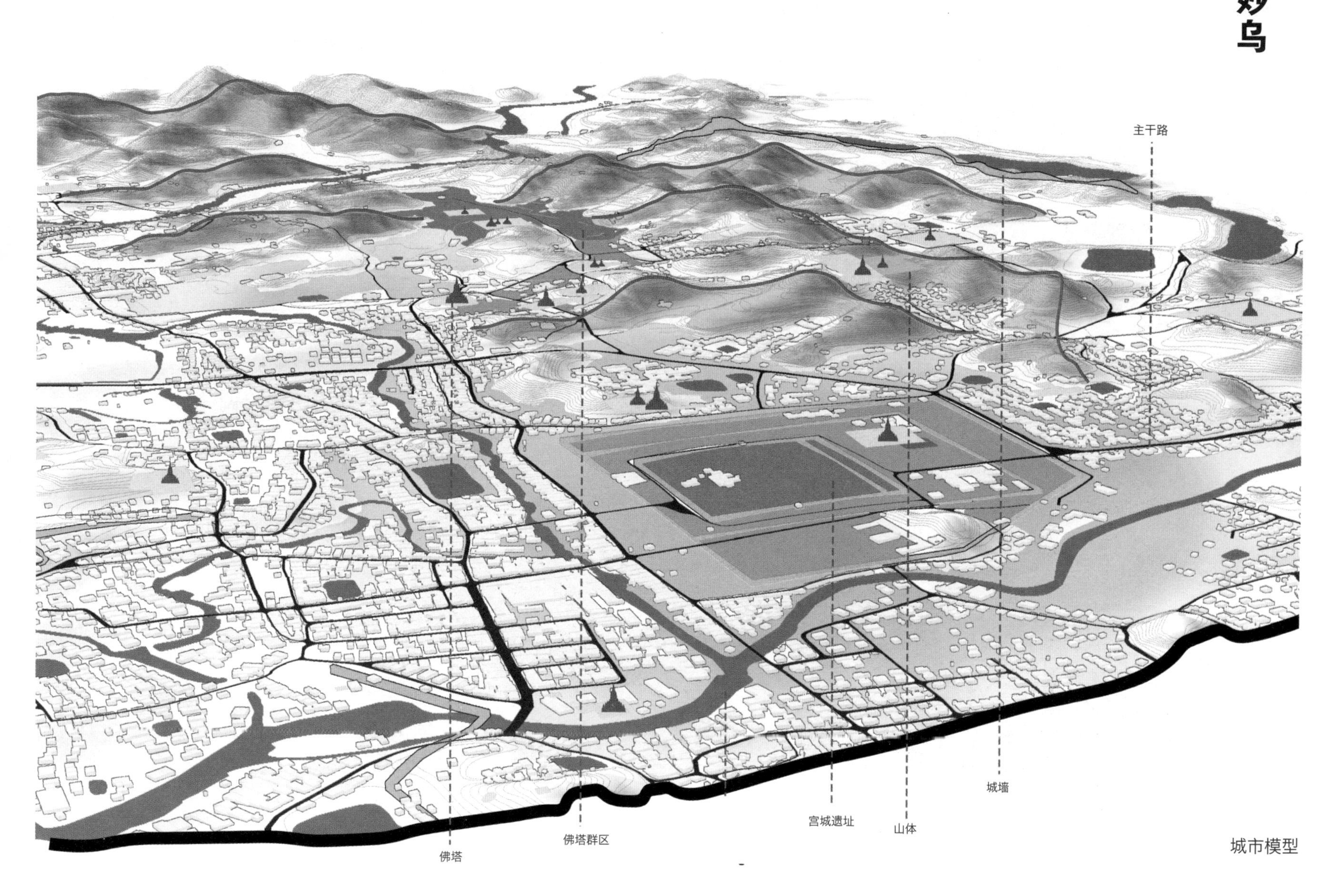

城市模型

设计说明

结合实地调研，对妙乌古城的遗产构成和遗产价值进行梳理和挖掘。基于遗产保护的原则，对比东南亚其他申遗城市的保护案例，从区域、古城和建筑三个层面对古城遗产进行保护规划设计，试图探索出一种适合东南亚欠发达历史城市的保护规划模式、一种基于发展基础上的新旧共生的保护模式。

现状图

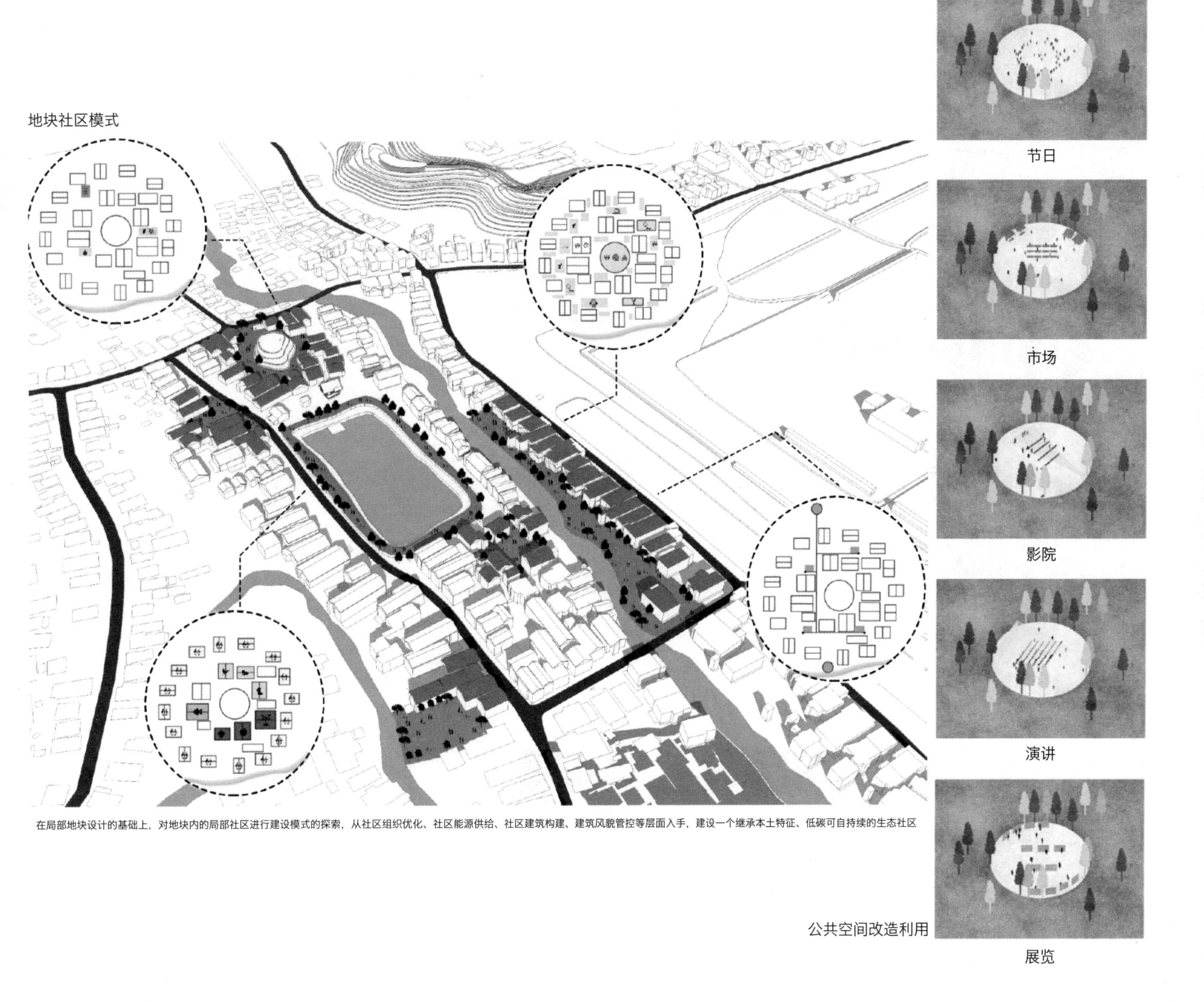

在局部地块设计的基础上，对地块内的局部社区进行建设模式的探索，从社区组织优化、社区能源供给、社区建筑构建、建筑风貌管控等层面入手，建设一个继承本土特征、低碳可自持续的生态社区

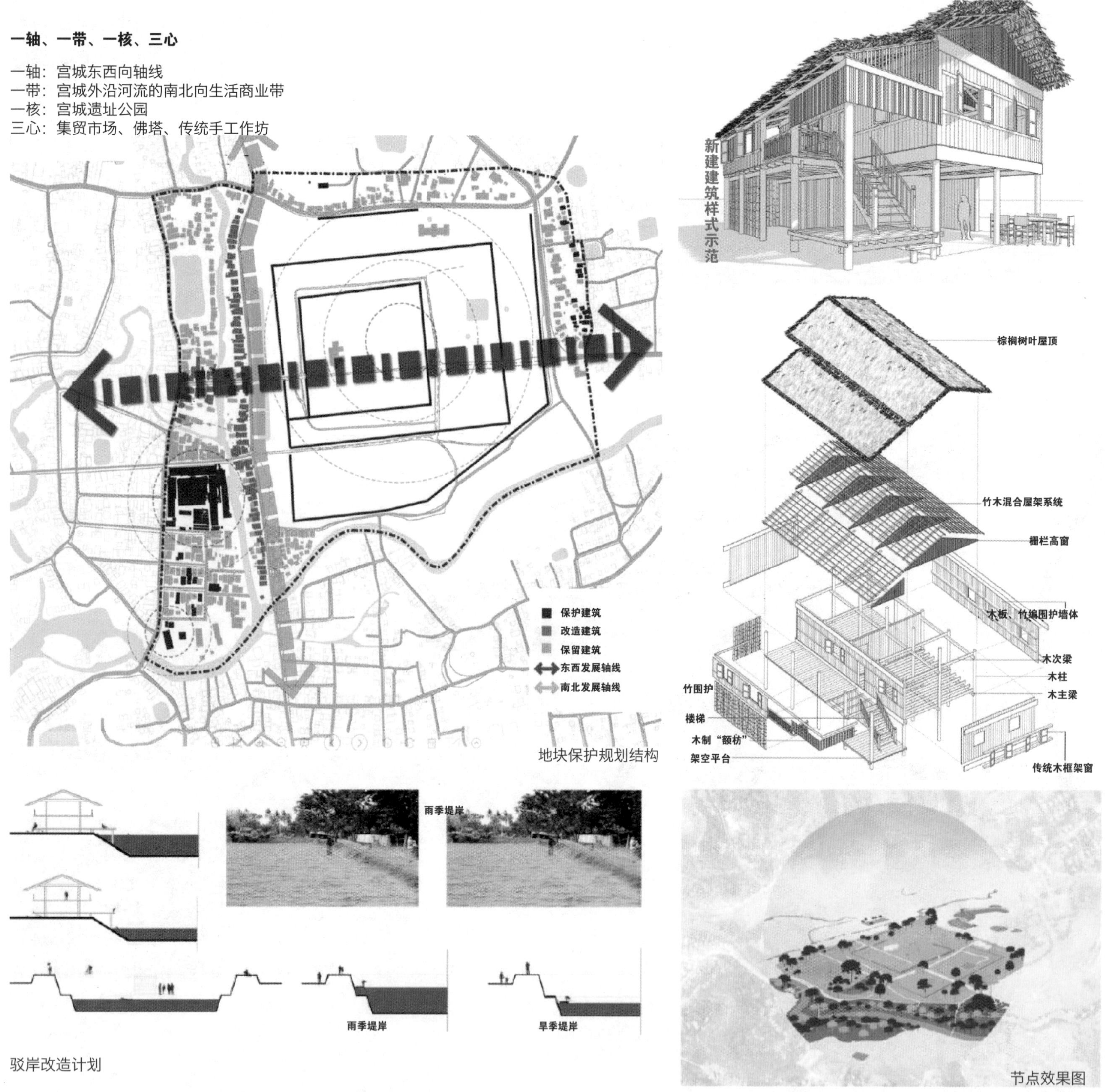

地块保护规划结构

驳岸改造计划

节点效果图

遗迹之园（Garden of Remains）

参赛人员 杨恒源

参赛类别 建筑设计

学　　历 本科

所属院校 清华大学

指导教师 王路

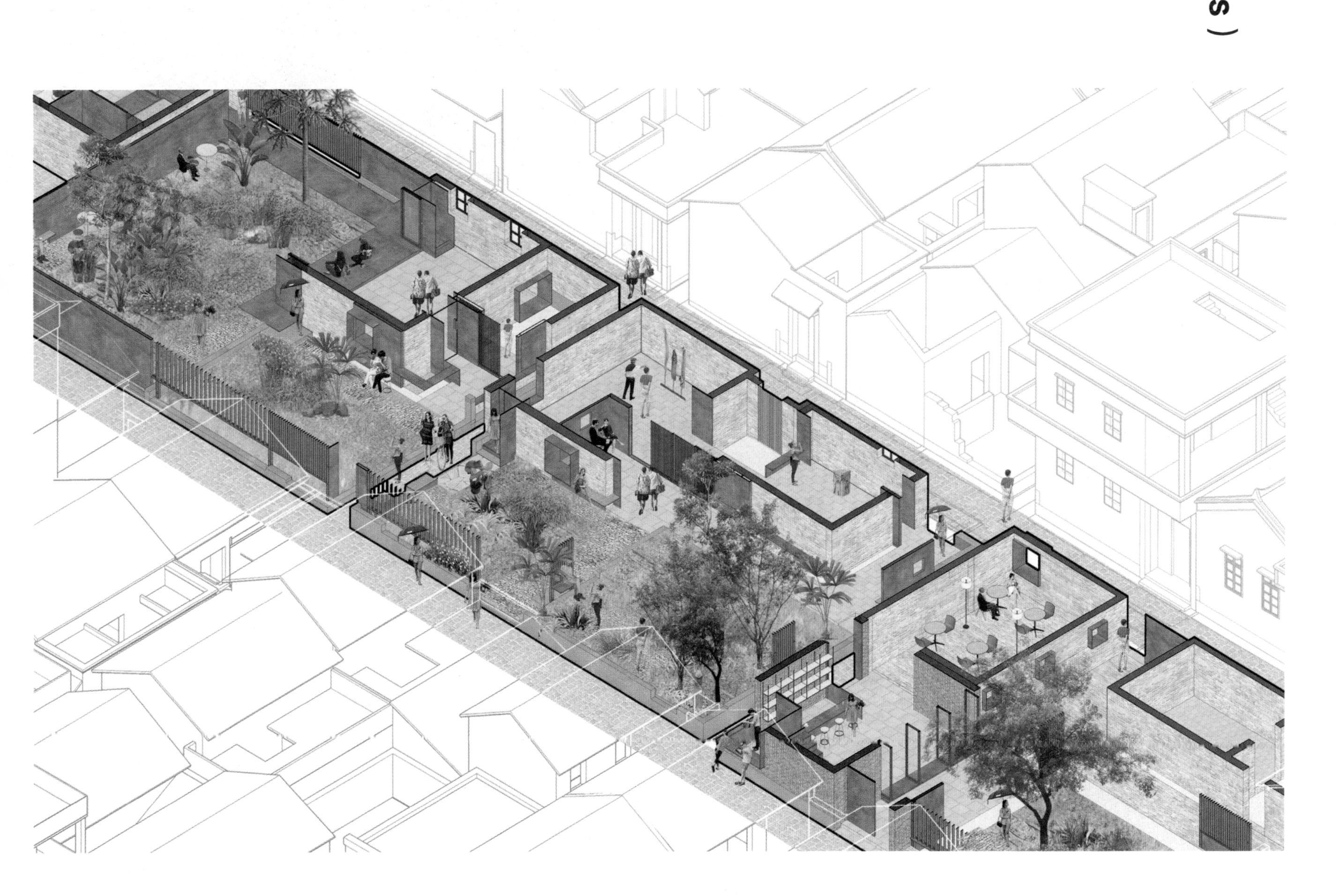

设计说明

之前，遗址满是废墟和草地植被。它们是历史的遗迹，但是它们很难被人们使用，所以它仍然是一个废弃的地方。

现在，我们把这些遗址看作是古迹习俗的象征，我们认为这些历史遗迹不应该被现代文明摧毁。因此在设计中，我们把废墟变成一个袖珍花园，作为儿童和老年人的公共空间。把曾经被遗忘的东西变成新的催化剂，激发村庄的活力。

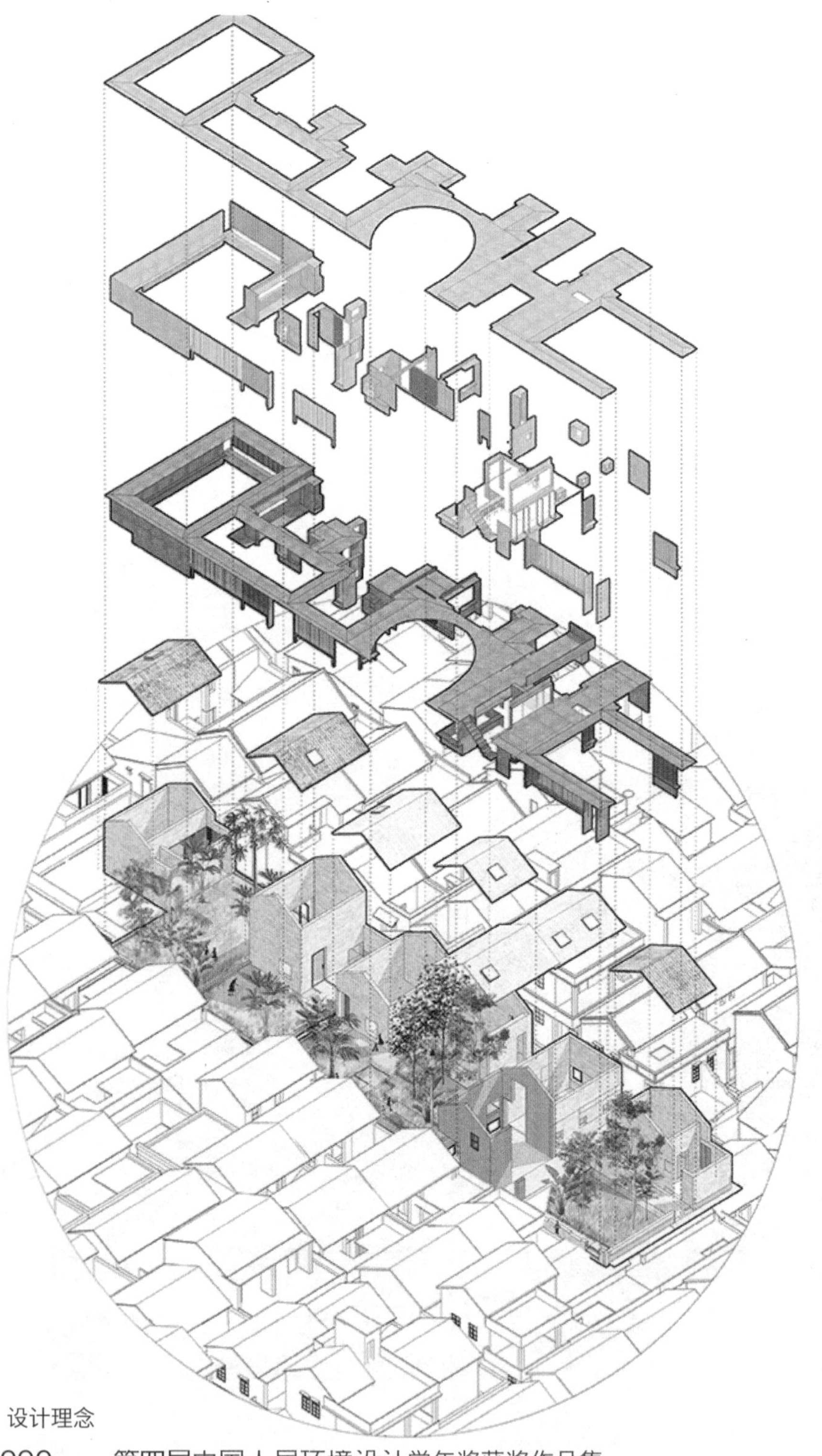

设计理念

游廊设计

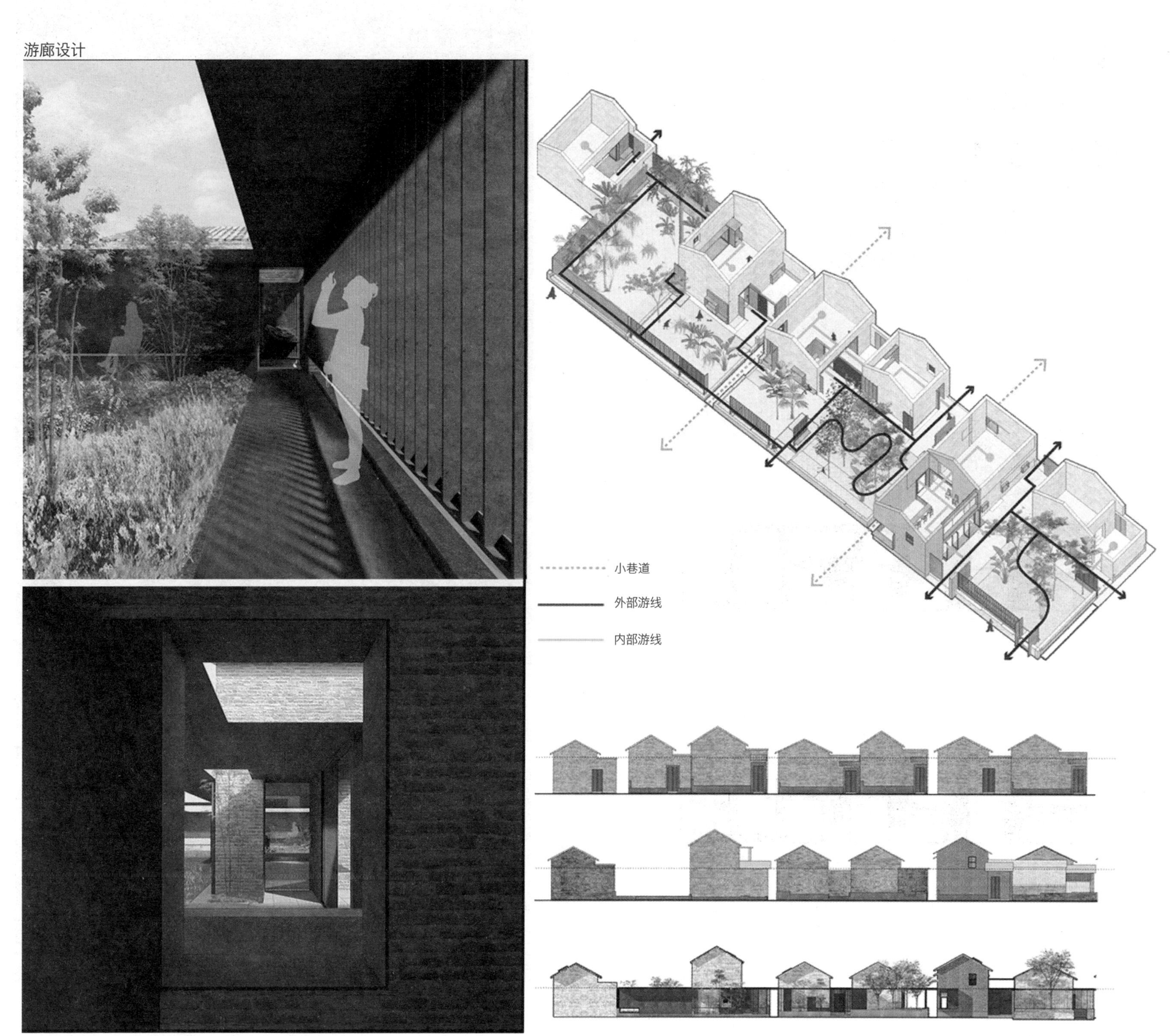

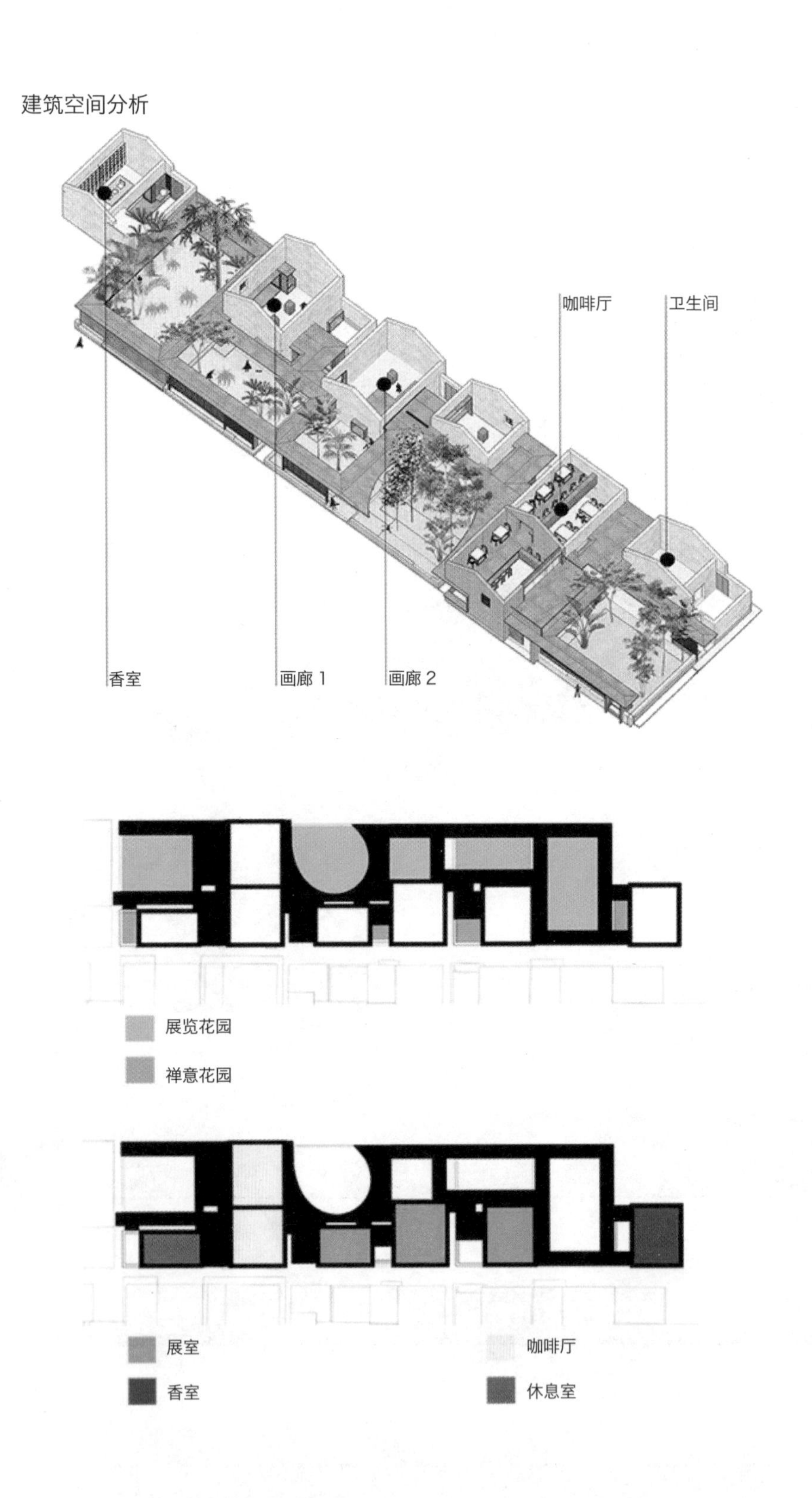
建筑空间分析
咖啡厅
卫生间
香室
画廊 1
画廊 2
展览花园
禅意花园
展室
咖啡厅
香室
休息室

居园游宅

参赛人员 郭静
参赛类别 建筑设计
学　　历 本科
所属院校 天津大学
指导教师 赵伟

鸟瞰图

设计说明

居园游宅设计的亮点是提出一种新模式化的空间体验和改造思路。设计在传统胶东民居的“宅＋院”的组合形式和尺度模式上，对比分析“院”与“园”的流线、功能和空间定义，提出“宅＋园”的类型空间，即一种宅中有园、园中有宅，可居、可游、可观的模糊边界、串联共享的空间。设计概念同时也诠释了中国传统自然美学观点——天人合一。中国的“园”与“画”同根同源，故设计从“画”寻迹，还原“园”的气质与记忆。

方案演变图

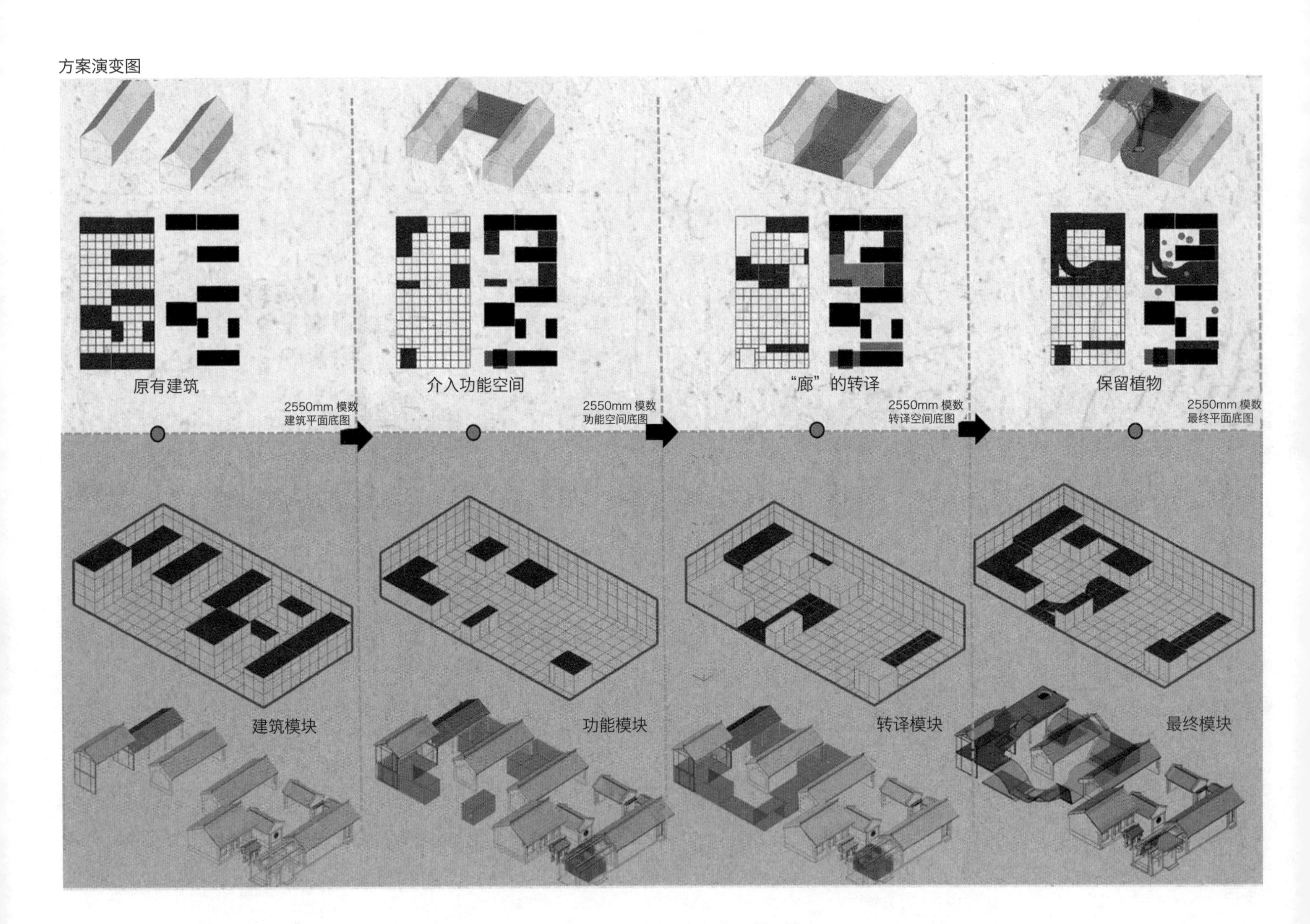

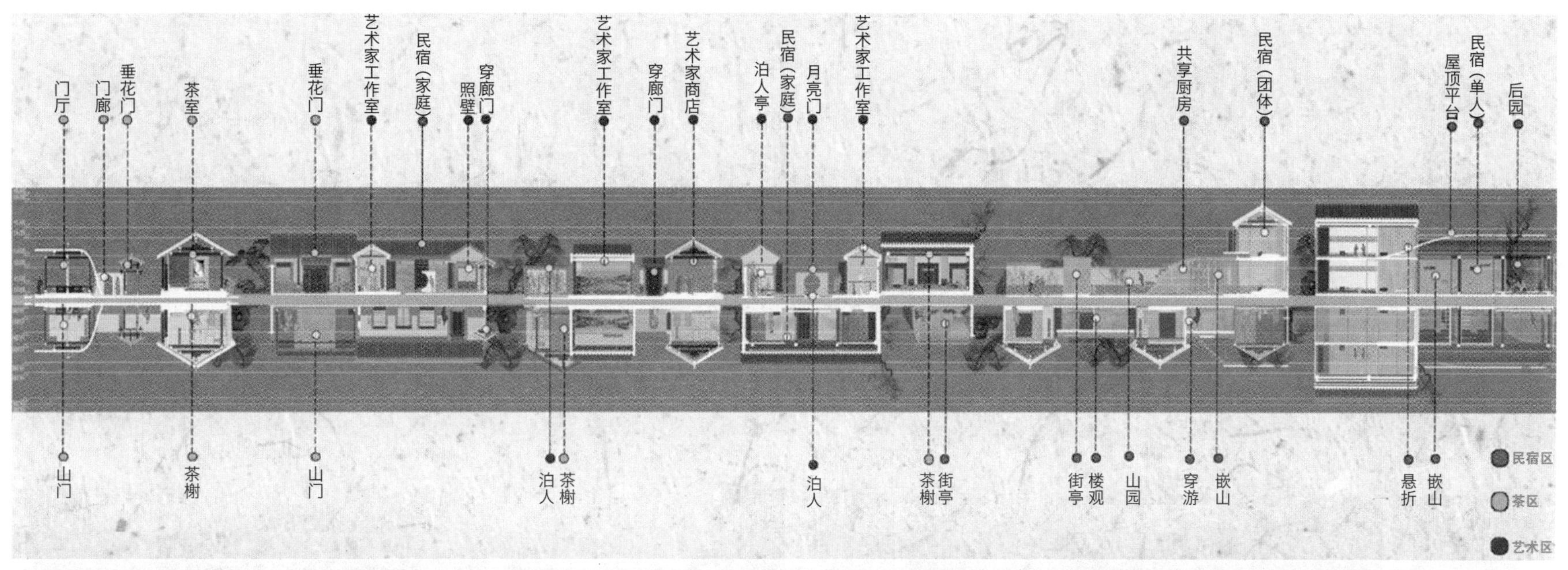

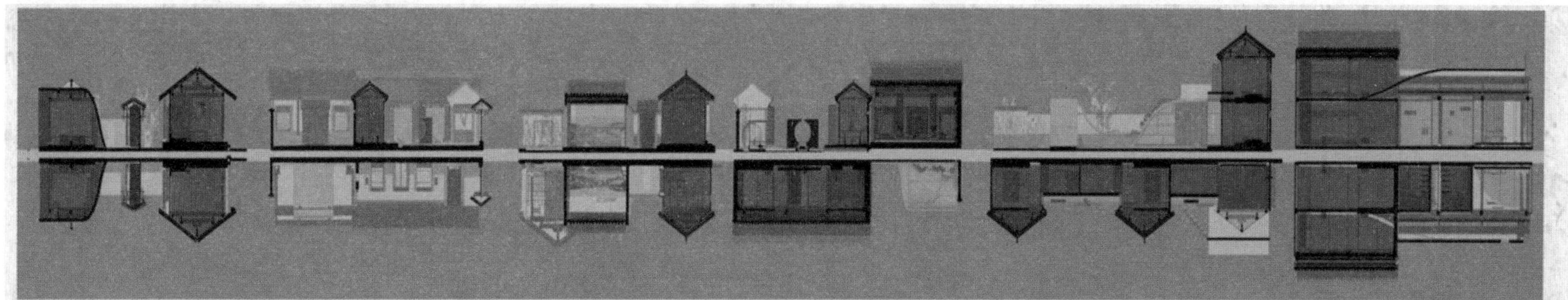

剖面内外界面分析

茶区效果图 1

茶区效果图 2

剖面视线分析

艺术区效果图 1

艺术区效果图 2

民宿效果图 1

民宿效果图 2

桥舍——基于基础设施的城市建筑学

参赛人员 肖佳蓉 金世煜 孙一诺
参赛类别 建筑设计
学　　历 本科
所属院校 同济大学
指导教师 谭峥 张永和

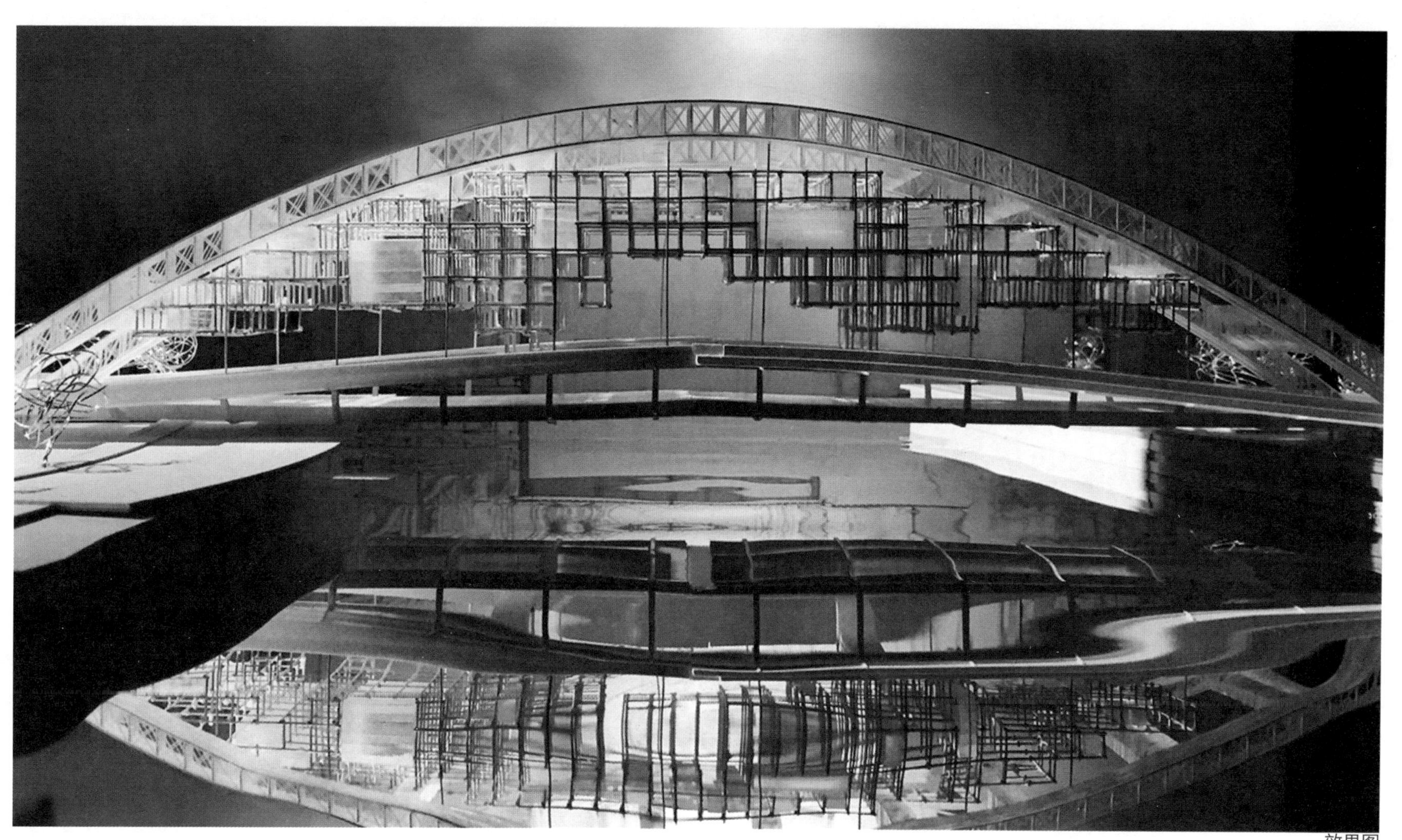

效果图

设计说明

基地处于交通干线的中心以及两个活力热点的连接处，而使用基地的人群时间是不同的，周边居民、朱家角游客、创意园的工作者的活跃时间有所重叠，因此单一功能很难满足多种人群的需求。因此我们希望创造一个全时性活跃的，由创意产业的工作者带动的，朱家角游客维持流量的，附近居民可以随时参与的文化综合体。

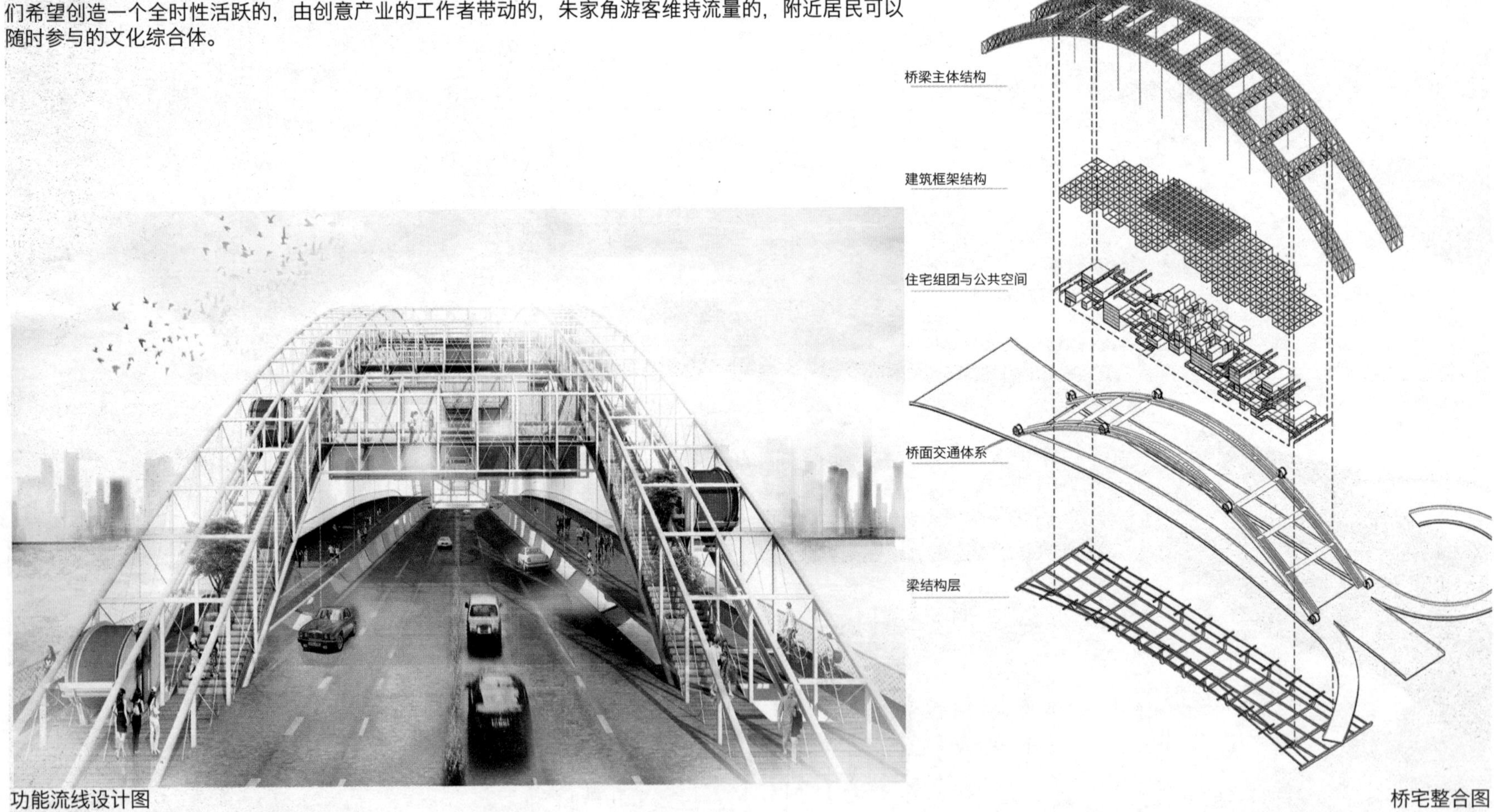

功能流线设计图

桥宅整合图

立面图 & 轴测图

空间设计图

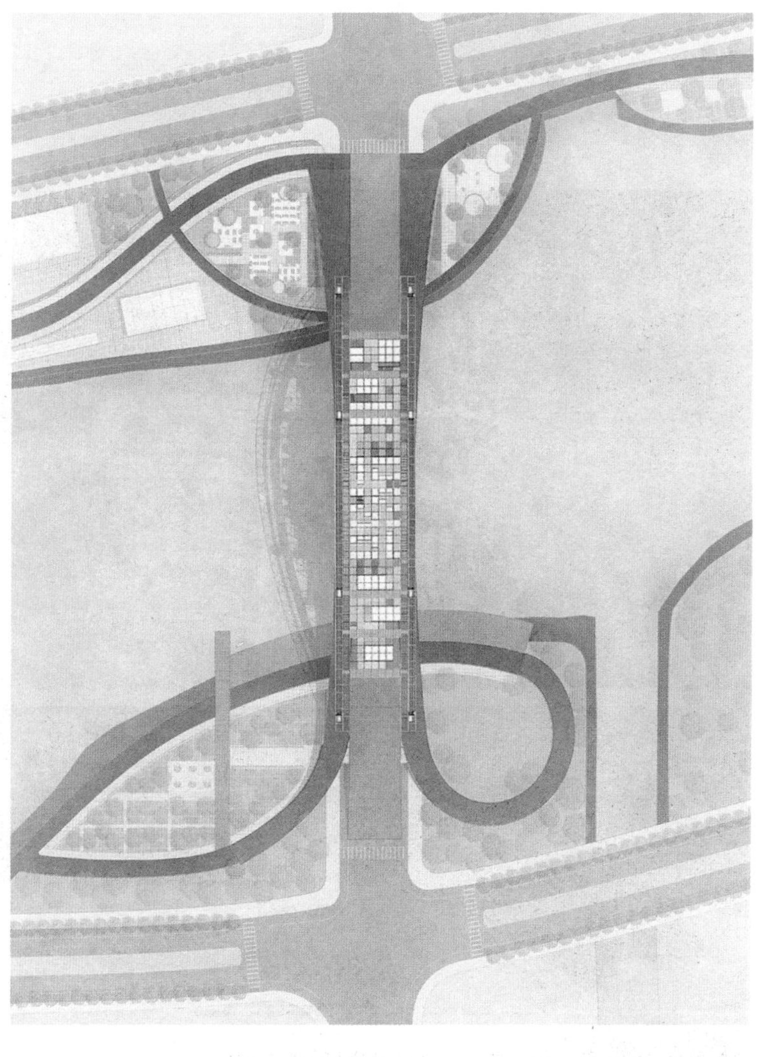

连接桥面路径

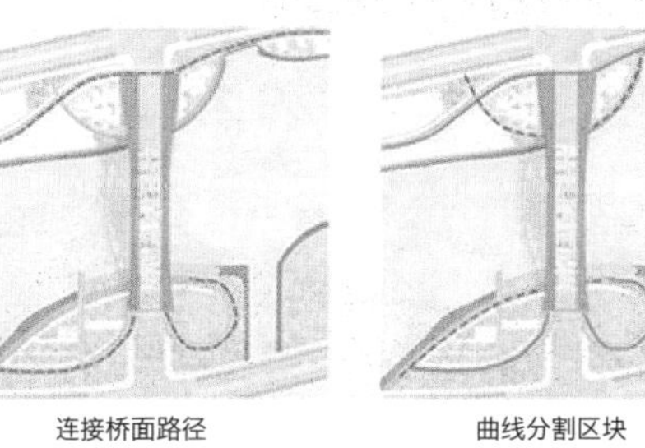

曲线分割区块

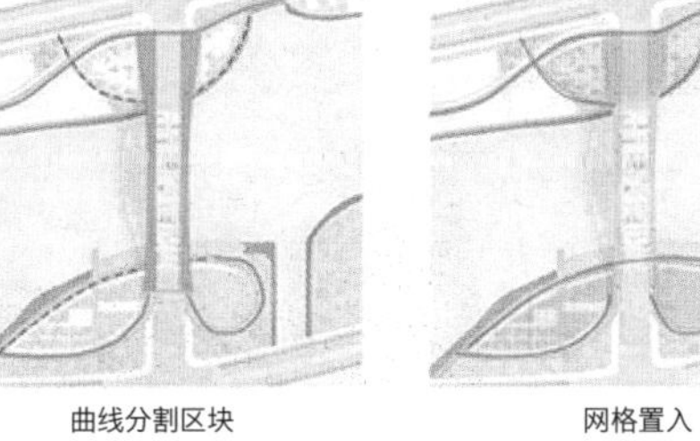

网格置入

场地设计图

效果图

关山萧寺 一眼万千

参赛人员 夏亦然
参赛类别 建筑设计
学　　历 本科
所属院校 同济大学
指导教师 董屹

设计说明

模式在本人的理解中，是一种法则。从古至今，我们会根据实际情况对法则进行适应性地解读。本次设计，关注中国古代山水画中“三远”意境空间模式，希望提取此模式，对山水画中文人精神进行现代建筑的转译。

本人选择的山水画是王蒙的《关山萧寺图》。这幅画很好地体现了山水画中“三远”（高远、深远、平远）意境之间的切换。通过拉开山水画的层次，让人的视线在某个空间内发生变化，包含视点、视域和视线长度方向以及视线穿越空间层次（景深）的变化，营造出“三远”的意境。

设计的概念来自《关山萧寺图》的视线变化，通过对画的建筑解读，设计出视觉控制主导的旅游综合体。

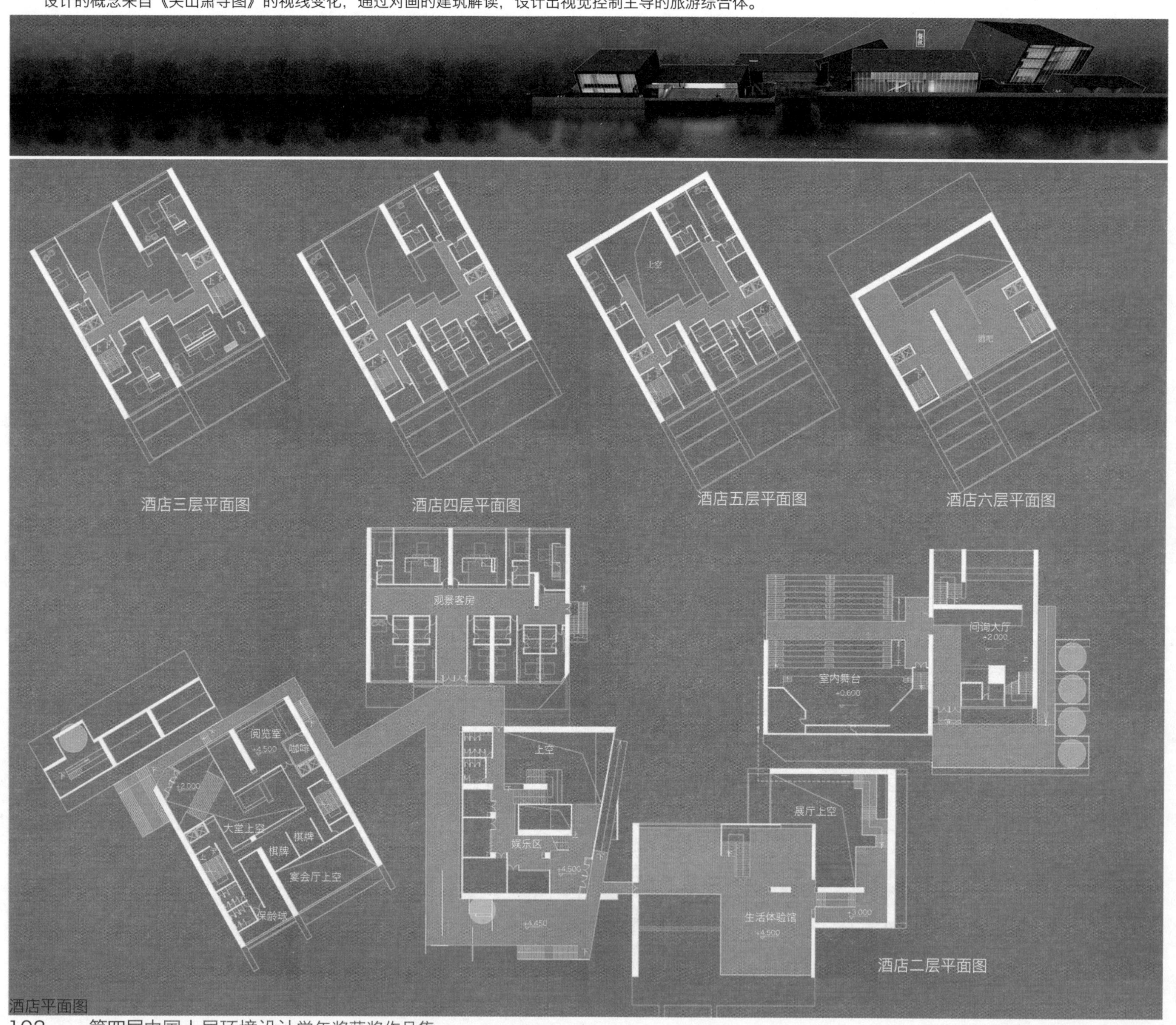

酒店平面图

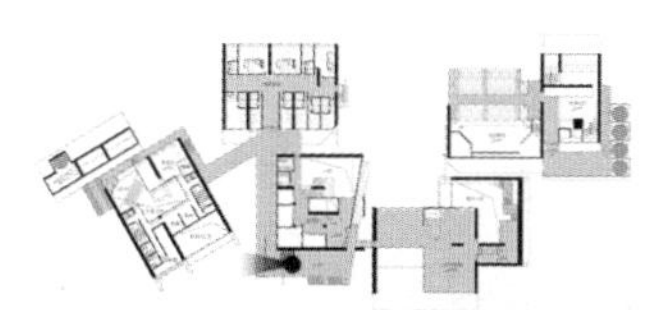

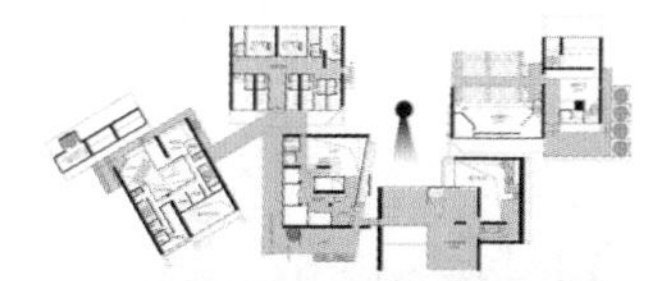

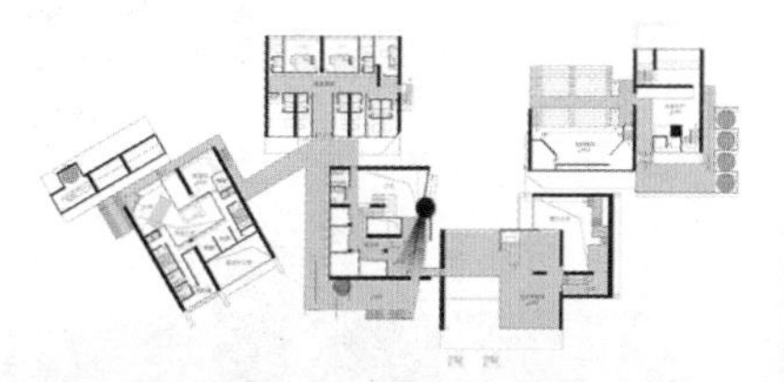

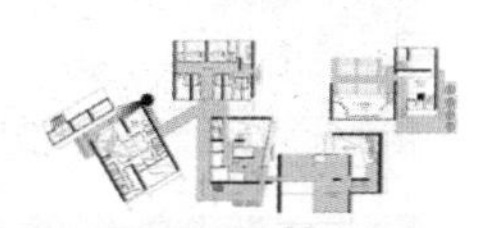

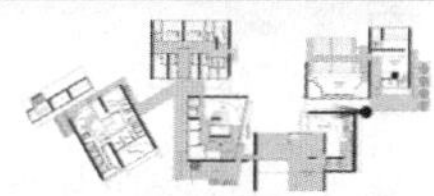

空间体验意向图

都市禅院

参赛人员 杨金娣 靳柳 马步青

参赛类别 建筑设计

学　　历 本科

所属院校 中国科学院大学

指导教师 崔愷 李兴刚 陈一峰 王大伟

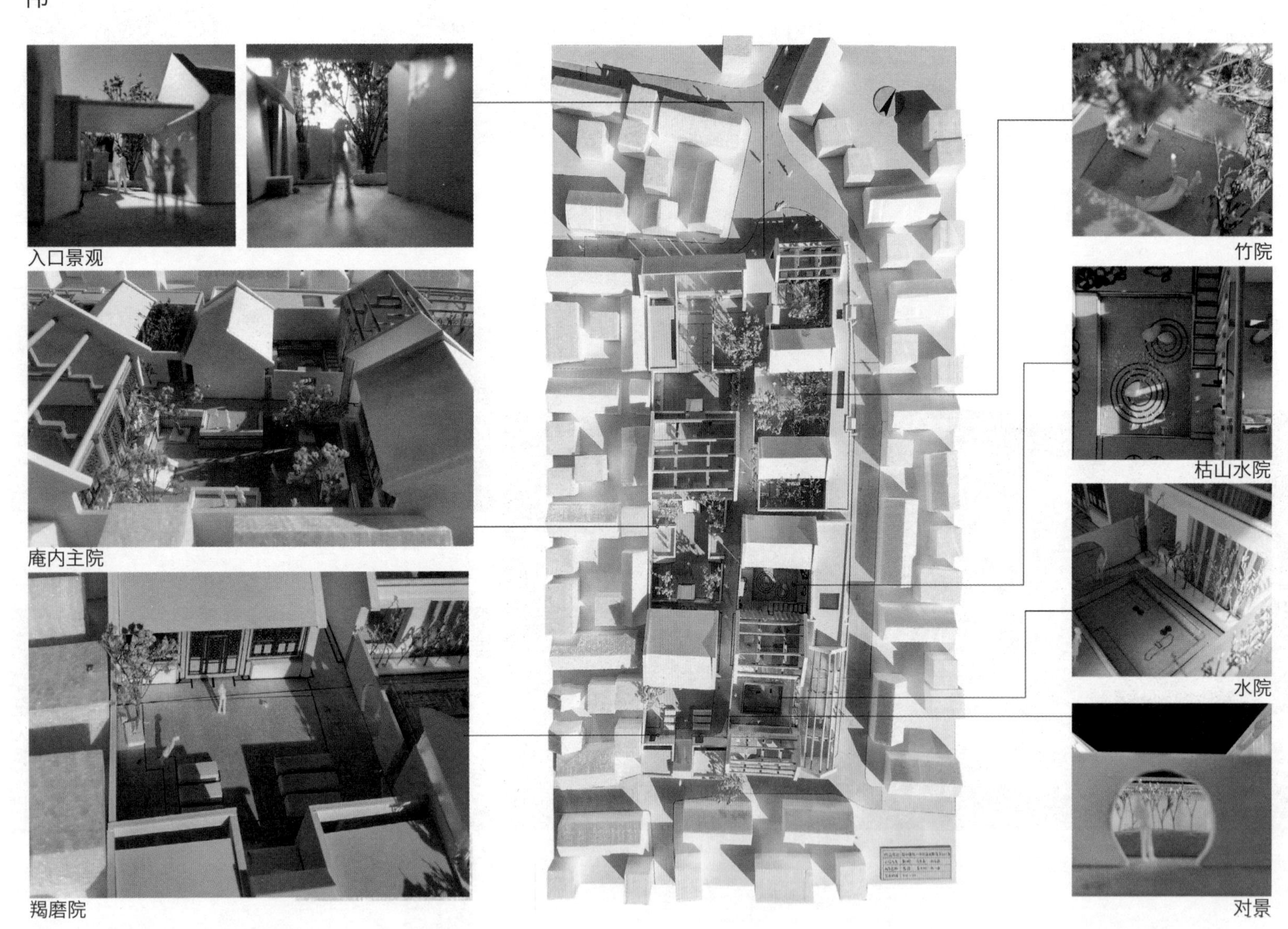

入口景观

庵内主院

羯磨院

竹院

枯山水院

水院

对景

设计说明

什刹海地区寺庙众多，分布密集，甚至有一说即什刹海名字就是来源于众多的寺庙。随着时代发展，如今大部分寺庙都逐渐残破直至消失。海潮庵就是其中一个古旧庙庵，旁边的银锭桥胡同早年就叫海潮庵，这个名字叫了 200 多年，1965 年才易名为银锭桥胡同。《宸垣识略》载：海潮庵建于明嘉靖年间，清代重修。山门朝东，面向前海。庵中有前后两个院落并有跨院相连，殿房共 40 间。当年庙内有铜像六尊，泥像十尊，铁磬二个，木鱼铁香炉一个，锡烛一堂，金刚经一部。铁磬上铸有“大明正德十一年十二月立”字样，铁炉上有“嘉庆三年四月海潮庵”字样。

Step0 现状

建筑杂乱、墙壁无序、院落消失。

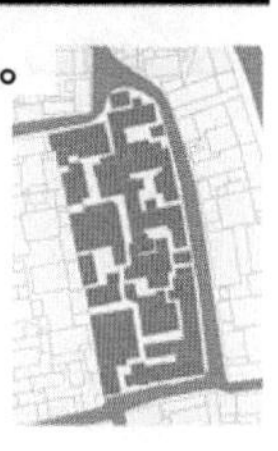

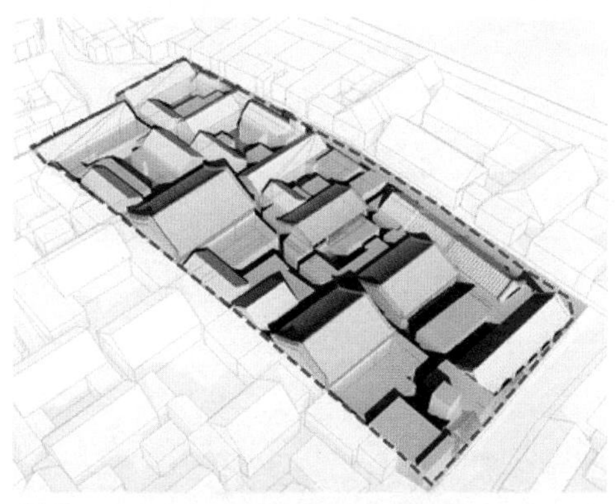

Step1 建筑：拆除 + 加建

拆除私搭乱建，原址新建南侧山门和东侧房屋。

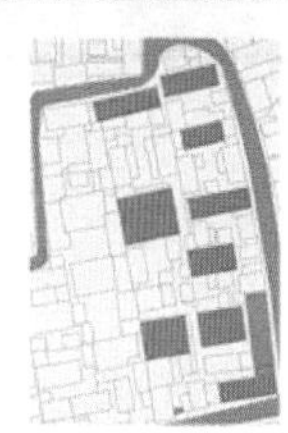

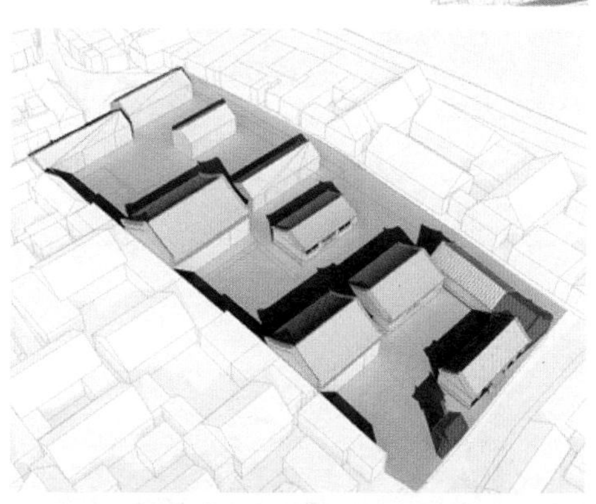

Step2 还原内部墙

采用瓦片、青砖、木格栅等材料还原原有内部墙体，依据墙体虚实需求确定墙体材质。

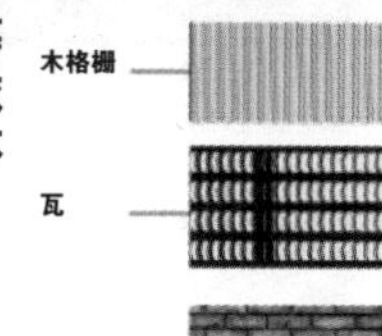

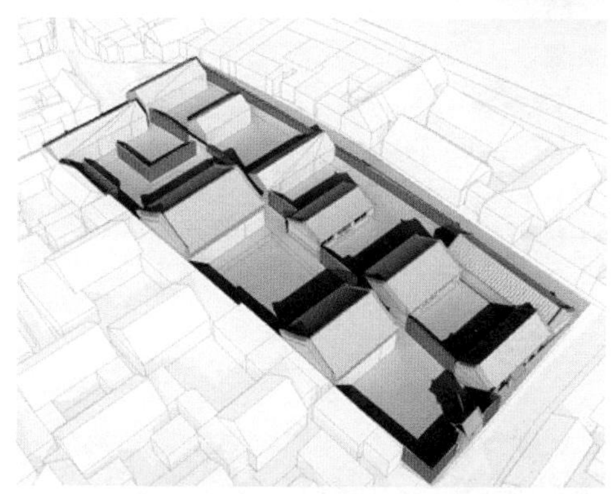

Step3 还原外墙——扩展为服务空间

外墙扩展，变面为体，将场地内部与外环境隔离开，使内部更加隐秘安静，同时将服务空间置于该空间。

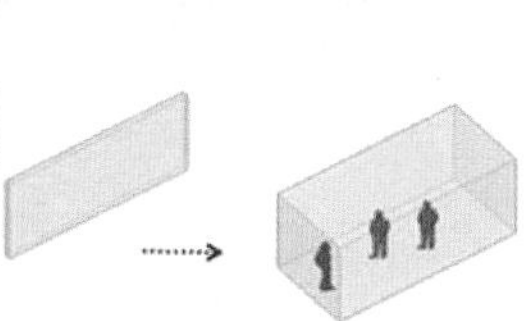

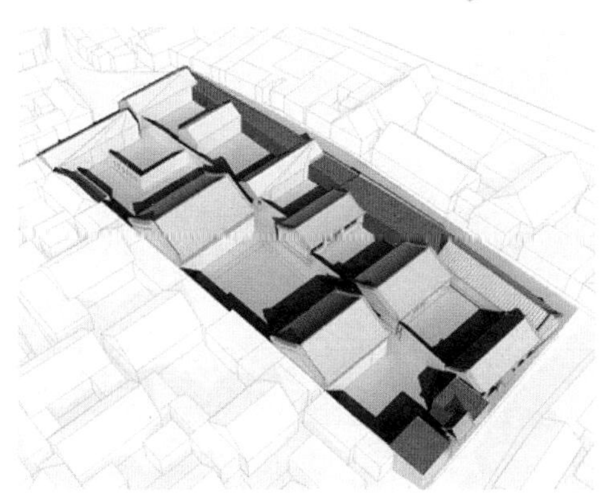

Step4 院：部分院下挖，寻找原地面

此部分院下挖，寻找原来地面，还原原有寺庙建筑垂直方向的关系，恢复大殿坐落于高台上供人礼拜的场景。

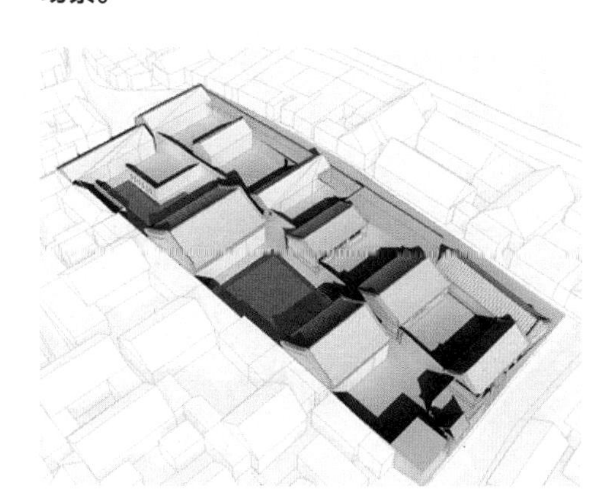

Step5：完善景观及室内，实现更新

建筑、院子、外墙分别得到复原，基本空间格局由此确定，在此基础上形成相应的功能分区。院落相连，并进一步形成整个用地的流线组织。

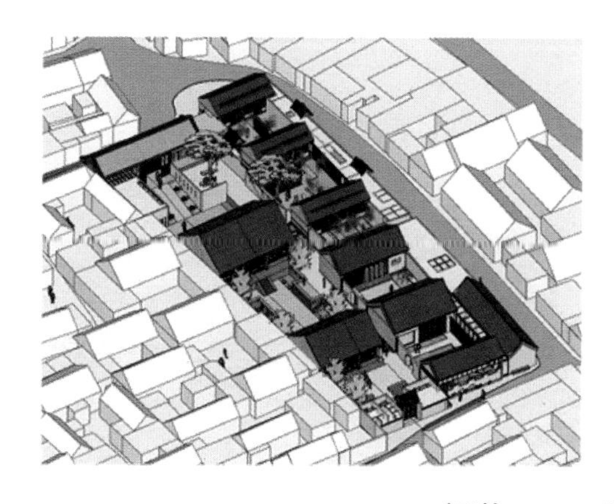

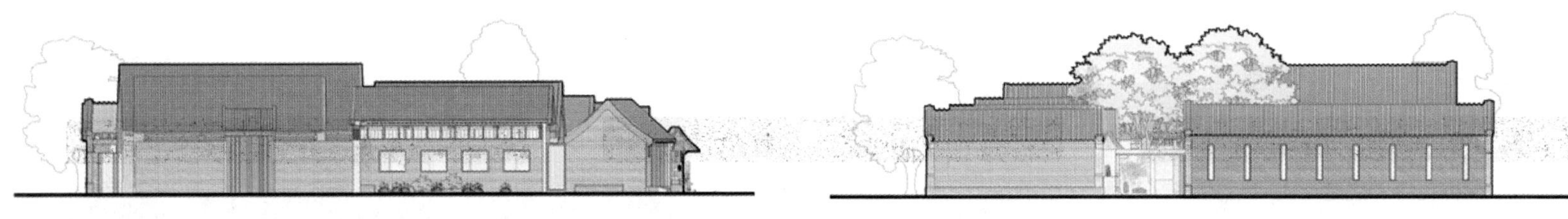

南立面

北立面

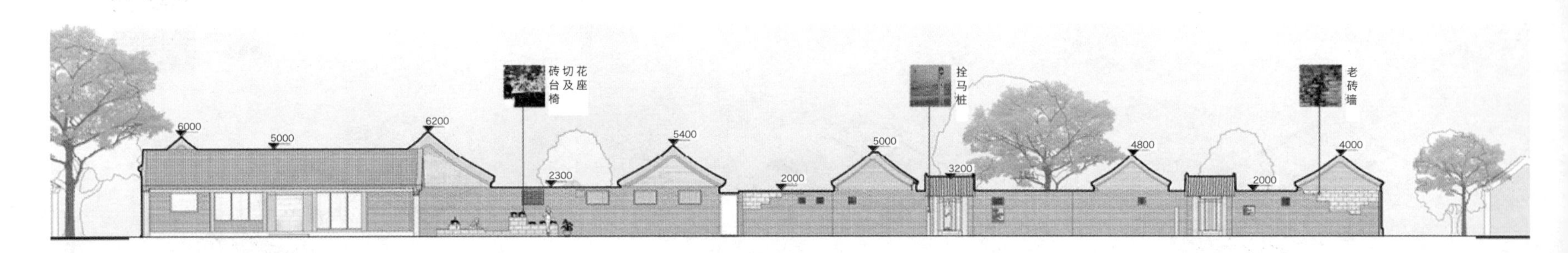

东立面

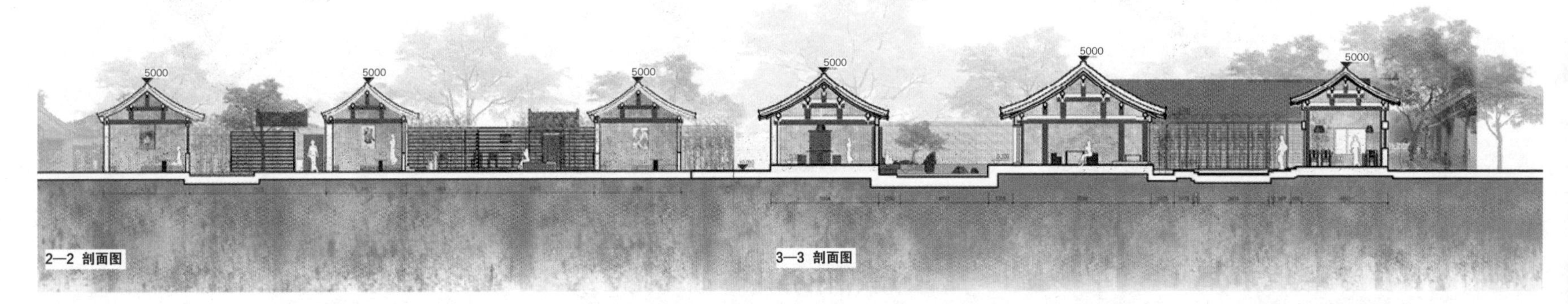

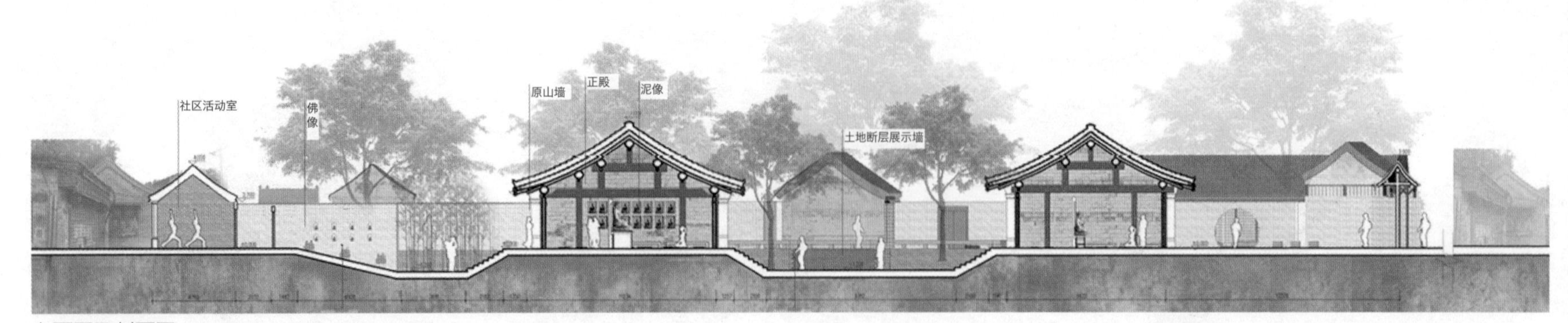

立面图及剖面图

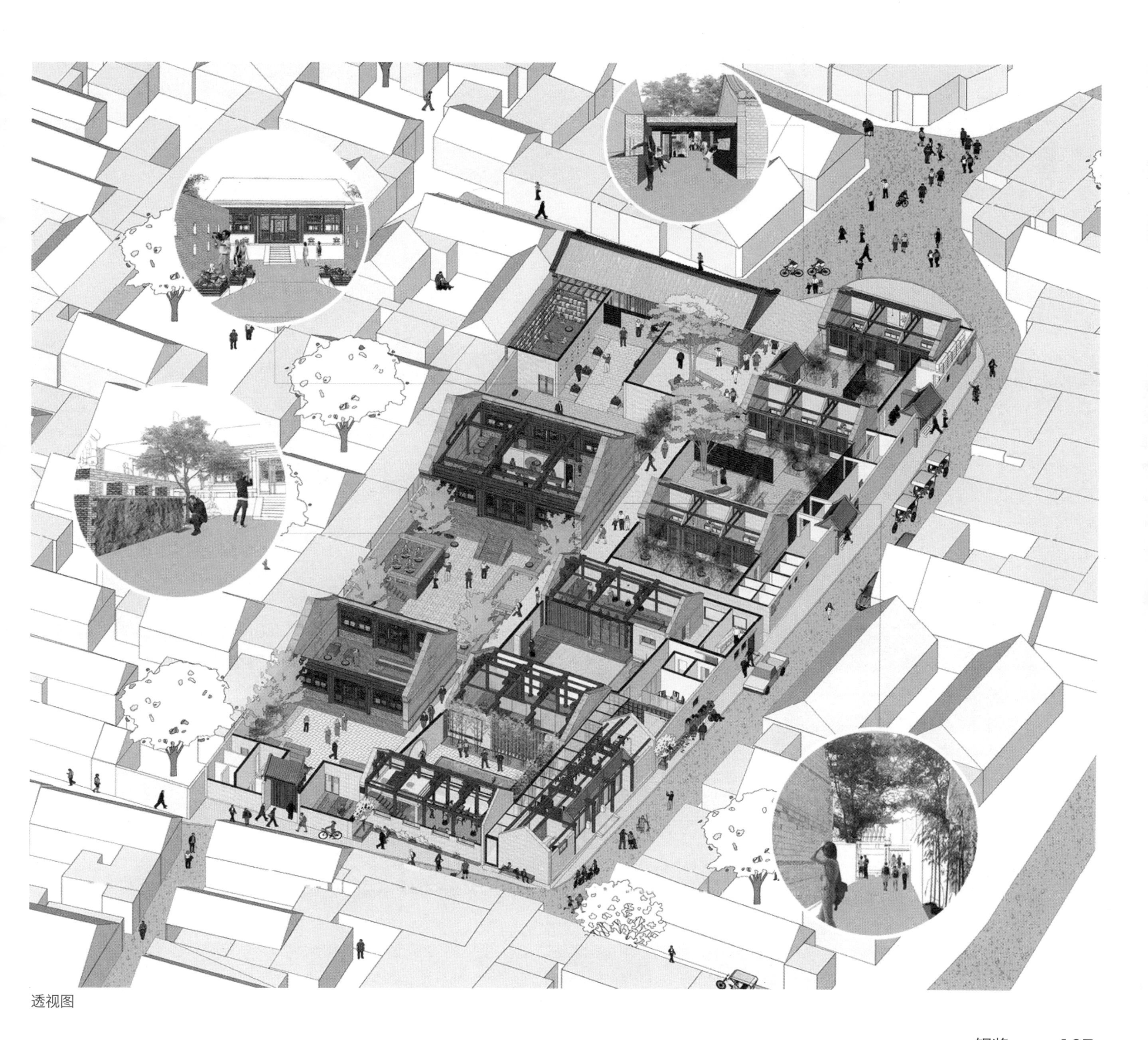

透视图

森林网格

参赛人员 张忆 何晨铭
参赛类别 建筑设计
学　　历 本科
所属院校 重庆大学建筑城规学院
指导教师 黄颖

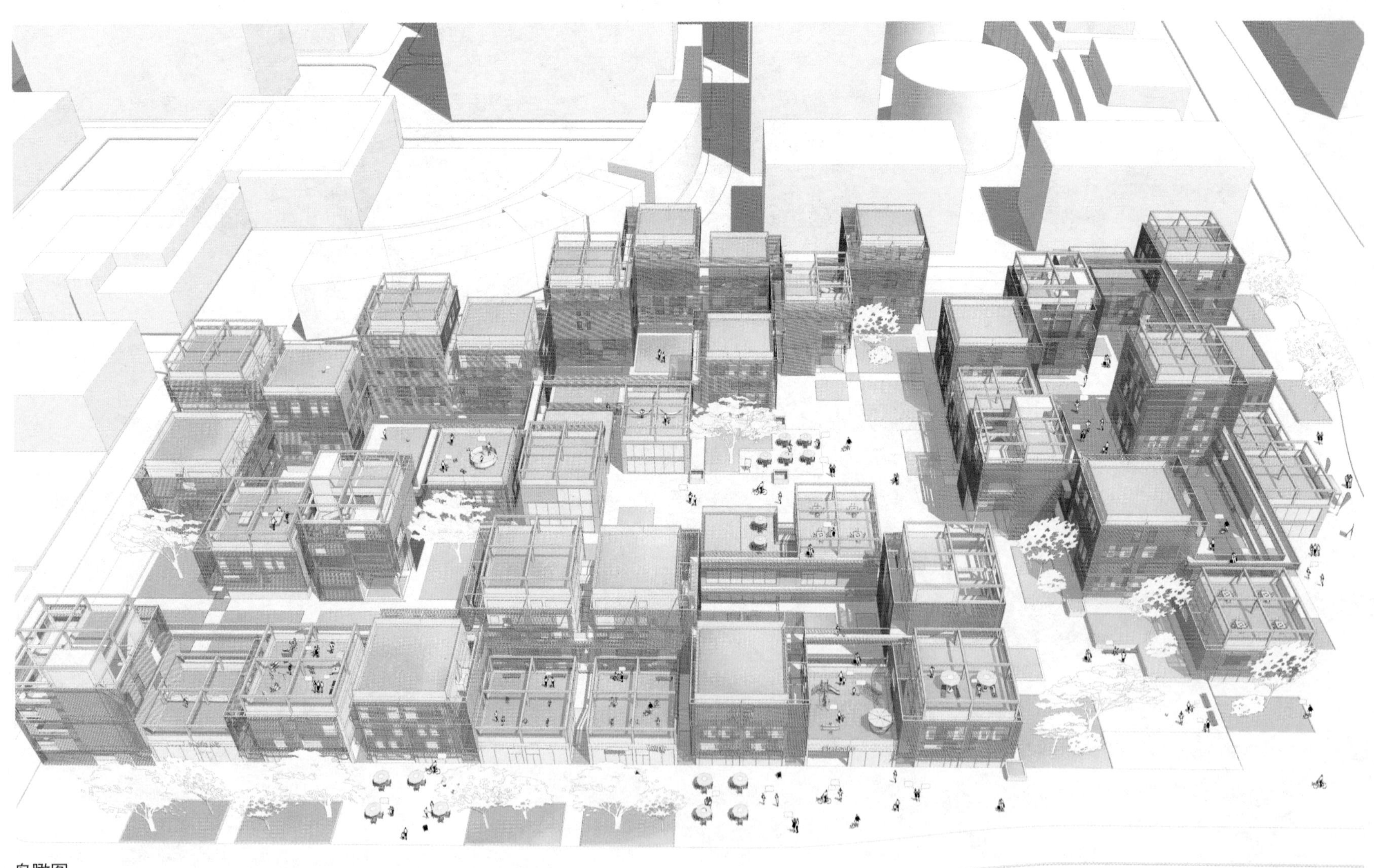

鸟瞰图

设计说明

我们针对青年人群的需求来设计住宅，采用了一种与传统住宅设计不同的设计模式。通过将场地用网格划分、模数化的设计手法，以及“方格”放置的变化来产生丰富的内外空间，再将大量绿化引入各“方格”之中，从而营造自然而充满活力的社区氛围。

各类生活场景

夹缝平台人际交往分析

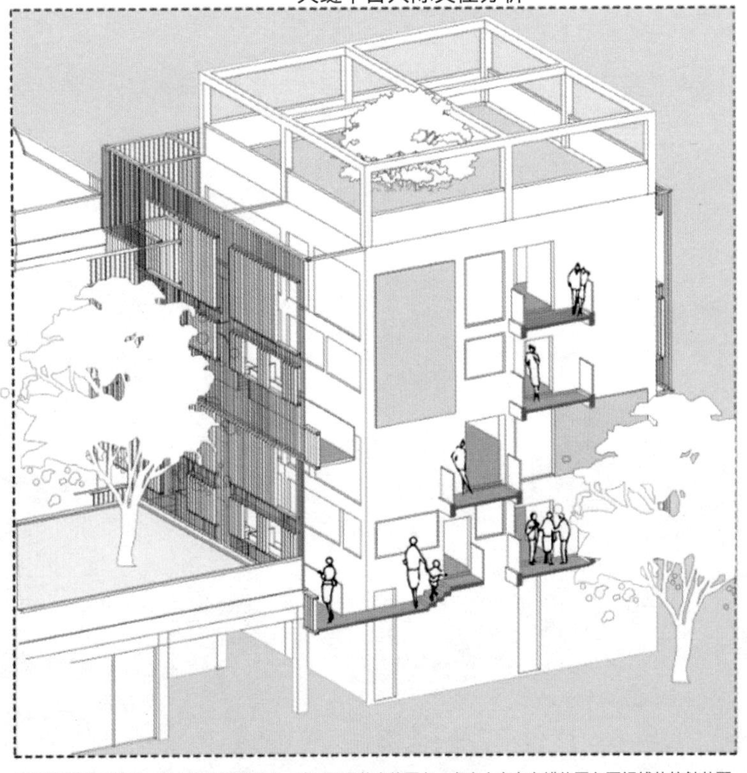

夹缝平台既可以是一户人家的连接平台，也可以是伸出的平台，各户人家在交错的平台因视线的接触从而可能产生互动。

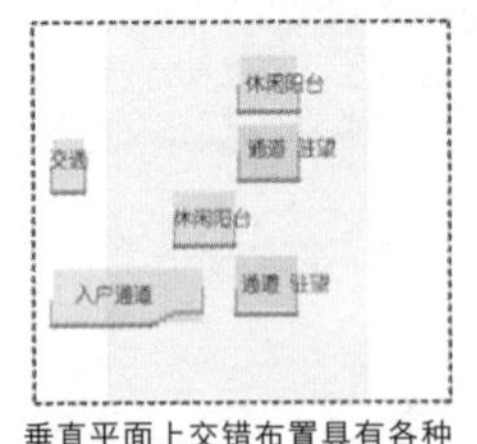

垂直平面上交错布置具有各种功能的空间。

各平台上活动人的视线接触及景观视线 。

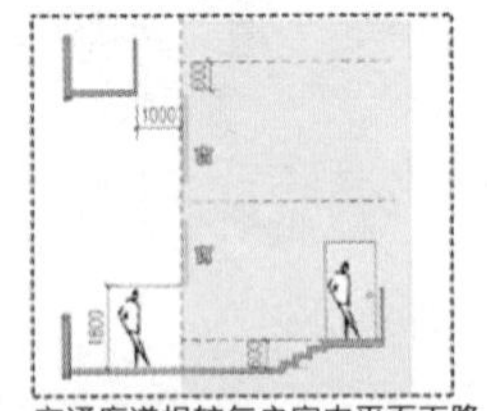

交通廊道相较每户室内平面下降一定高度及相隔一定距离，保护住户的隐私。

各类生活场景

重铁寻忆
——重庆九龙坡区铁路三村景观改造设计

参赛人员 魏岳 张柯翔
参赛类别 景观设计
学　　历 本科
所属院校 四川美术学院
指导教师 余毅

景观平台效果示意

设计说明

重庆铁路三村社区景观改造设计主要以城市记忆传承为切入点，关注重庆老工业社区的景观环境发展现状，审视并分析老工业社区的现存问题以及社区记忆与文脉特征，并以文化记忆构建社区景观，以社区景观延续城市文脉。根据社区特点与文脉特色，提炼发掘出具有价值的文化记忆，并运用艺术手法在景观中进行表现，使人更易触景生情：以景观改造激活工业遗存，以工业遗存重现人文环境。采用以新带旧、以修利废的方法将根植于区域文脉内的老物与空间重新设计改造运用在景观中使其重焕新生，塑造出更具特色的人文环境；以渐进发展带动局部提升，以局部提升激发社区活力。老工业社区改造中应以循序渐进的改造模式，通过以点带面、分步逐片的局部更新将社区空间活力激发。从而找寻正在消失的“城市记忆”，提醒人们在现代化的今天城市既需向前发展，但更需要留住属于这座城市的独特风貌和这片土地的人情味。

鸟瞰图

铁路记忆景观效果示意

铁路公园景观效果示意

城市清道夫
——孟加拉的贫穷创新与弹性自组织

参赛人员 罗俊杰 朱丽衡 李秾
参赛类别 景观设计
学　　历 本科
所属院校 天津大学
指导教师 赵伟

鸟瞰图

设计说明

孟加拉国是世界上人口稠密的欠发达国家之一，生态环境及自然灾害问题突出。坚德布尔市（设计基地）位于孟加拉国南部，易发生洪水和海啸等自然灾害，且环境污染严重，社会底层人群以拾取垃圾为生，生存状态恶劣。由于城市的高密度发展，社会底层人群被挤压到最易受洪水影响及垃圾污染最严重的河道边缘。孟加拉政府受经济状况所困，尚无法以自上而下的模式对河道环境进行改善，所以我们提出通过贫困创新和自组织模式来解决环境、生态、社会、经济等问题，从而实现弹性发展。首先，通过垃圾分类，利用废弃建筑材料，甚至废旧轮胎来修建河堤以抵御洪水；其次，利用塑料瓶、竹材、废旧织物等回收材料，满足居住小区的流动需求；最后，在社区层面整合空间，增加立体绿化，实现城市环境的有效改善。

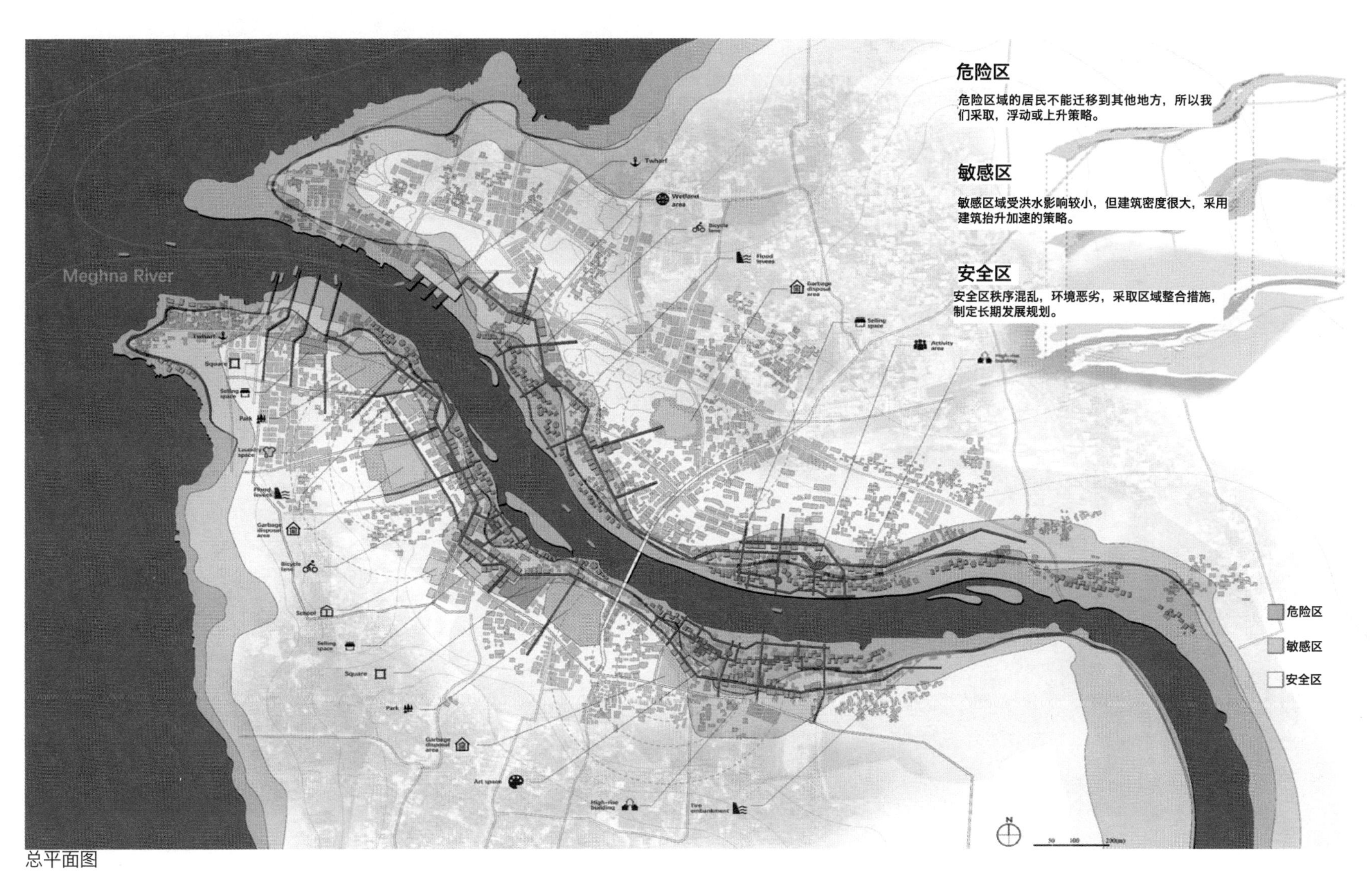

总平面图

剖透视分析图

敏感区效果图

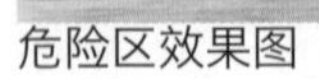
危险区效果图

安全区效果图

±城市

参赛人员 郭东赫 池沫菲 崔宁娜 卢元超
参赛类别 景观设计
学　　历 本科
所属院校 西安建筑科技大学
指导教师 蔺宝钢

前期分析图

设计说明

未来城市应对风暴潮灾害的措施应是建立一个具备韧性、有预判适应性、协同、多功能、动态多元的系统。这个系统对灾害进行吸收并消化，让自然做功，使能量在城市中系统地进行代谢循环，并提高城市在未来全球生态发展趋势下对于灾害的承载力，增加城市的预判和适应性，使得城市的韧性得以提升。这个系统在日常状态与灾害状态时将呈现不同的表现形式，日常中可以吸收自然能量，当灾害来临时能够释放能量保护城市。

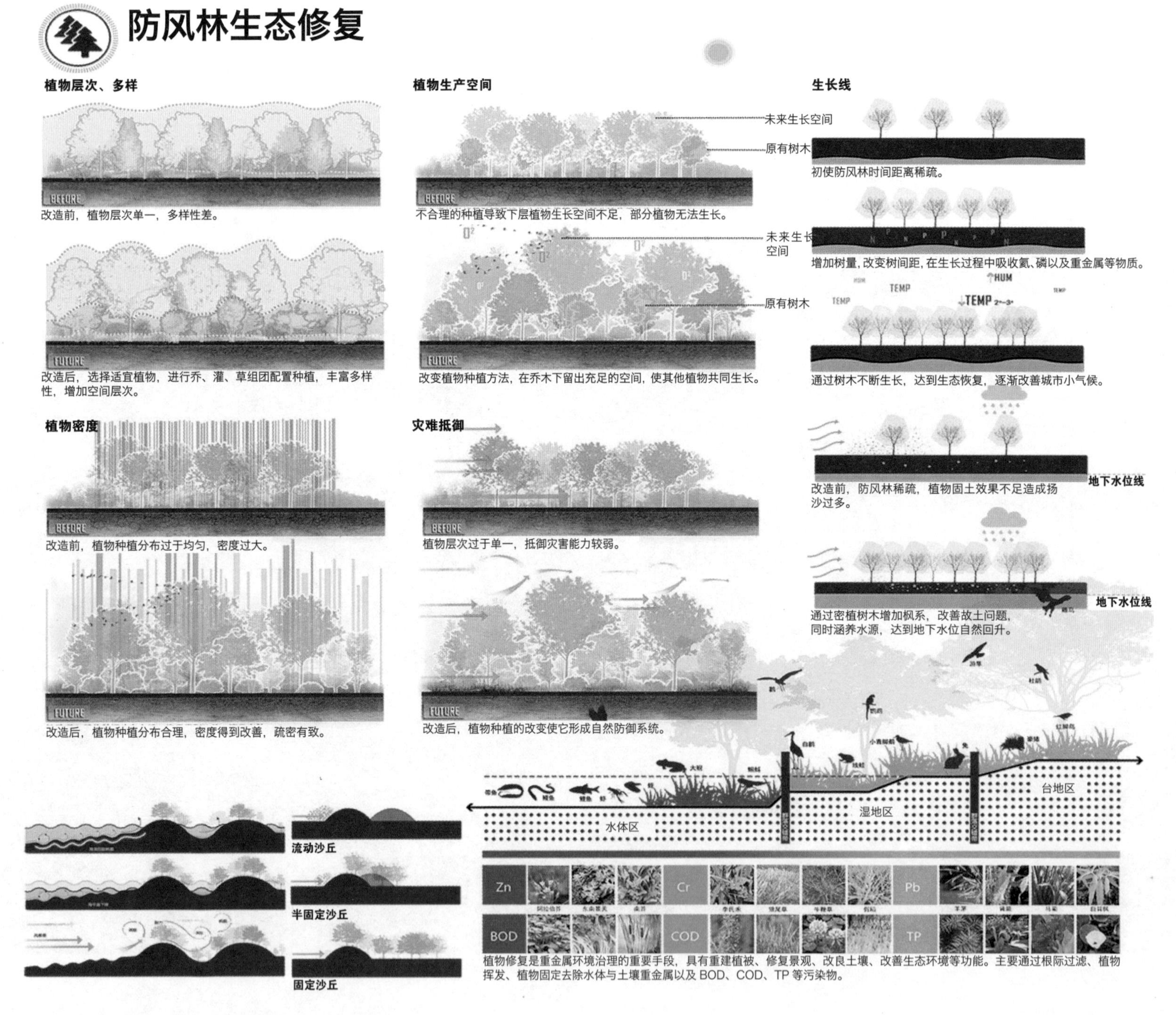

浅海区生态系统修复

浅海区填造防波堤系统 人工引导形成海洋珊瑚农场。风暴潮形成初期，在海洋上增大摩擦力，通过两道系统布置，削弱海波能量，保护海岸线。

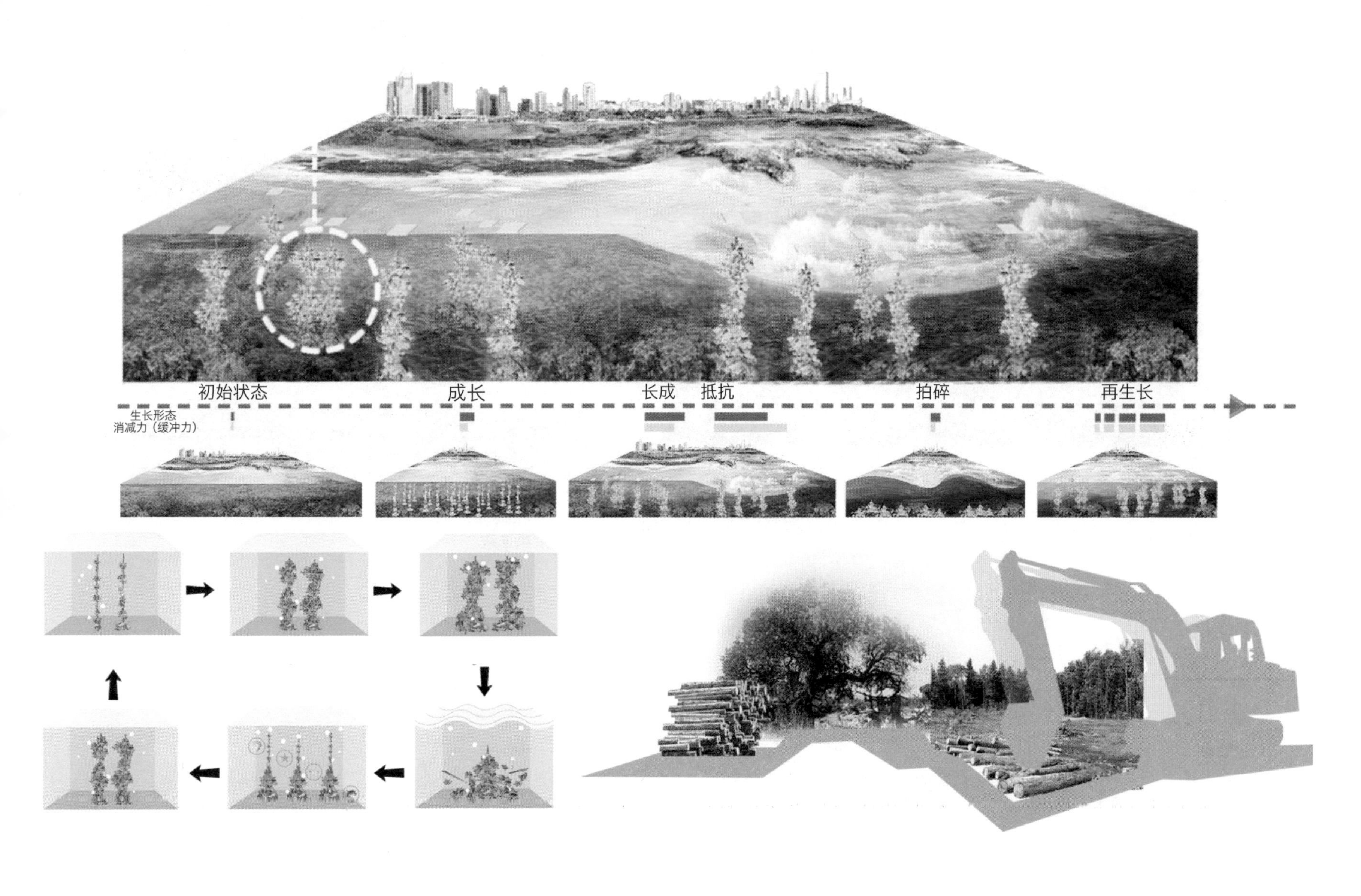

城市区生态系统修复

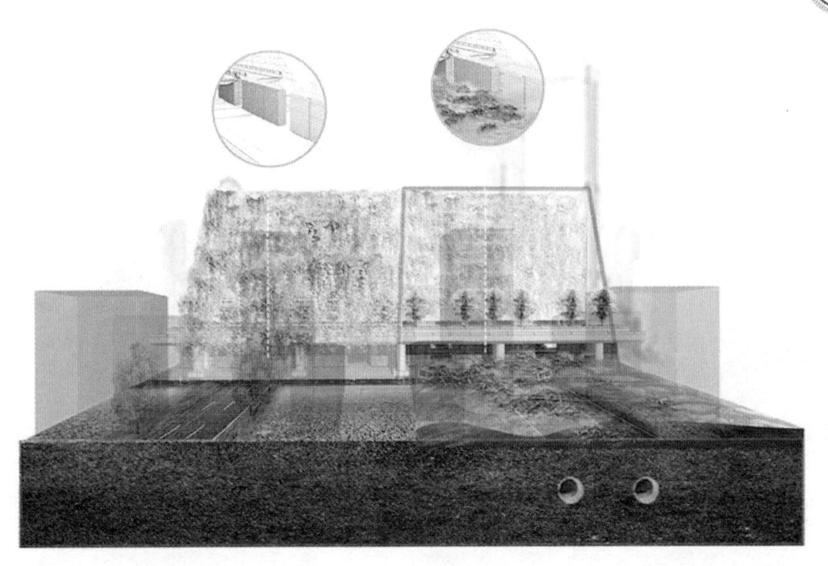

城市能源收集

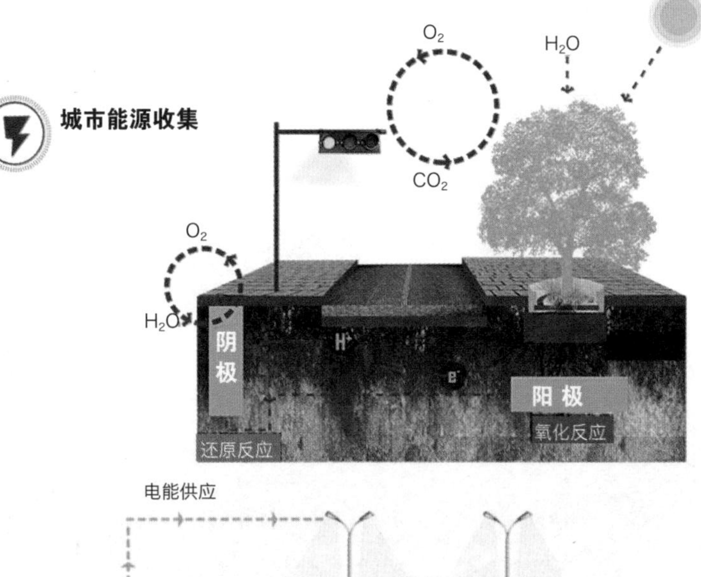

生态高架降噪

生态高架风系统

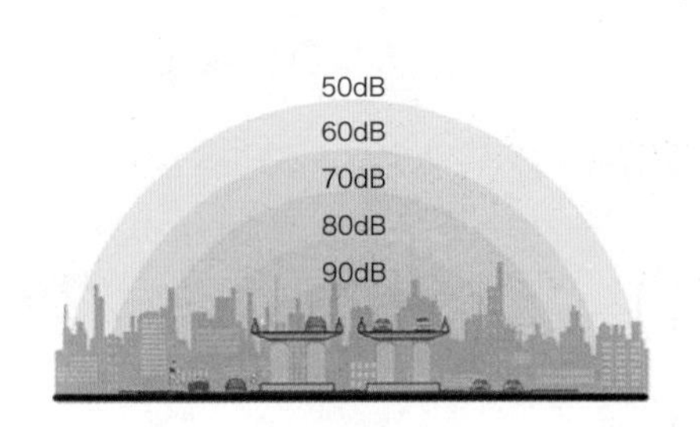

传统高架

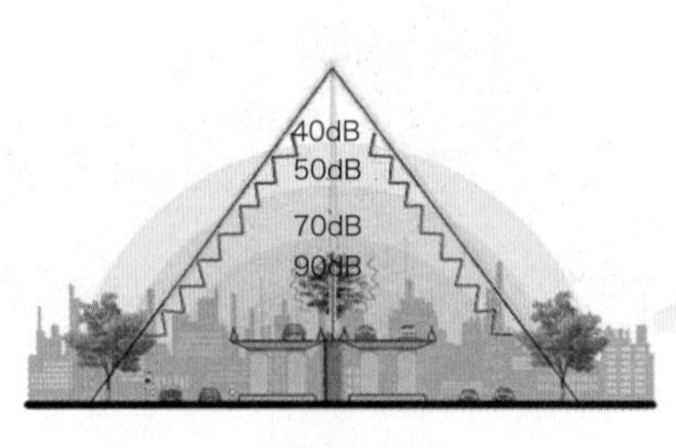

绿化降噪

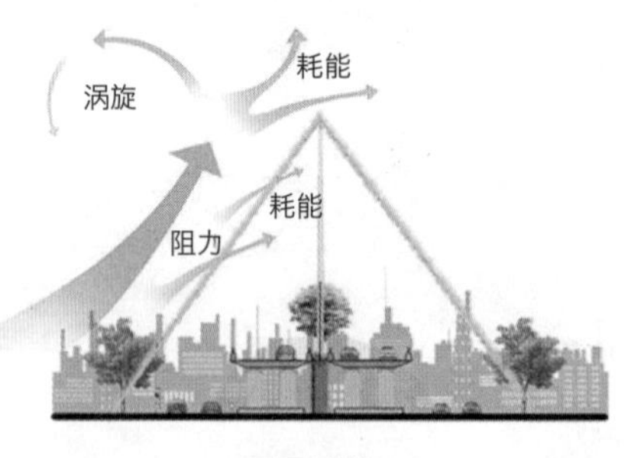

风暴消能

通风廊道

EDI模式下的川道型城镇的弹性修复与居住环境提升

参赛人员 景俐　何贞莹　文聪
参赛类别 景观设计
学　　历 本科
所属院校 西安建筑科技大学
指导教师 张鸽娟

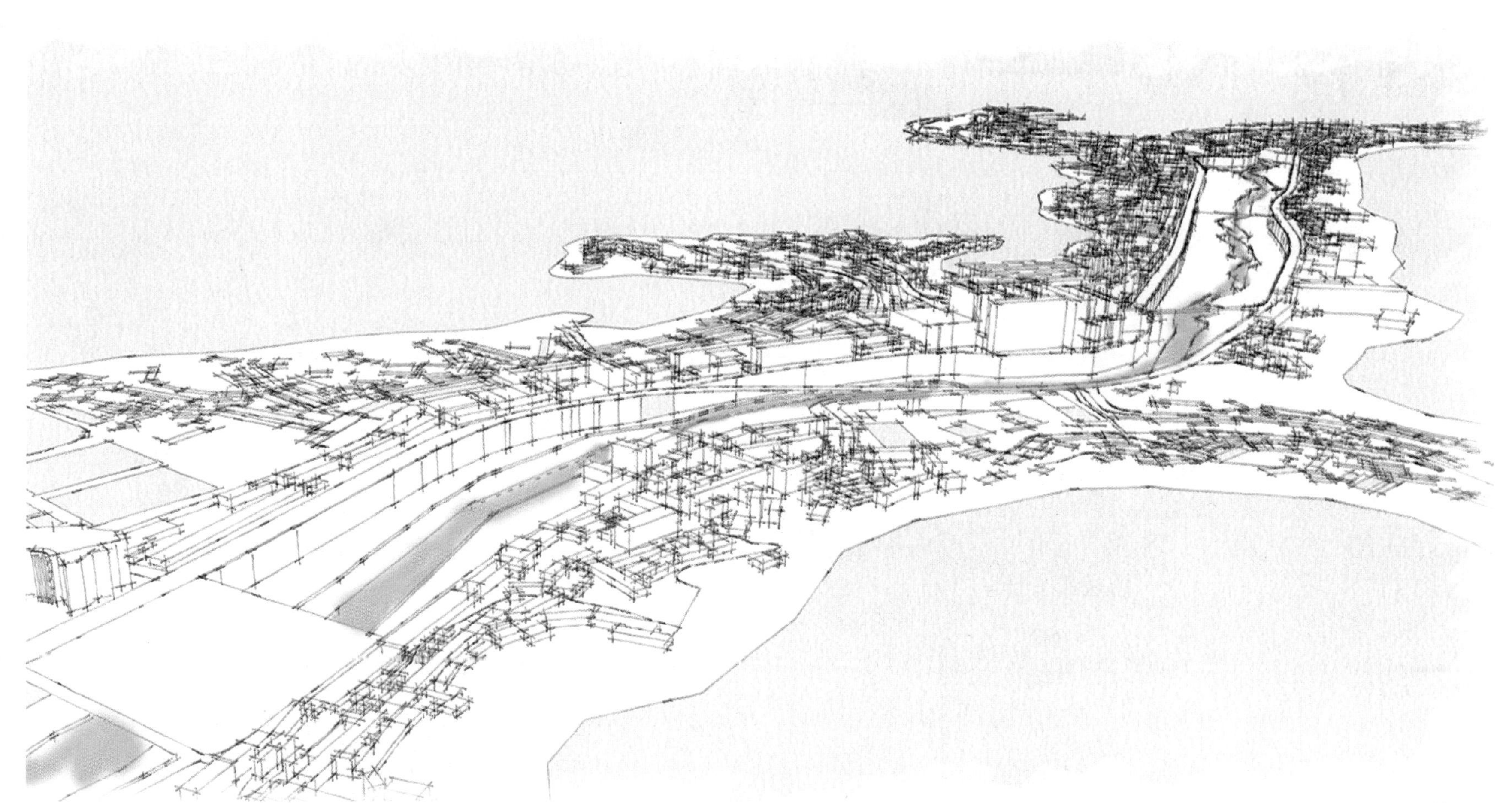

手绘效果图

设计说明

川道型城镇是西北地区较为常见的一种线性城镇形态。本方案选址在陕西省延安市延川镇，地处黄土高原沟壑区，降雨量少，整个城镇沿线性河道分布。沟壑区内，山体、水体和城镇间的自然灾害问题较为严重。 本方案针对该城镇所面临的自然灾害、居住环境、产业发展等问题分别提出应对策略：首先在弹性策略的指导下，通过促进山体、水体、城镇三部分的横向发展来打破小镇原本的纵向发展；其次，在完成自然环境的生态打底之后，考虑到窑居建筑的可持续潜力以及该地老年人口占比较大的情况，建立兼具生态性和适老性的新型康养式窑居社区，集约式用地便于资源利用，同时形成集体认同感与旧属感；最后，利用当地的自然资源和文化资源发展文化创意旅游业，在城乡联动发展的大背景下，实现产业转型，优化当地经济结构。

康养社区效果图

康养社区设计

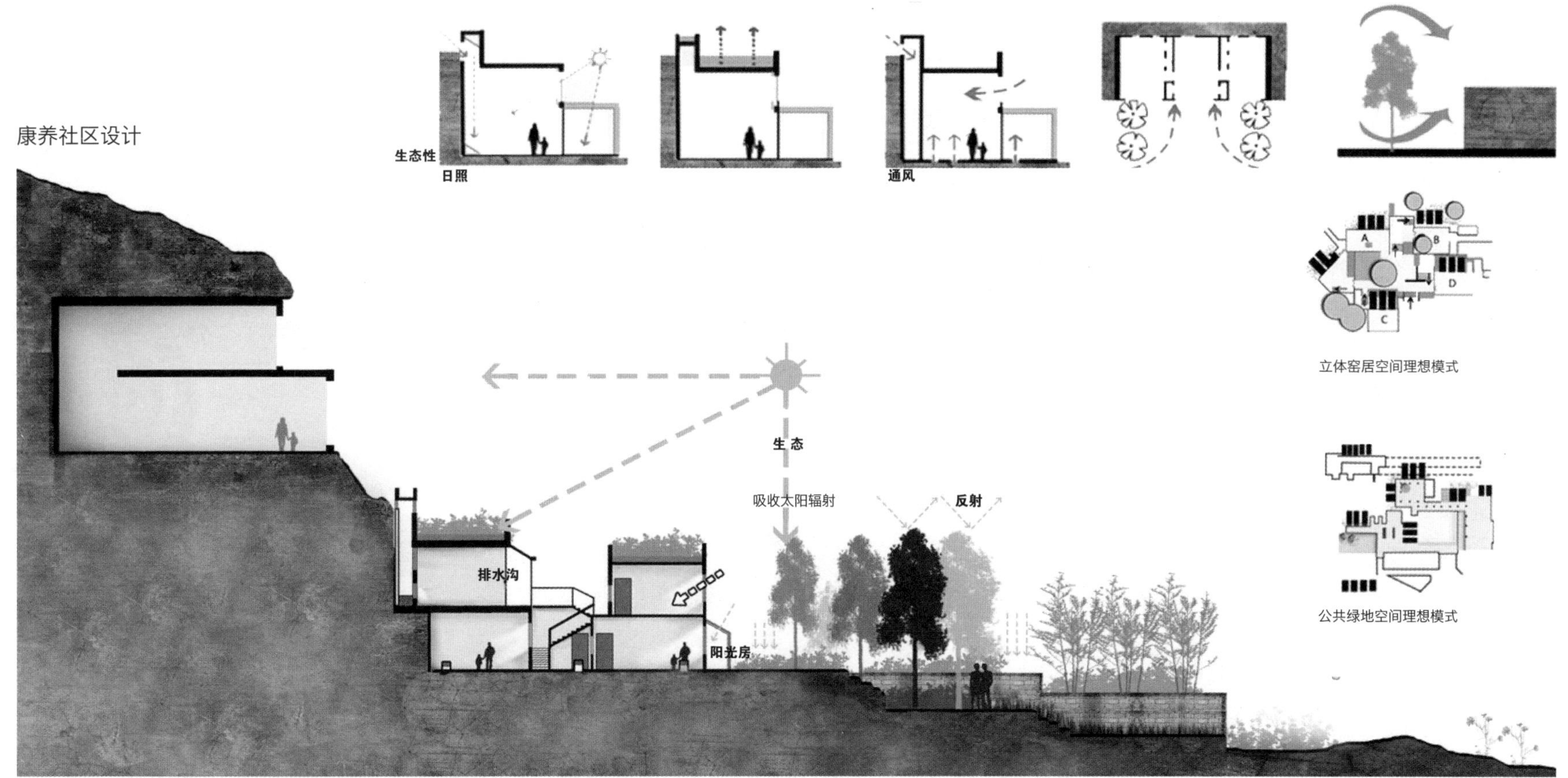

在立体窑居的基础上，实现窑居社区化，增强集体文化认同感。同时，符合当地集约式发展的特征，有利于资源集中。

窑居民宿效果图

活化的价值
——基于社会学视角下朱柳村老年人文化交流中心的设计思考

参赛人员 杨兴林 郭美辰
参赛类别 景观设计
学 历 本科
所属院校 云南大学
指导教师 李世华

效果图

设计说明

在保护该村落传统文化的前提下，为村内留守老年人适度增加与外界交流联系的公共活动空间，在一定程度上解决当地留守老年人精神空虚的问题，让他们可以和同龄人以及其他年龄段的人群沟通和交流，使他们的晚年生活开心而充实，提高他们的晚年生活质量。

鸟瞰图

效果图

效果图

时还读我书
——南浔趣味书园

参赛人员 王嫣然 吴溢凡
参赛类别 景观设计
学　　历 本科
所属院校 中国美术学院
指导教师 俞青青

设计说明

以水乡南浔古镇悠久的藏书文化为核心，在场地置入一个园林式图书馆，依据古典藏书中经、史、子、集的类别划分出四个藏书楼以及大量阅读场所。有感于古人月下读书、树下读书、水上读书、石室读书的惬意，将古人的情怀与阅读场所相结合，既有尚古模拟，亦有现代的转化，从而组织“游园式”的读书体验活动。意图将古人在自然中愉悦的读书体验带回场地，让自然与读书相关的活动融合，并传承当地的藏书文化。

此分析图显示了场地乌盆兜与古镇的关系，及南浔镇现有的文化活动场所、故居、学校与园林设施。乌盆兜则是位于东部的一个优越的地理位置，填补了文化活动场所、学习场所与园林的空缺。

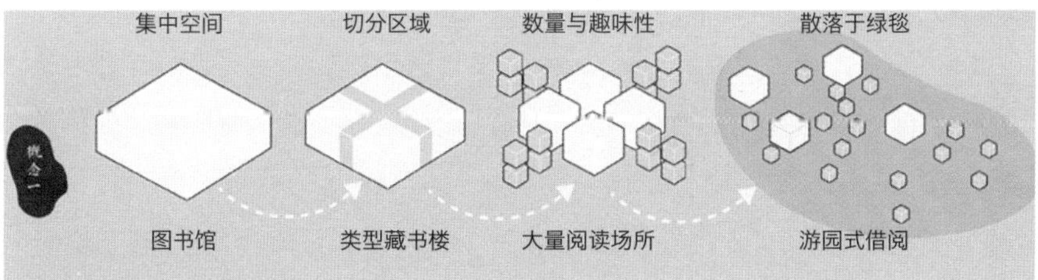

概念分析图

苦楝
雞爪槭
南天竹
芭蕉
浙江淡竹
沙朴
香樟
八盒書屋
2.800
4.350
4.200
4.050
4.350
2.800
4.500
3.750
4.050
3.600
3.500
3.600

效果图

内街外巷——传统村落复兴背景下芝英古镇院巷群落的复合性空间再造

参赛人员 张晗沁
参赛类别 室内设计
学　　历 本科
所属院校 清华大学美术学院
指导教师 管沄嘉

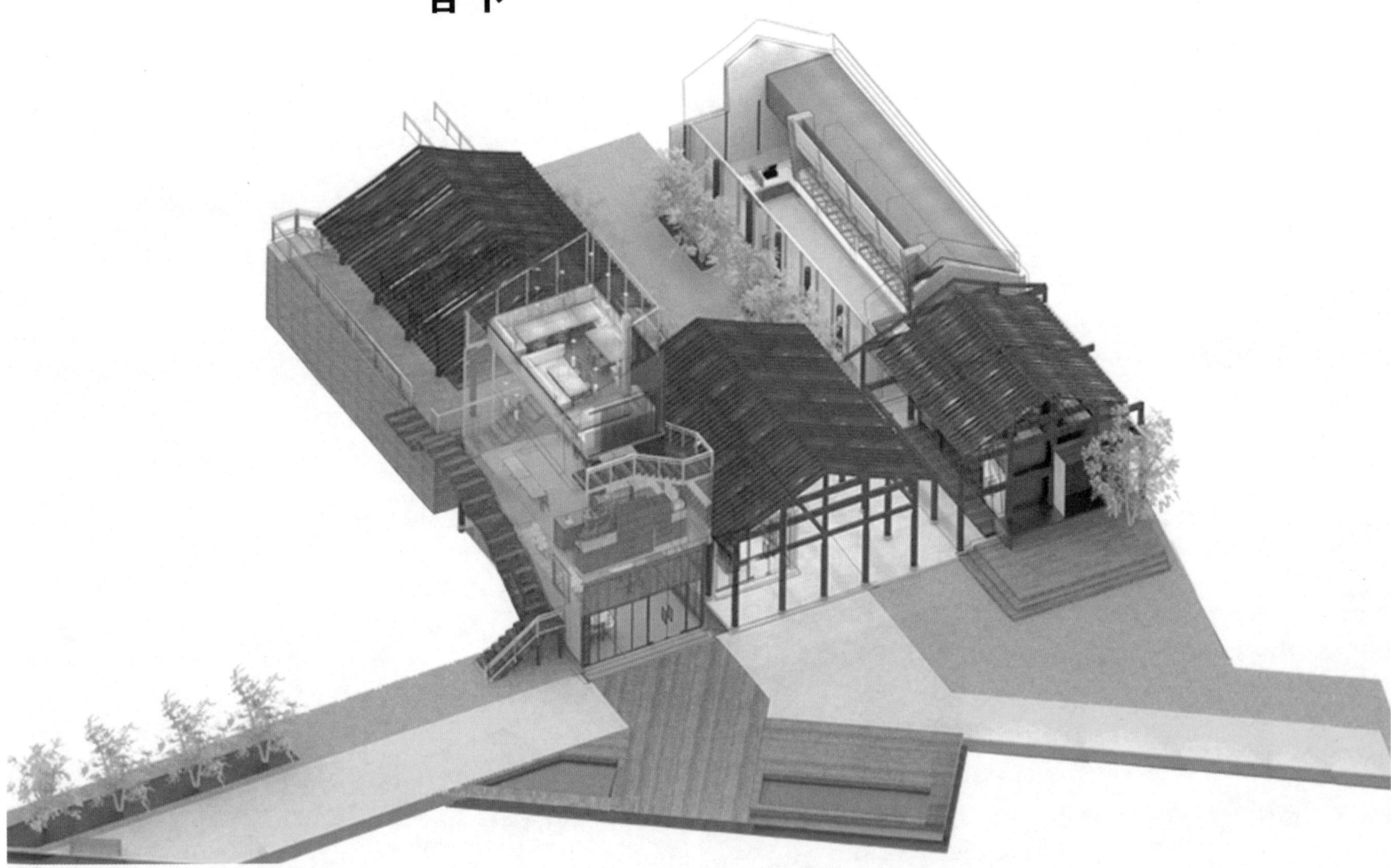

祠堂区块分析图

场地现状分析图

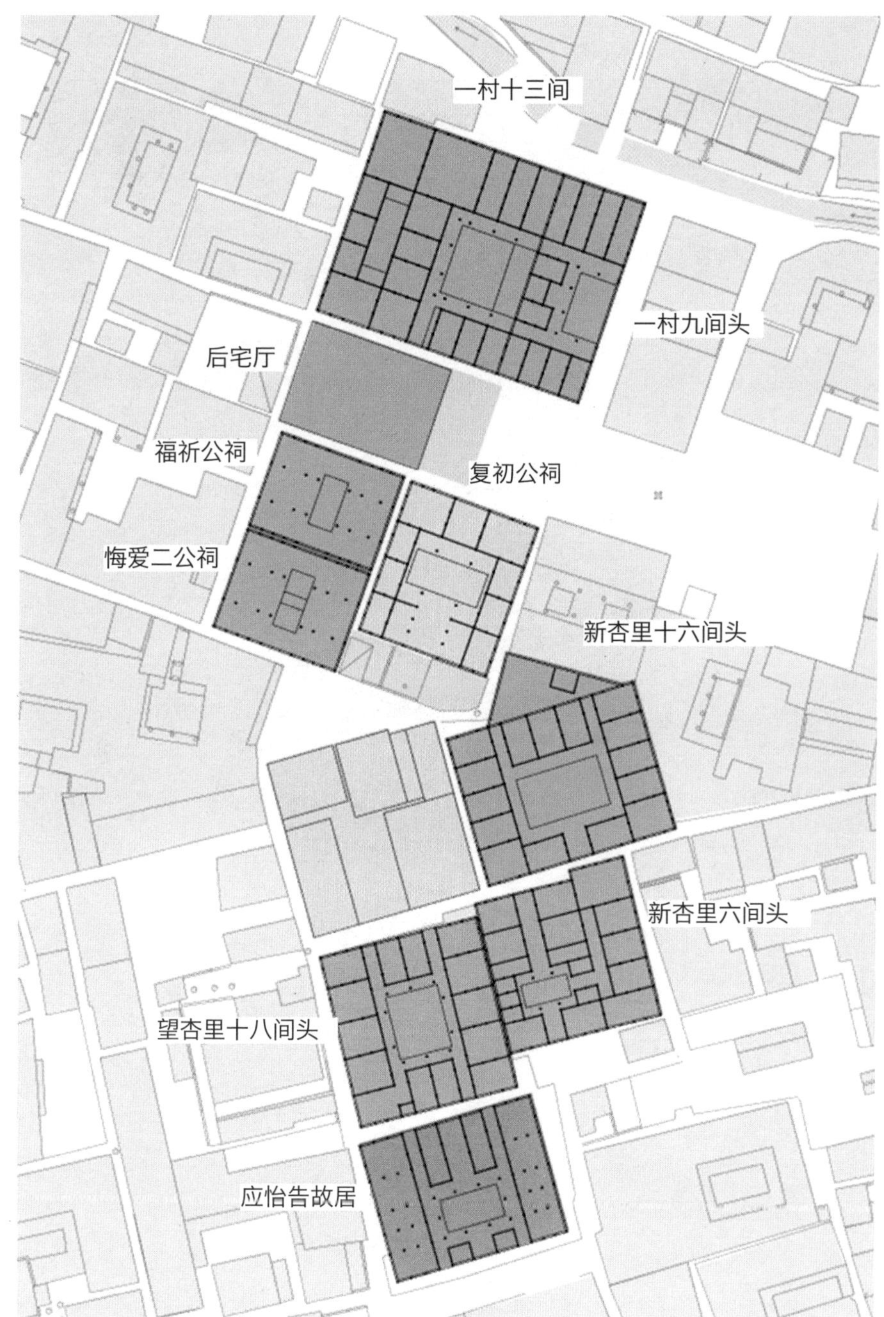

以合院形式为主，局部存在新旧混杂。文物保护点 1 间，公祠 4 间，民居 6 间。

场地规划图

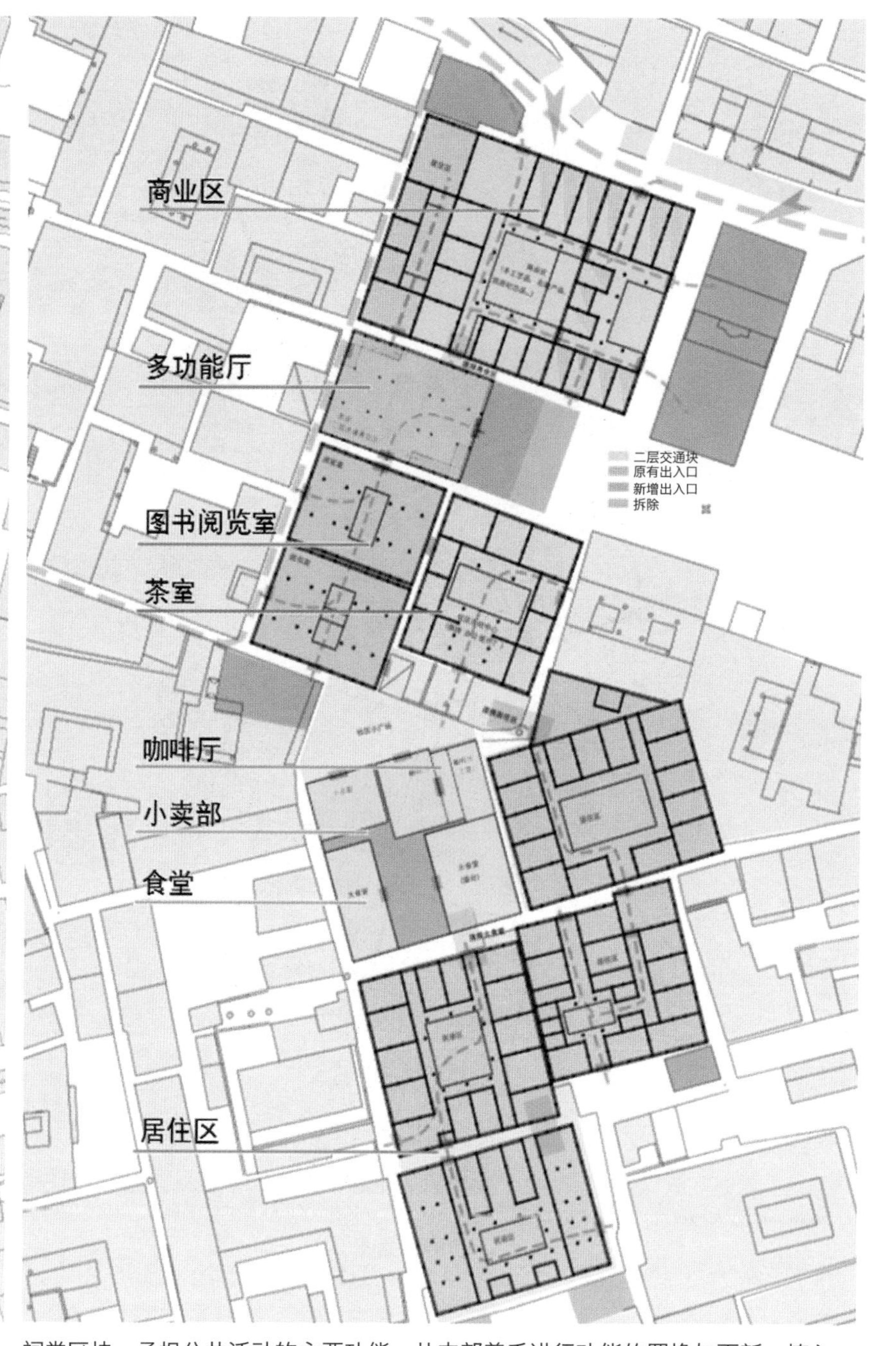

祠堂区块：承担公共活动的主要功能，从内部着手进行功能的置换与更新，植入一定公共活动和餐饮服务等功能区块。

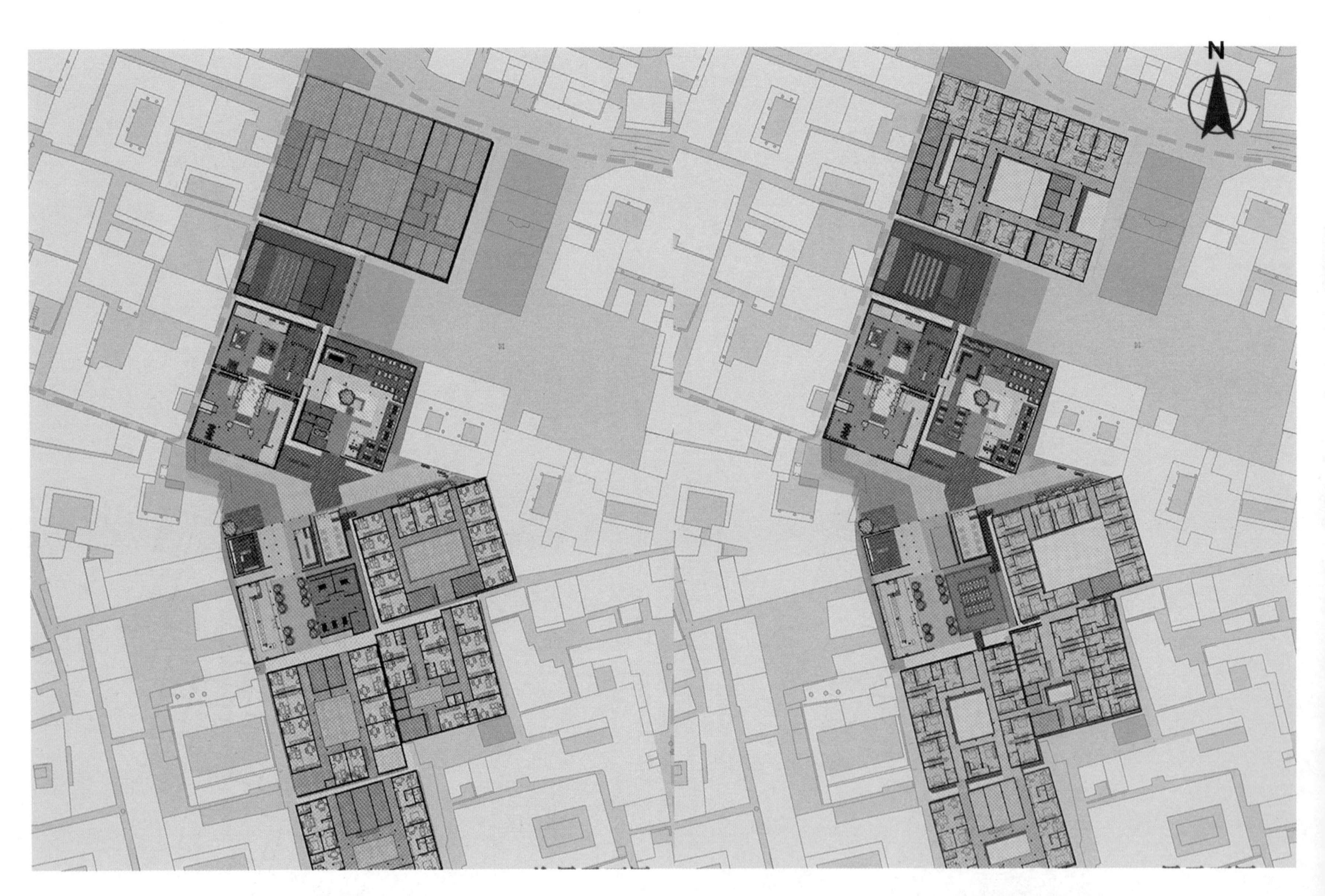

首层平面图

二层平面图

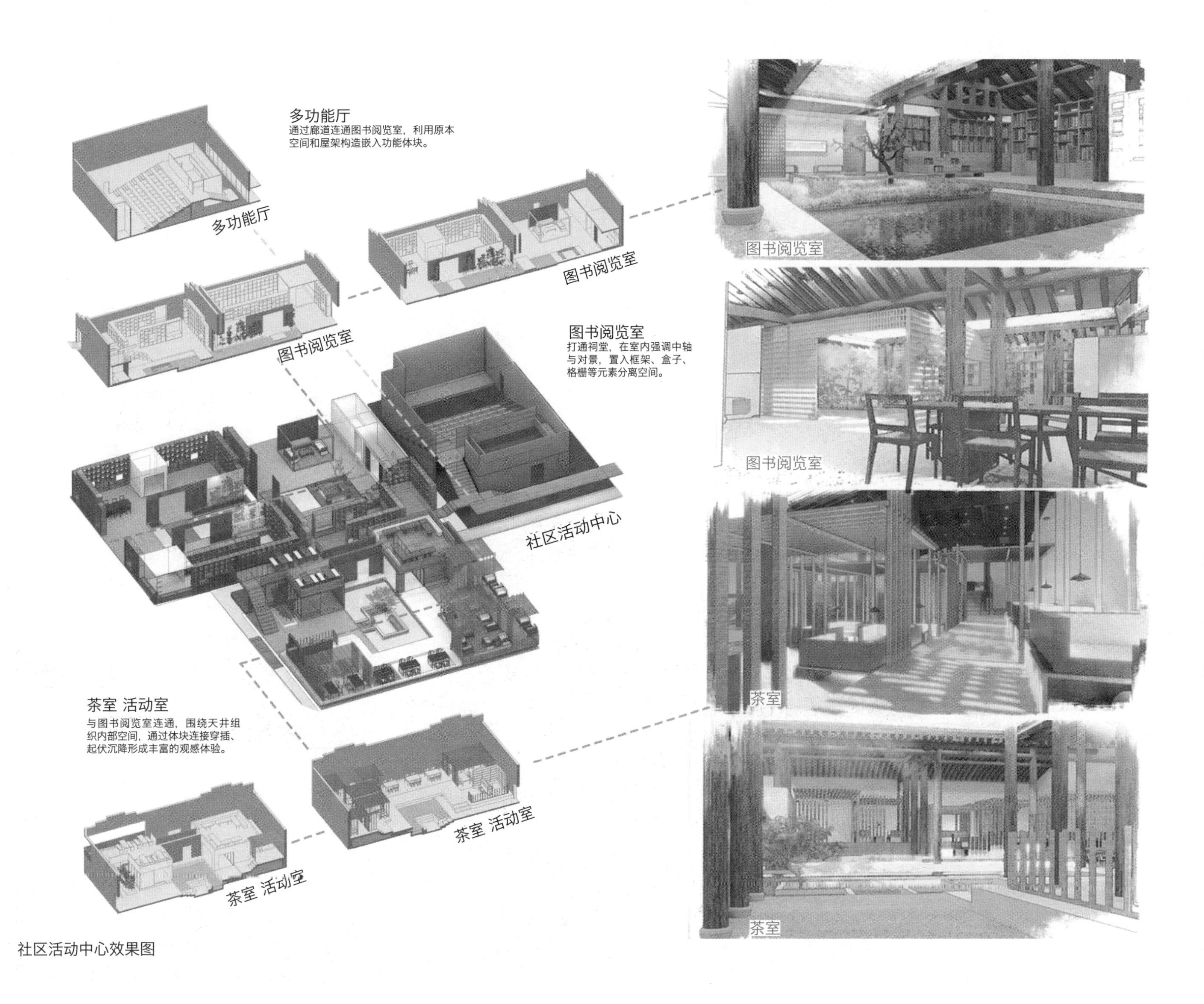
多功能厅
通过廊道连通图书阅览室，利用原本空间和屋架构造嵌入功能体块。
多功能厅
图书阅览室
图书阅览室
图书阅览室
打通祠堂，在室内强调中轴与对景，置入框架、盒子、格栅等元素分离空间。
社区活动中心
茶室 活动室
与图书阅览室连通，围绕天井组织内部空间，通过体块连接穿插、起伏沉降形成丰富的观感体验。
茶室 活动室
茶室 活动室
图书阅览室
图书阅览室
茶室
茶室
社区活动中心效果图

The Red Plum 1939 ——剧院式艺术酒廊概念设计方案

参赛人员 王博旸
参赛类别 室内设计
学　　历 本科
所属院校 鲁迅美术学院
指导教师 张旺

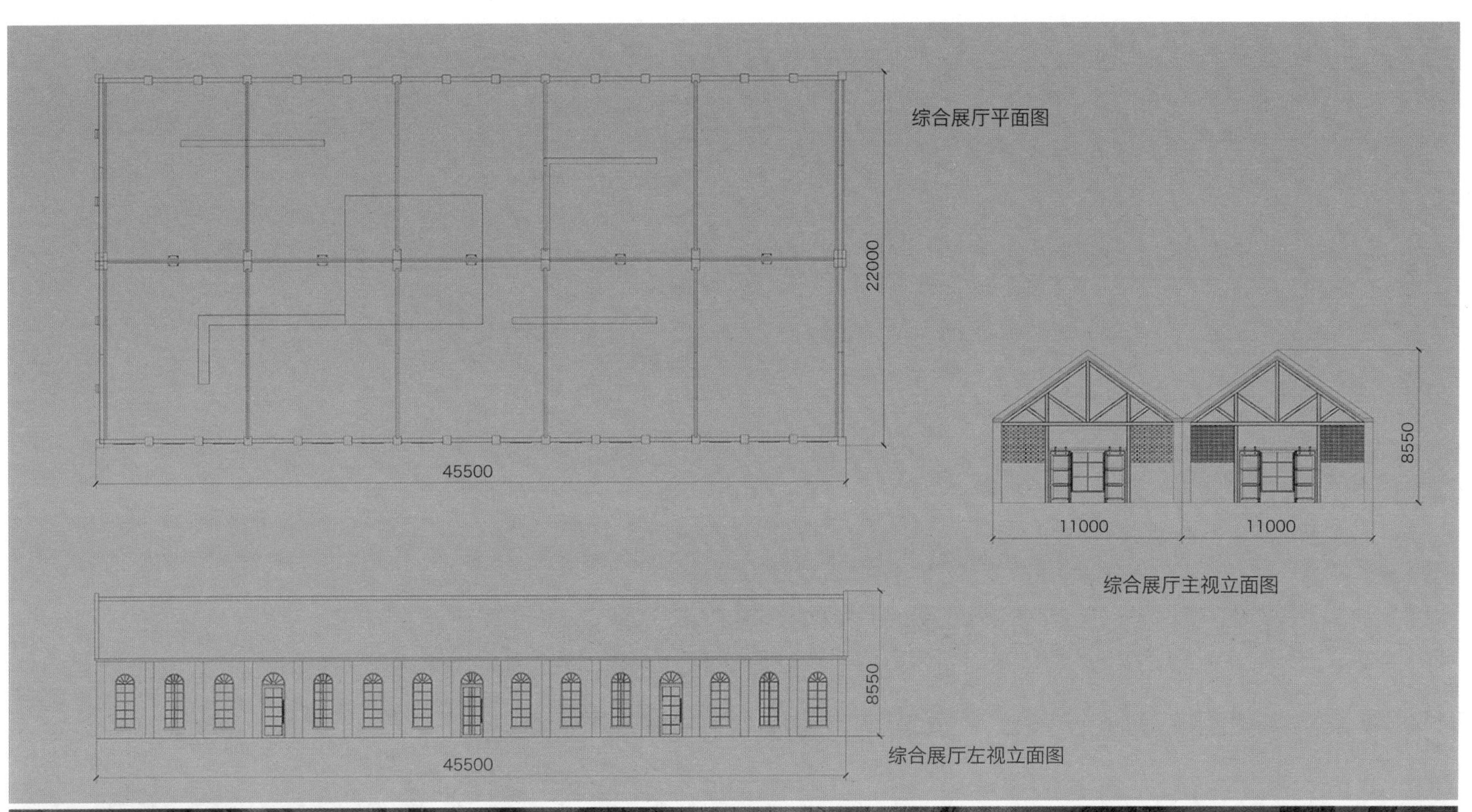
综合展厅平面图
22000
45500
8550
11000
11000
综合展厅主视立面图
8550
45500
综合展厅左视立面图

综合展厅效果图

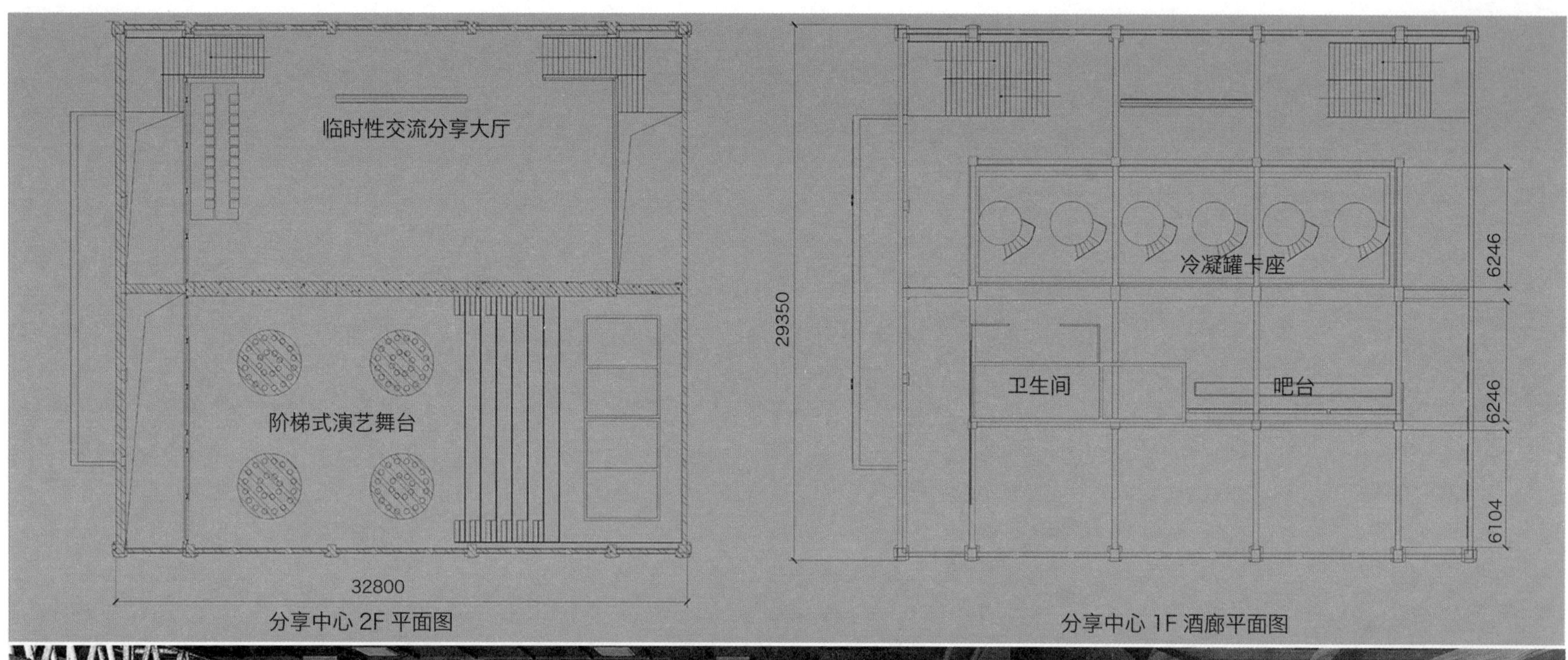
临时性交流分享大厅
阶梯式演艺舞台
32800
分享中心 2F 平面图
冷凝罐卡座
卫生间
吧台
29350
6246
6246
6104
分享中心 1F 酒廊平面图

分享中心效果图

分享中心 2F 效果图

剖切图

失魅中的返魅——反思与遗忘之漫游式空间

参赛人员　董飞　程楠
参赛类别　室内设计
学　　历　本科
所属院校　南京艺术学院
指导教师　卫东风

中庭空间效果图

设计说明

本方案以市民日常行为活动为设计依据，以江南古典园林为设计原型，进行城市文化中心与当代人文精神的重塑，试图通过设计呼唤“失魅”的身体与精神的双重回归，并期望塑造出满足当代日常行为的“返魅”的文化活动中心。中国有悠久的造园传统，造园造的是个小世界。当下城市建筑往往注重外在风格，而忽视人的基本属性与要求，以致都市人文销声匿迹。本方案在传承古典造园艺术的基础上，与园林文化相结合，使人文情怀更好地融入现代人的生活之中，将园林进行抽象与转译。使“失魅”的文化空间“返魅”于大众间。

空间节点图

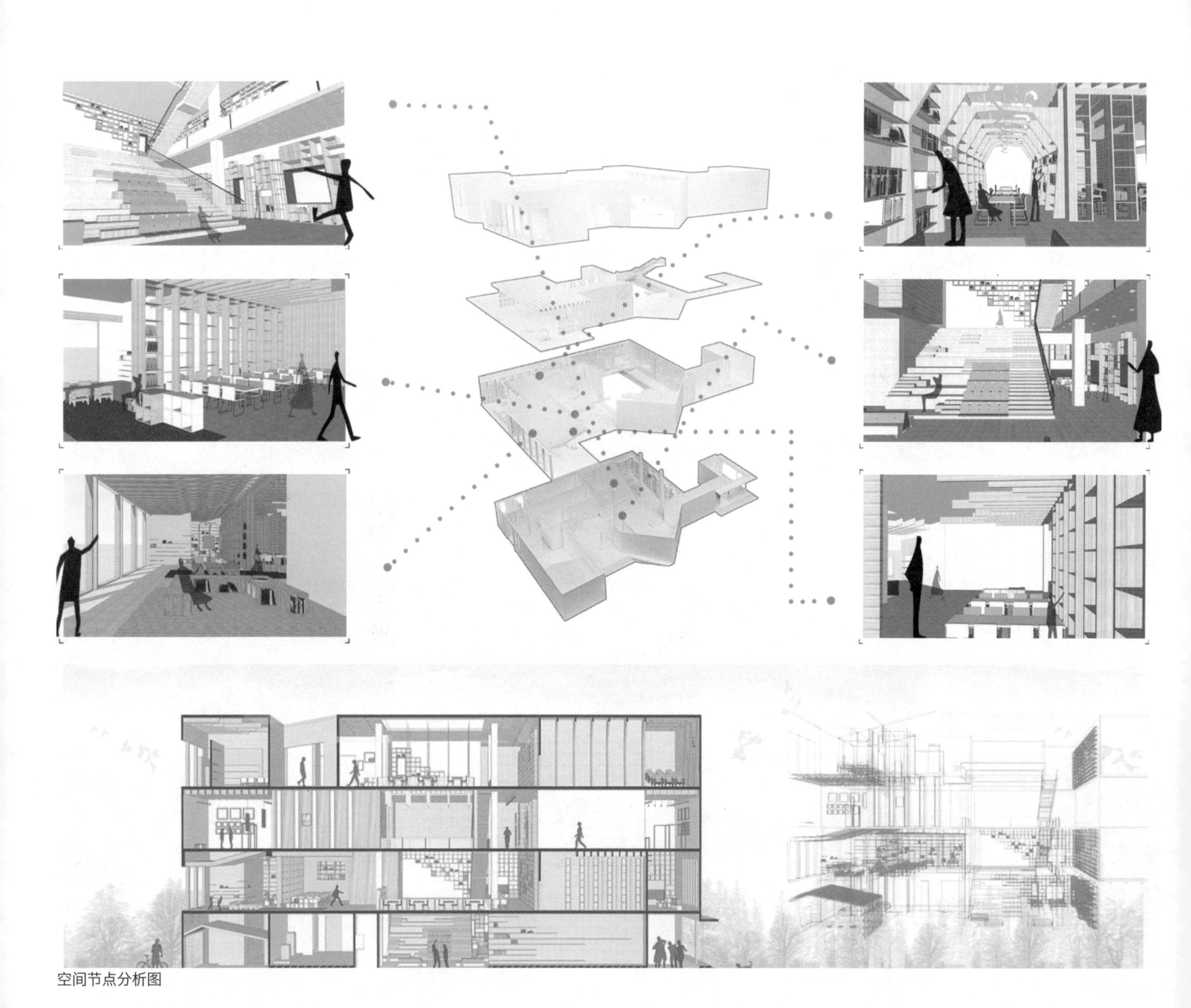

空间节点分析图

效果图

隐新于旧——小洲村社区中心方案设计

参赛人员 陈健
参赛类别 室内设计
学　　历 本科
所属院校 仲恺农业工程学院
指导教师 莫书雯

设计说明

（1）通过将现代化城市商业空间功能和现代设计方法融入到小洲村简氏宗祠，以吸引更多的人来到文里，更好地带动村内的经济发展。
（2）开辟一个空间可以让人们愿意花时间停留在小洲村简氏宗祠，去体验慢生活，去享受、去发现在这里的变化。
（3）让当地村民意识到保护好当地古建筑，小洲村才能更好的发展。

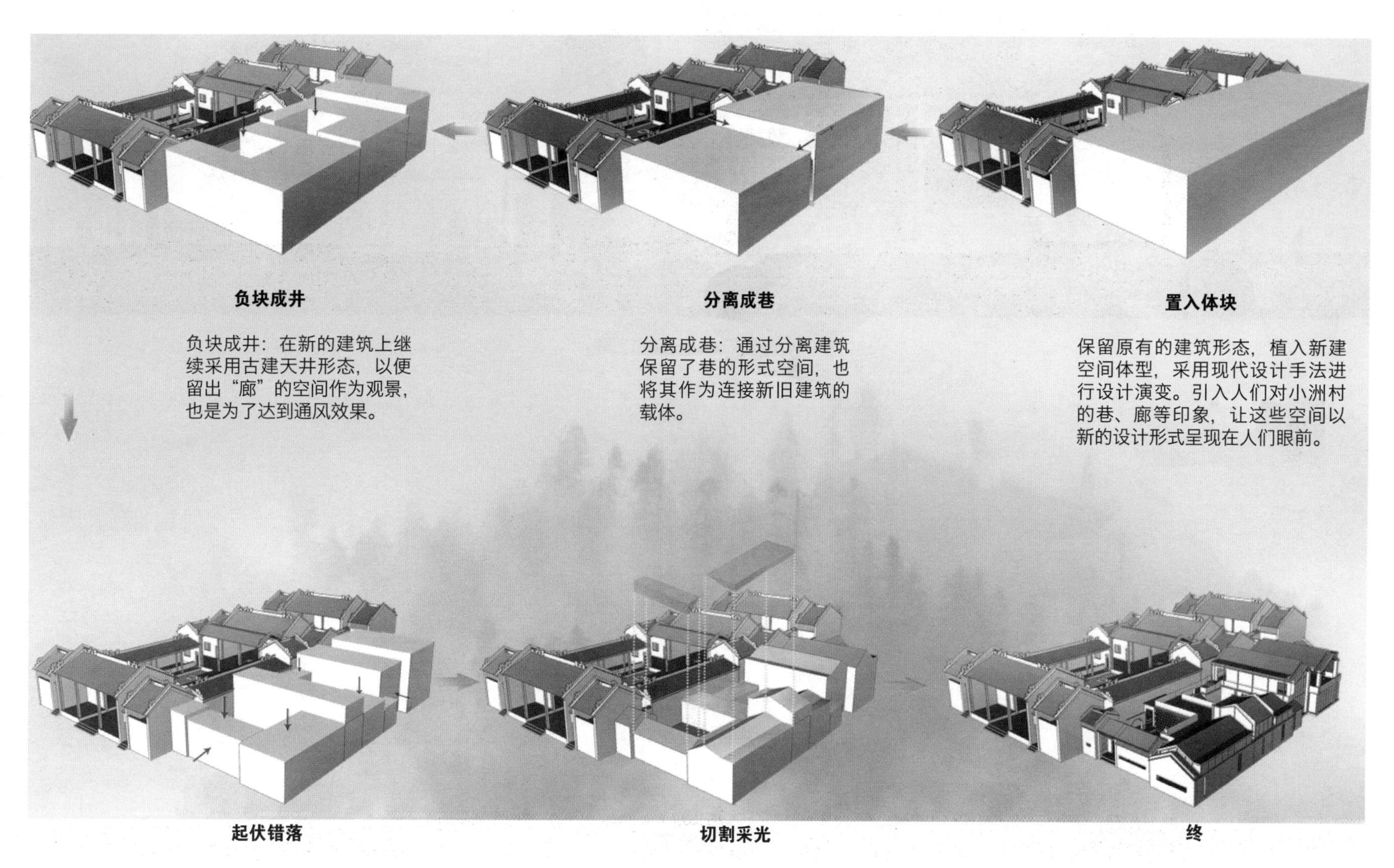

剖立面图

古建树屋效果图

展厅效果图

新建书吧效果图

新建天井效果图

竹隽溢笙，沐水而成
——体验式山居设计

参赛人员 崔绮桐
参赛类别 室内设计
学　　历 专科
所属院校 东北师范大学
指导教师 王铁军

效果图

设计说明

40 年前，曾有一批知识青年下放到山东省农村做农民，如今已经过去 40 多年，这群老人最小的也近 60 岁。故土寻梦，旧地重游，曾在这里生活十几年之久的老知青们回到这里，这也是陪他们渡过艰苦岁月的第二故乡。本案临水之上，以山之下，用竹与水交响碰撞，从当地渔村文化出发，就地取材，以木为介，以静为念，心清助道业，清苦得心定。让老人们寻回那些青葱岁月的旧时光。

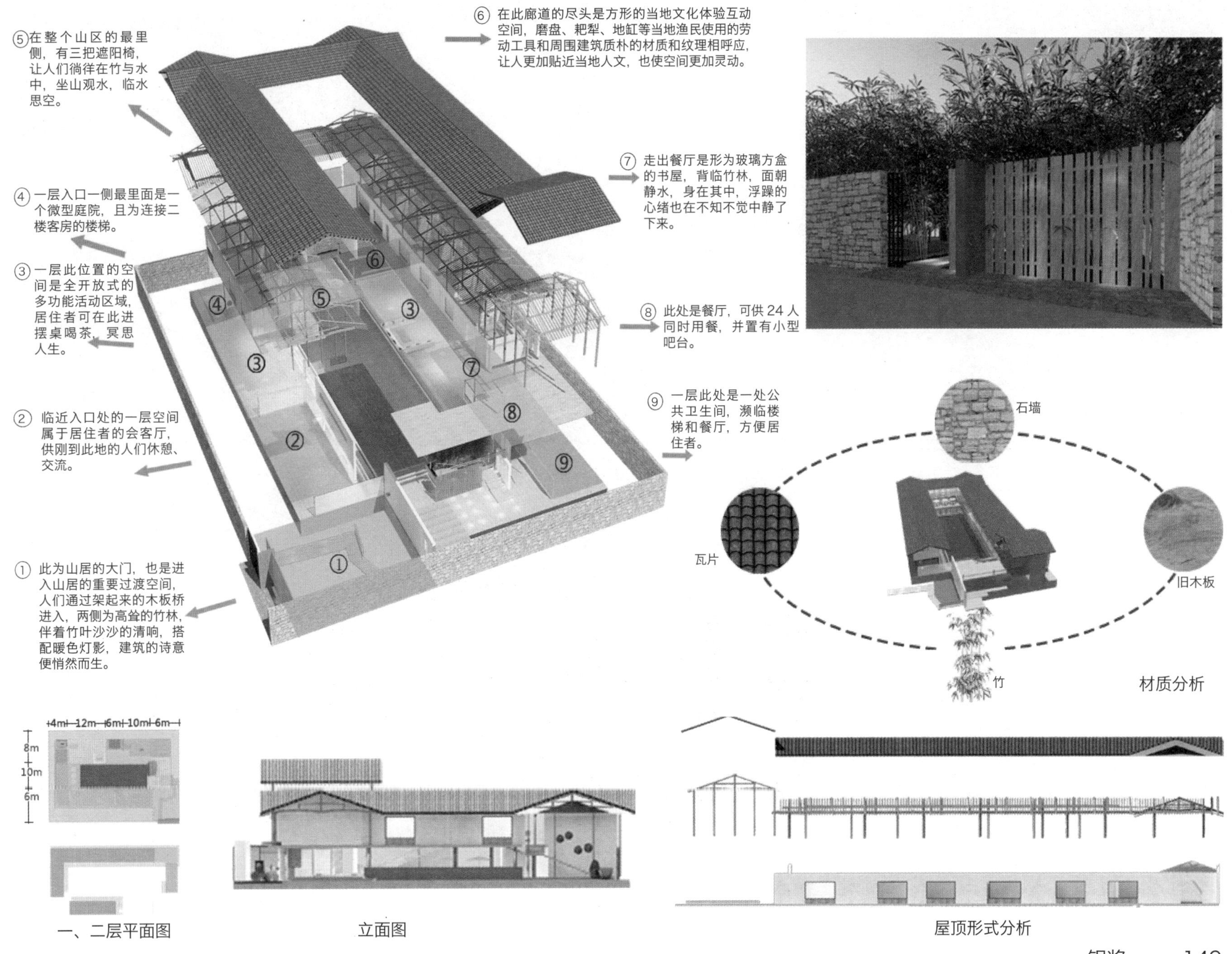

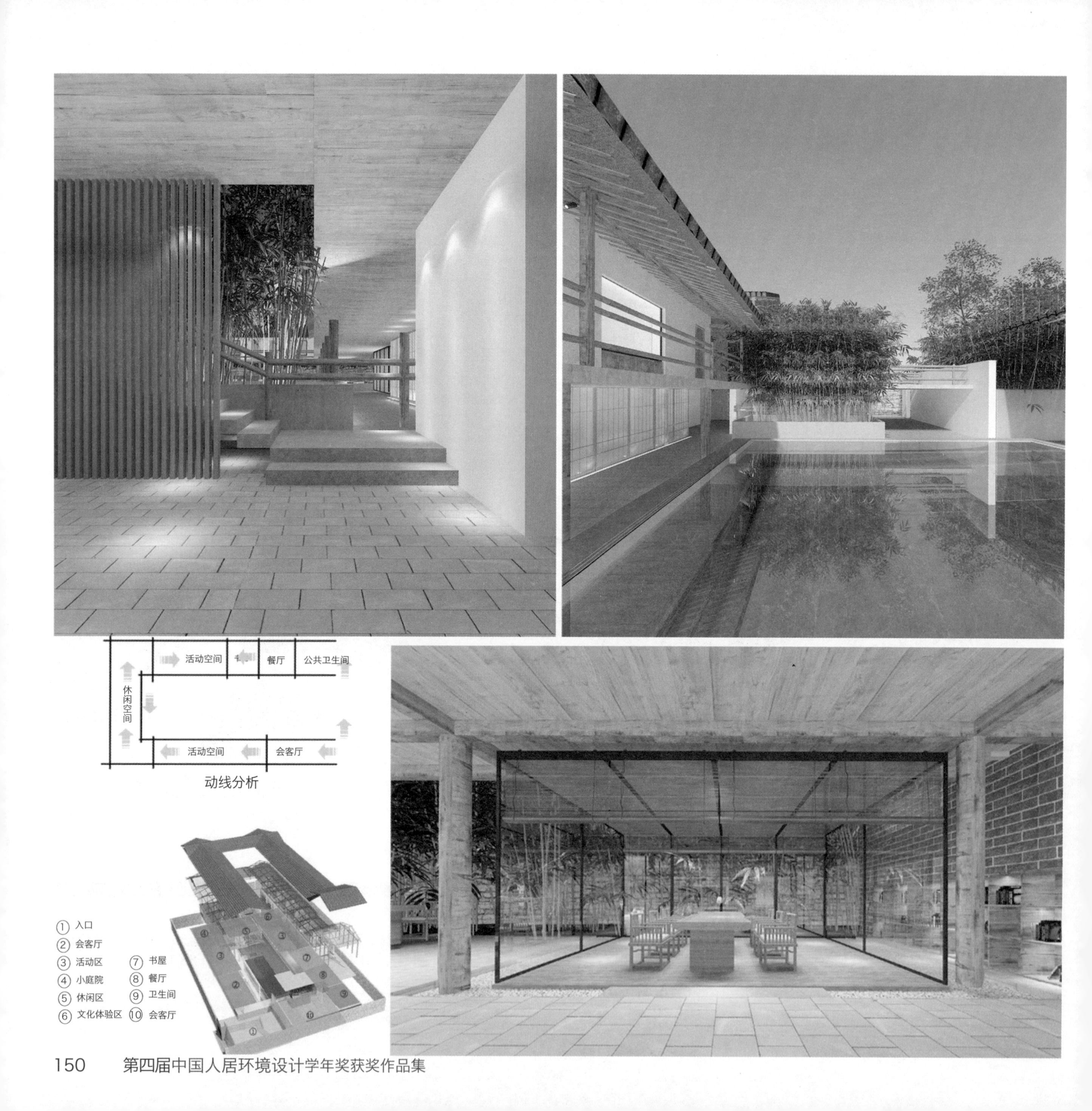

活动空间
书
餐厅
公共卫生间
休闲空间
活动空间
会客厅
动线分析
① 入口
② 会客厅
③ 活动区
④ 小庭院
⑤ 休闲区
⑥ 文化体验区
⑦ 书屋
⑧ 餐厅
⑨ 卫生间
⑩ 会客厅

重塑与蜕变——交通茶馆改造设计

参赛人员 刘维 张蔓琳
参赛类别 室内设计
学　　历 本科
所属院校 四川美术学院
指导教师 张倩

效果图

设计说明

出于对“交通茶馆”茶馆文化的敬意，本茶馆设计方案根植于本土文化，针对消费人群的多样性，延续了盖碗茶惠民的消费形式，同时增加了适当的茶产品销售模式。以“动”“静”结合的手法将新的设计语言注入茶馆文化。以叙事流线手法将“制茶”到“品茶”的动态流线融入平面布局之中。让茶客在品茶的同时无意识地感受茶文化的韵味。随着“交通茶馆”知名度的不断增加，茶客来源不仅是周边居民、学校还有游客观光客。在这里有了“新”“旧”的碰撞。在设计语言上，该作品保留了旧的木梁结构，融入更多趣味性制茶、品茶空间。你可以在里面安静地喝茶，也可以在茶馆里体验茶文化。

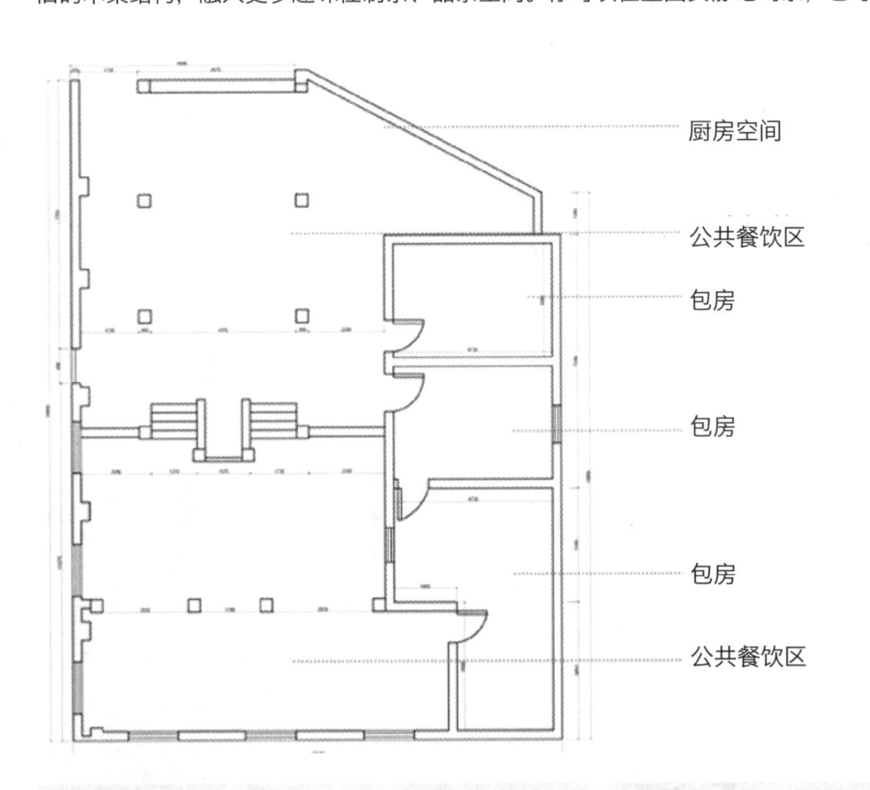

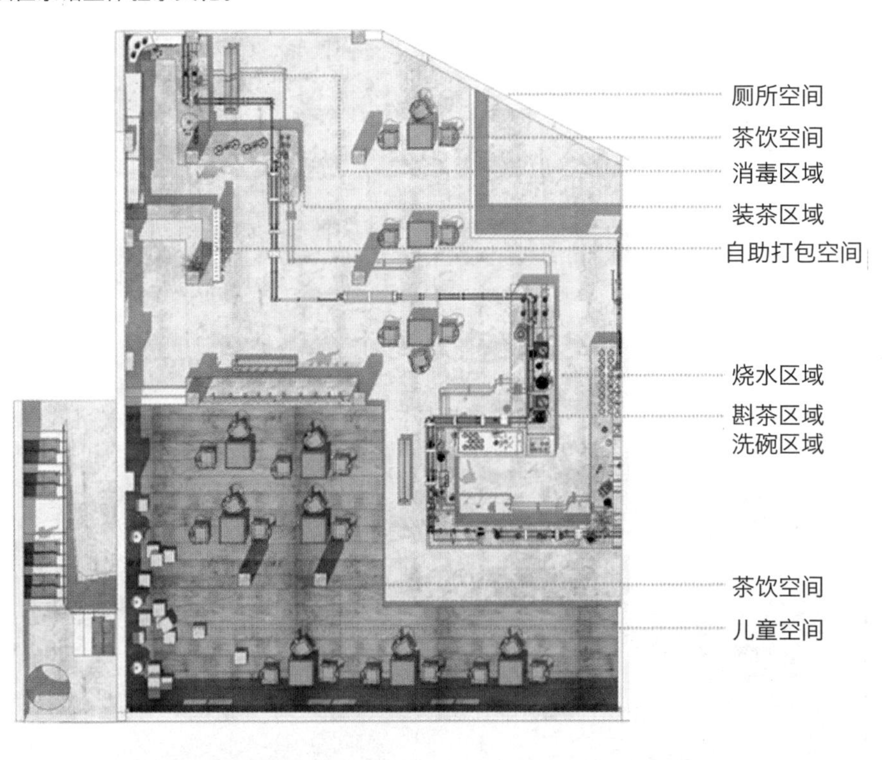

剖面图

效果图

铜奖

温故织新
——郑州荥阳故城汉文化街区发展研究与城市设计

参赛人员 王天为 董文晴
参赛类别 城市设计
学　　历 本科
所属院校 合肥工业大学
指导教师 顾大治

鸟瞰图

设计说明

方案位于郑州市惠济区古荥镇，具有古荥镇门户区和大运河遗产保护带开端的双重区位优势，基地内有省级文保单位纪信庙。

规划在考虑上位规划、故城周边丰富的历史文化资源、纪信庙周边建设控制和荥阳地方建筑特色的基础上，从文化基因的视角对基地文化基因进行切片分析，归纳文化基因传承所面临的困境，并在整体性视角下提出文化基因传承优化策略。

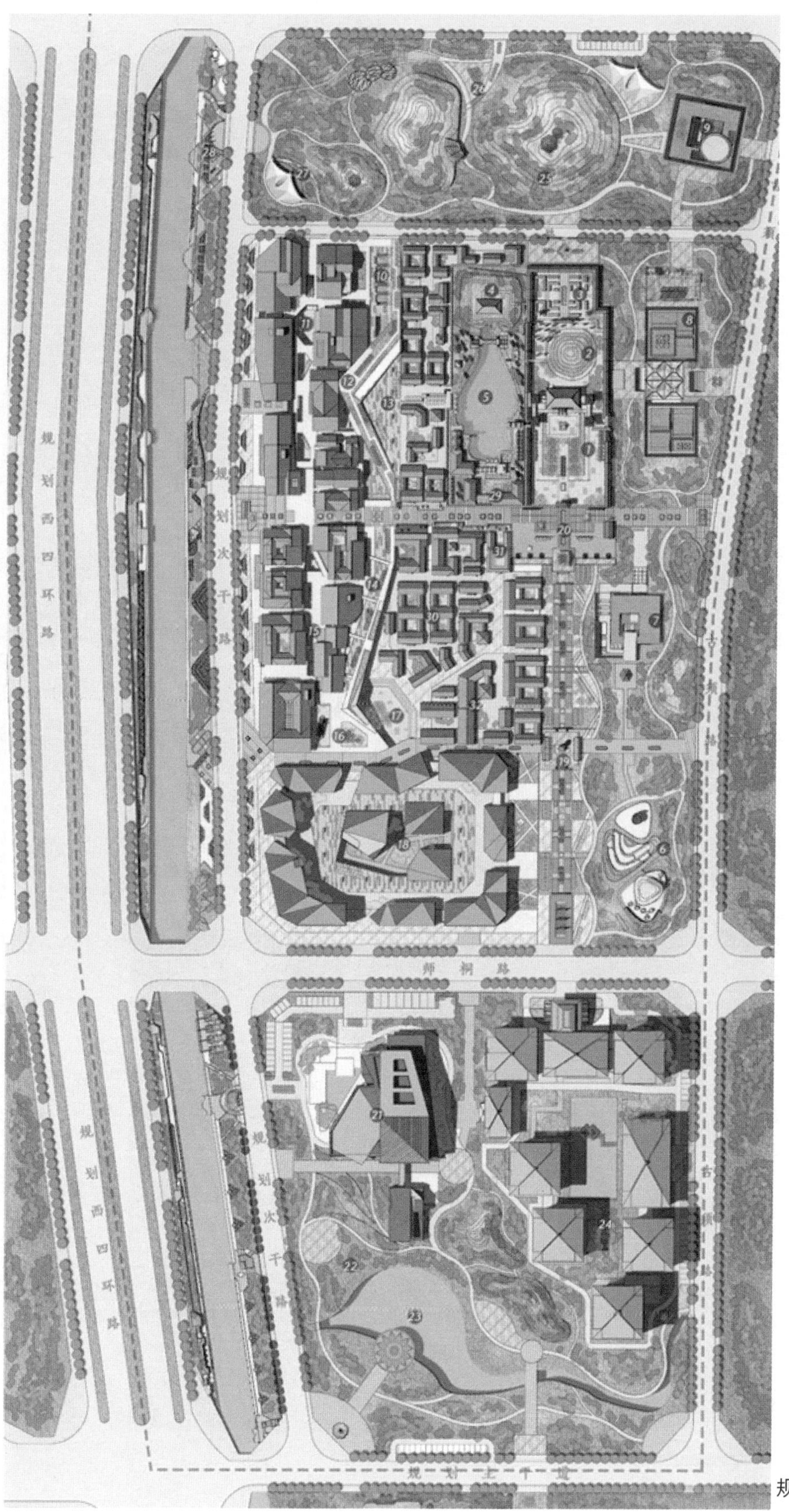

规划平面图

平面标注

1 纪信庙
2 纪信墓
3 碑林
4 纪信园
5 邀月湖
6 博物园门户
7 汉生活 VR 体验馆
8 忠义文化互动馆
9 庙会文化展示馆
10 空中廊道入口广场
11 地下商业空间
12 空中景观廊道
13 地下文化广场
14 地下景观廊道
15 步行商业街
16 休憩广场
17 汉文化体验广场
18 精品商业街
19 汉文化步行街
20 纪信庙前广场
21 游客服务中心
22 汉文化小镇客厅
23 古荥湖
24 度假酒店
25 后山
26 古荥历史公园
27 历史文化广场
28 滨水景观走廊
29 汉文化博物馆
30 非遗体验街区
31 豫剧社
32 文化创意园区

节点效果图

耕读传家——昆明呈贡龙浦村活化设计

参赛人员 唐献超 赵悦 胡炜

参赛类别 城市设计

学　　历 本科

所属院校 昆明理工大学

指导教师 翟辉 张欣雁

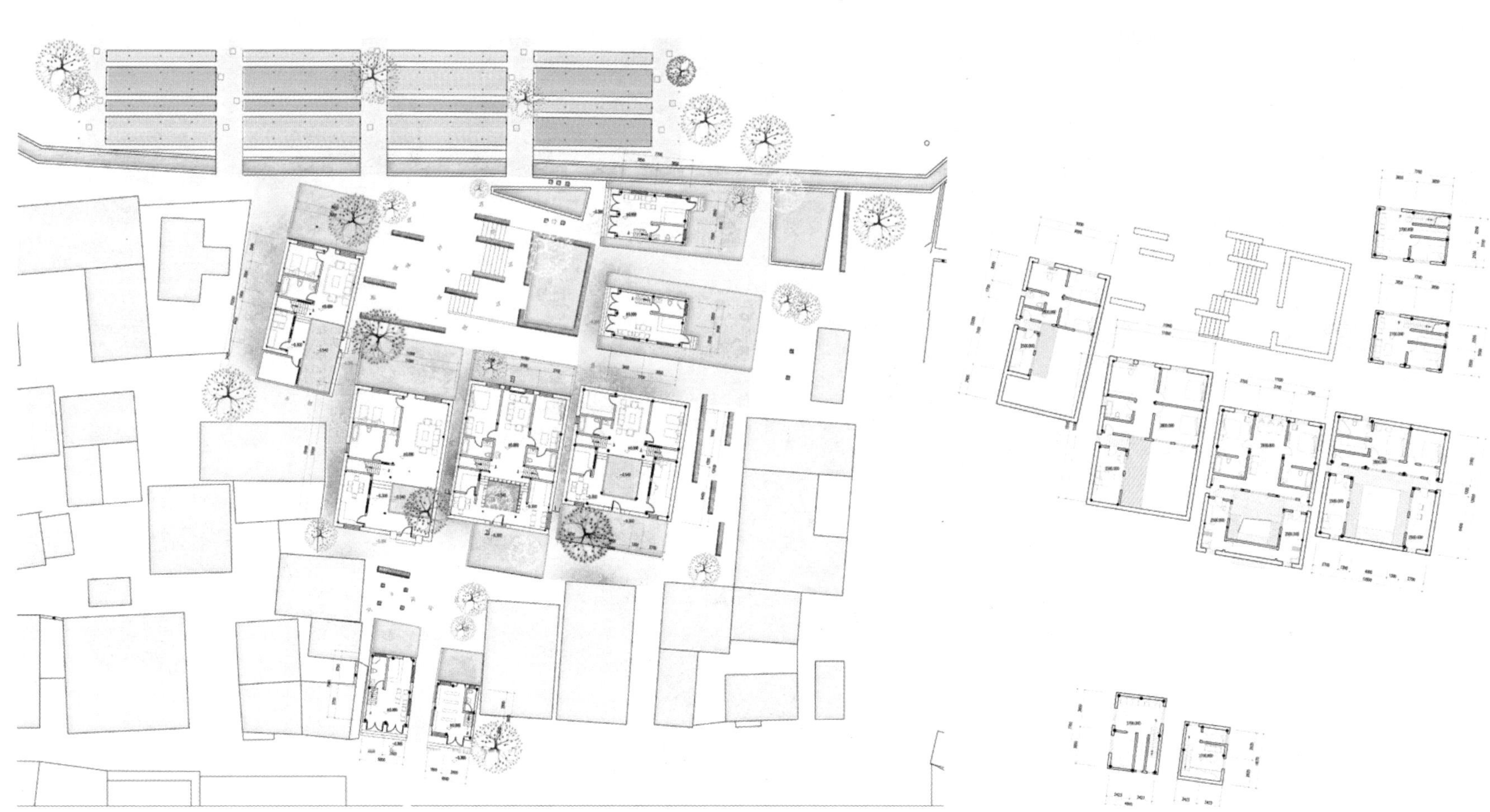

第一组团总平面图

设计说明

本次活化与更新的村落乌龙浦处于昆明城郊，传承着耕读传家的文化，但城市化的入侵又是不可逆的，所以活化与更新乌龙浦需要进行现代与传统的对话。在对乌龙浦的调研分析中，我们找到了传统与现代对话的语境——田，它作为一种媒介和手段，在生活层面可以延续乌龙浦人的生活方式；在文化层面可以延续乌龙浦耕读传家的农耕文化；在经济层面可以与城市居民互相分享资源带来新的创收模式；在生态层面，田院共融的模式可以为村庄的肌理生长带来良性循环，最终营造绿色人居环境。设计以田为出发点，通过 3 个组团，在存量和增量建筑方面给村民提出示范性的指导意见，活化乌龙浦。

第一组团场景图

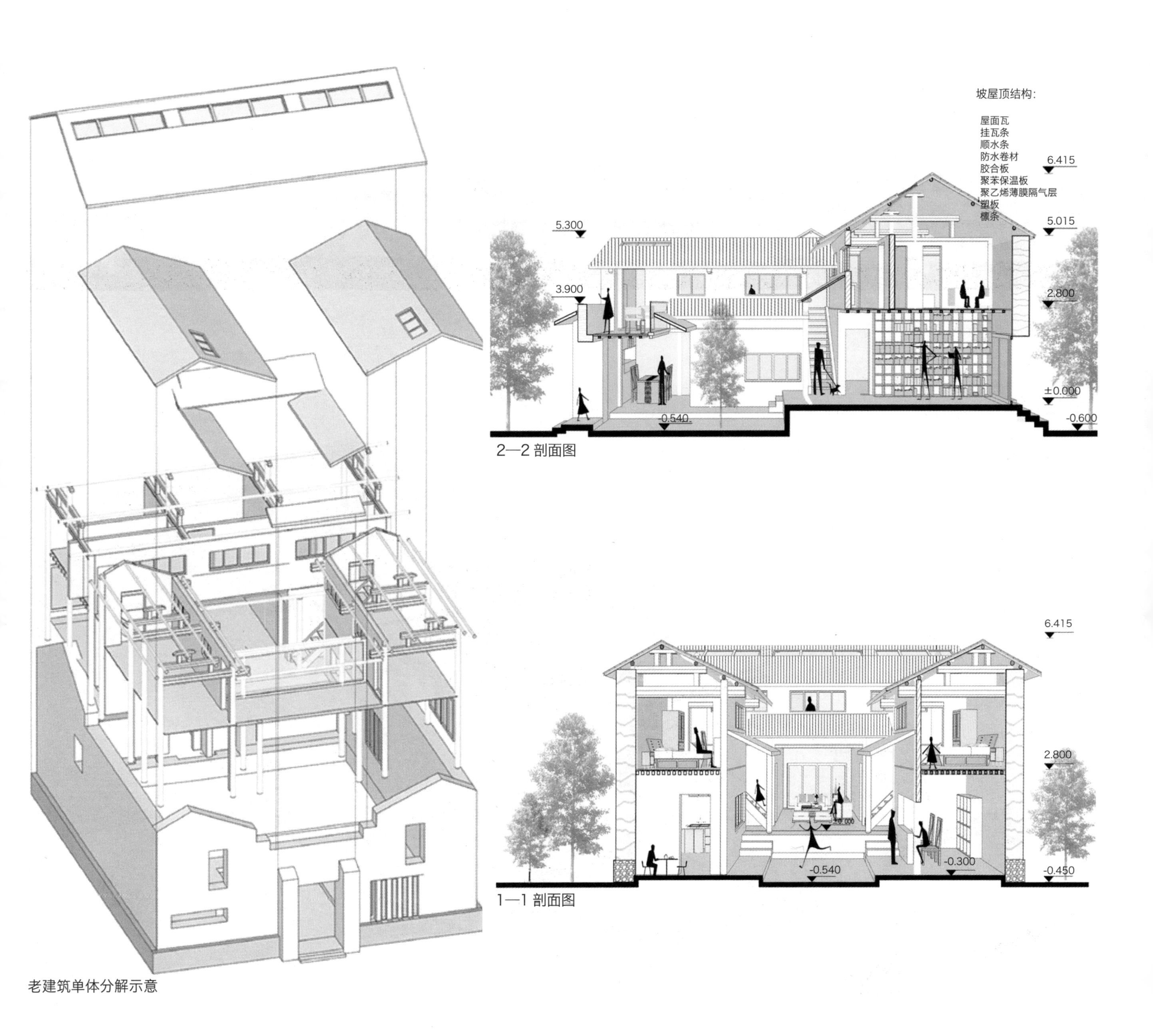

老建筑单体分解示意

2—2 剖面图

1—1 剖面图

组团三剖面图

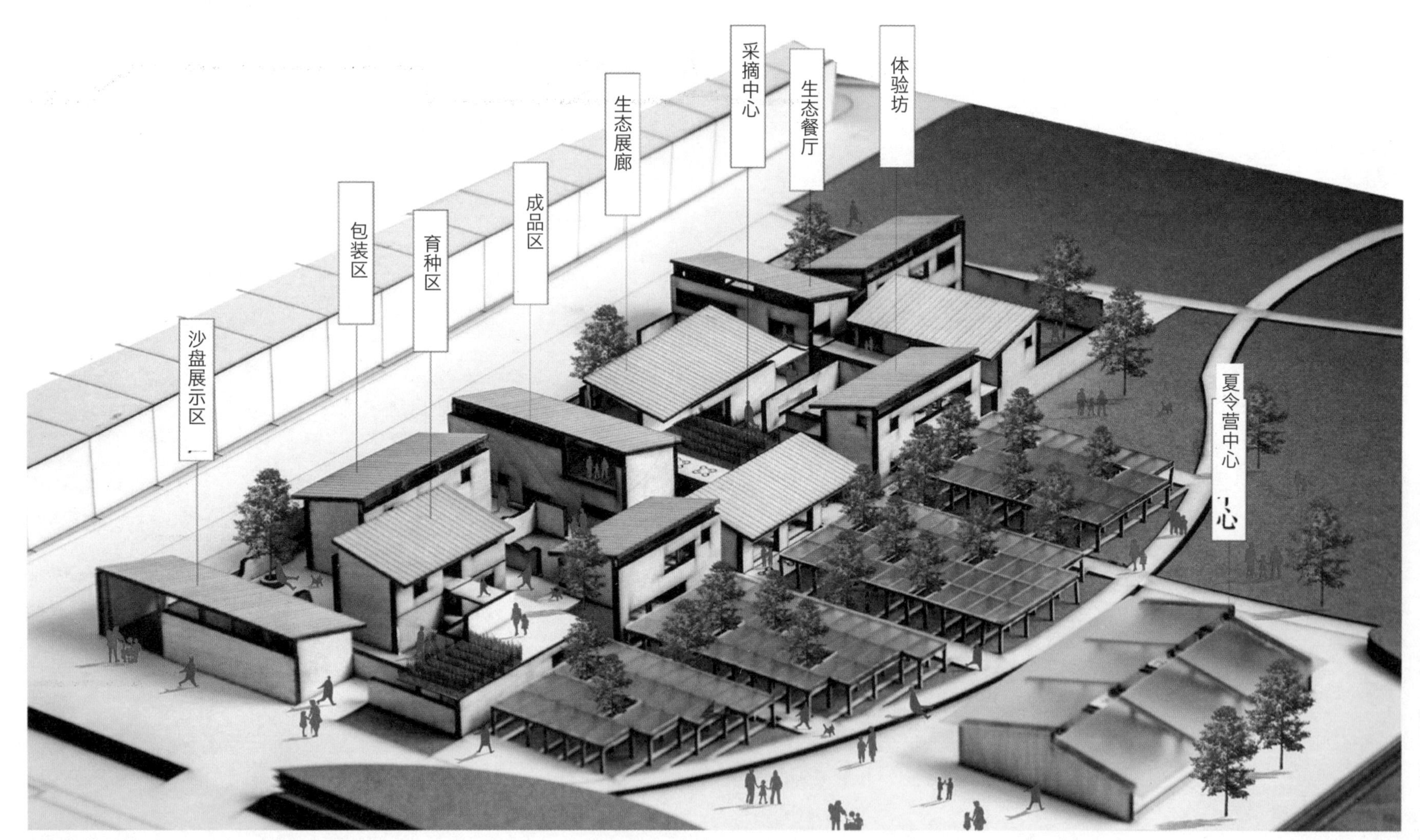

组团三实体模型

古河新生
——无锡中山路未来复兴改造计划

参赛人员 刘茂源 蹇宇珊
参赛类别 城市设计
学　　历 本科
所属院校 江南大学
指导教师 史明 窦小敏

节点效果图

设计说明

设计场地为无锡中山路，全长约 2.1km，宽约 60m。随着现代城市的发展和产业结构的变革，昔日承载老锡城文化的运河被埋没筑路，用以推动城市的发展。在前期调研中发现，老锡城如今不仅文化、商业双双流失，而且在城市发展过程中出现了一系列的“城市病”。从历史和现状来看，通过对中山路的改造来恢复老锡城昔日的活力是十分必要的。方案设计以探索未来理想街道发展模式为契机对中山路本身以及其周围进行设计规划，方案的设计亮点有以下两点：

（1）打造集文化、生态与商业三位一体的蓝绿人文网络，探索未来街道发展的新模式：以运河为载体，将文化、生态、商业结合在一起，形成强辐射力的蓝绿人文网络，吸引外来人群，以改善老锡城衰败的现状，激活老锡城活力。

（2）提出将传统与现代相融合的露天博物馆的概念，探索历史文化的新型体验模式：方案设计引用“露天运河博物馆”的概念，打破常规历史文化信息的静态体验模式，采用露天互动的体验模式与现代材料结合进行历史装置再设计，融入运河景观，将历史文化更好地结合时代推陈出新。

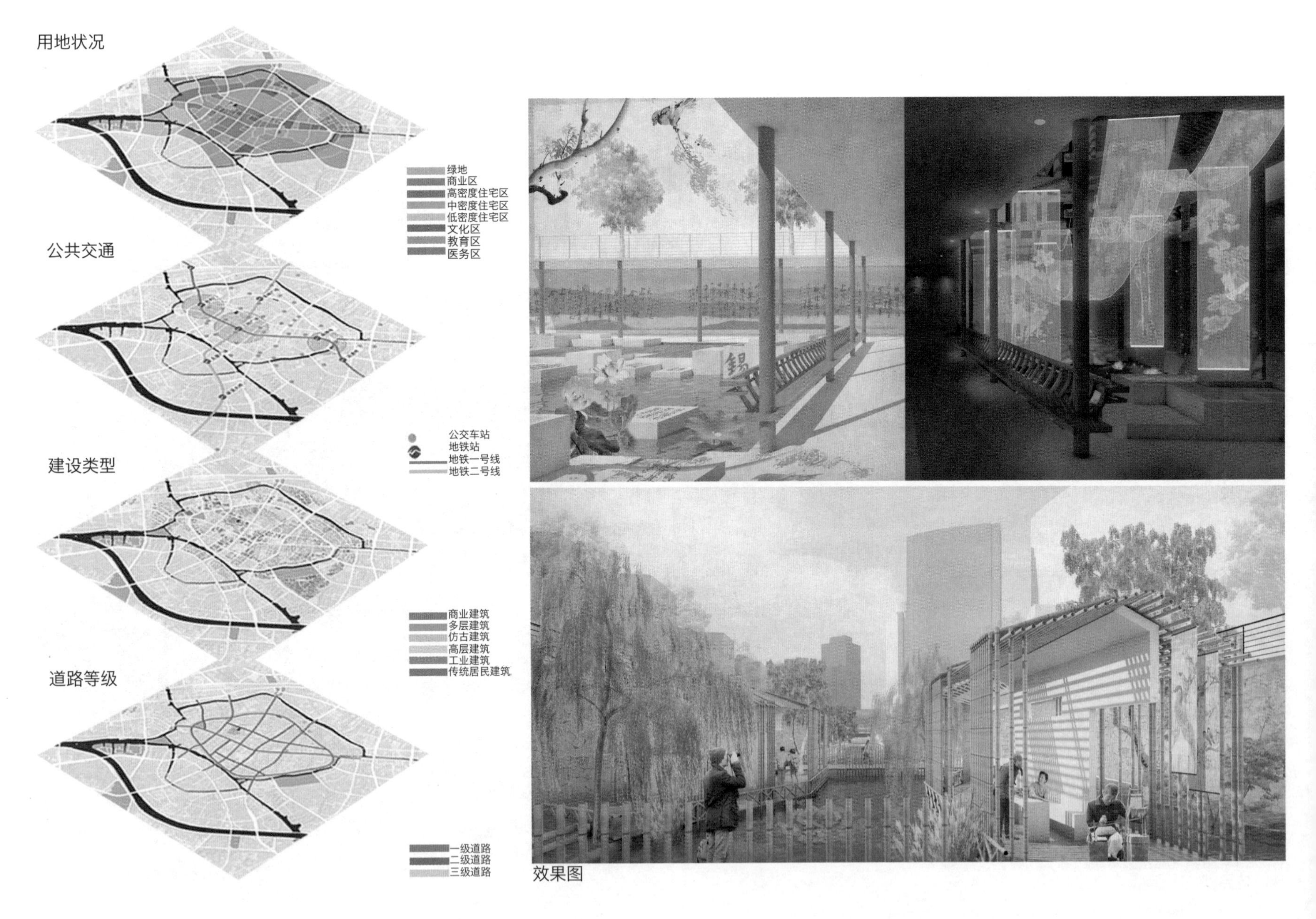

效果图

效果图

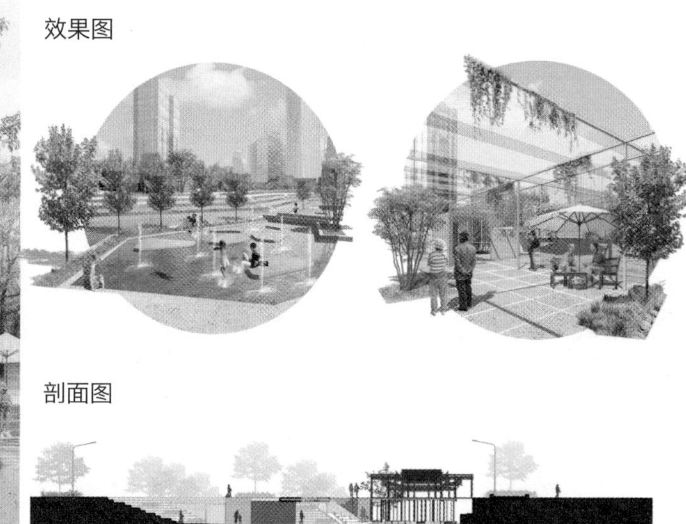

剖面图

平面图

生态规划剖透图

城市雪灾天气下道路设施弹性设计

参赛人员 鲁青青 李馨怡 王珂

参赛类别 城市设计

学　　历 本科

所属院校 西安建筑科技大学

指导教师 吕小辉

效果图

设计说明

对西安在非常态雪灾天气下的城市道路环境运行现状问题作了全面解析，以城市主干道的车行道、人行道为序进行分析，从交通阻碍、出行安全性、市民行为方式、设施功能、管理维护等多个方面的运行现状问题提出对应原则。

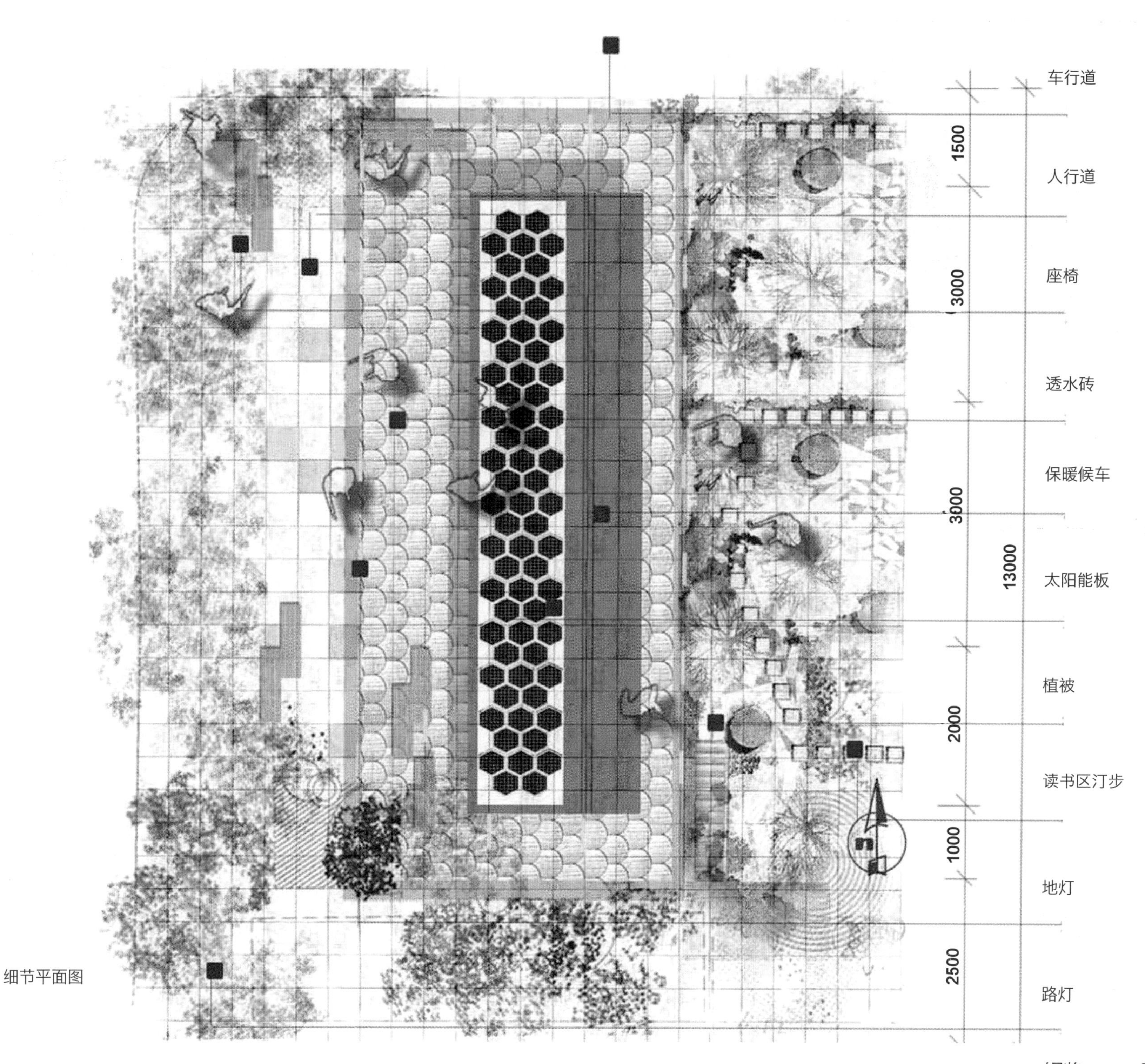

细节平面图

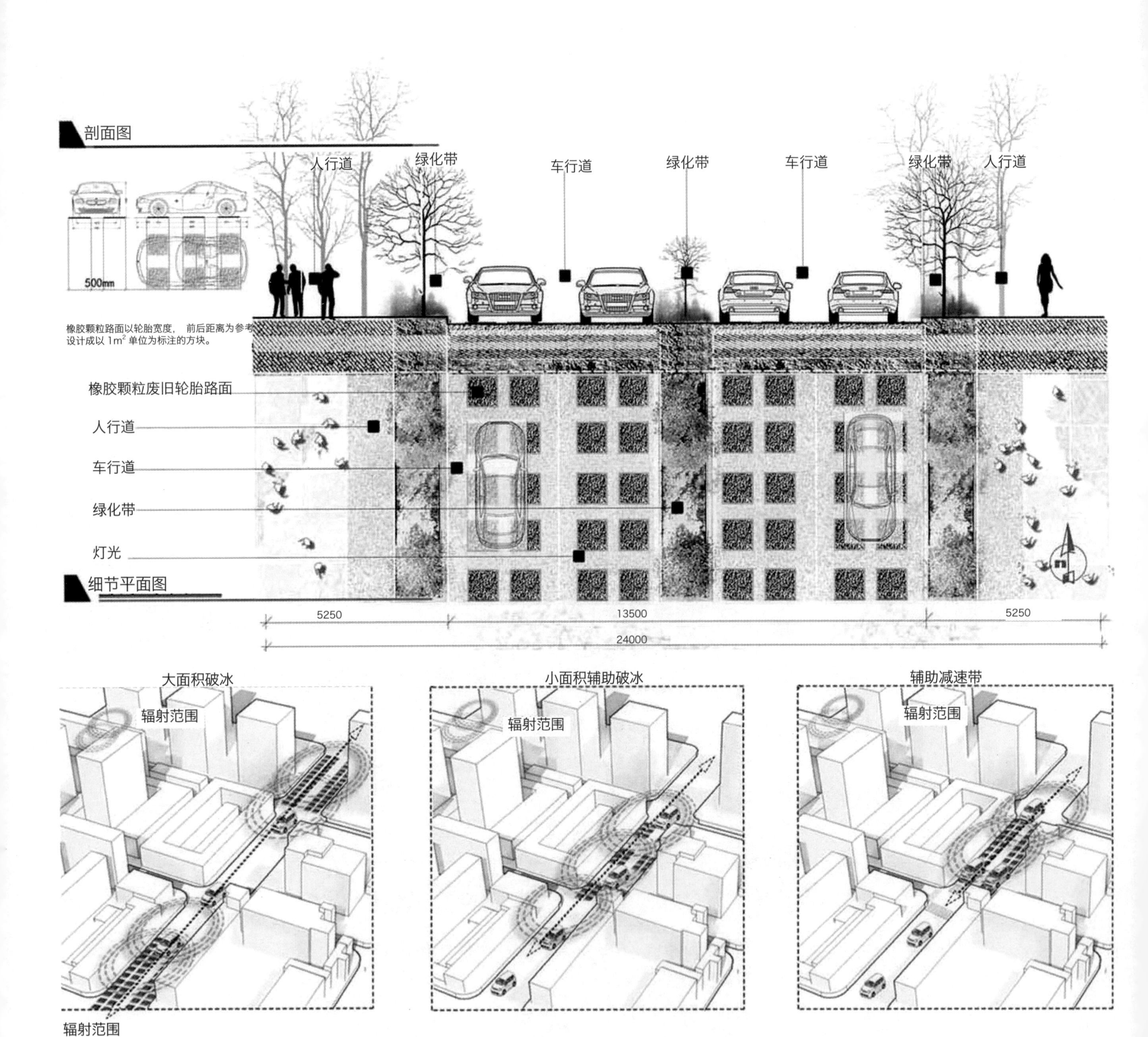

剖面图
人行道
绿化带
车行道
绿化带
车行道
绿化带
人行道
500mm
橡胶颗粒路面以轮胎宽度，前后距离为参考
设计成以 1m² 单位为标注的方块。
橡胶颗粒废旧轮胎路面
人行道
车行道
绿化带
灯光
细节平面图
5250
13500
5250
24000
大面积破冰
辐射范围
辐射范围
小面积辅助破冰
辐射范围
辅助减速带
辐射范围

义曲忠魂冢 新语索须泮
——郑州荥阳故城西南部地块规划与设计

参赛人员 田壮 张梦

参赛类别 城市设计

学　　历 本科

所属院校 合肥工业大学

指导教师 顾大治

鸟瞰图

设计说明

从协调城河关系、转译文化语汇的角度出发，以展现基地本身时空体真实而厚重的“运河之源”和“忠义之曲”为目标进行规划设计，通过时空关系的梳理、叙事框架的构建、叙事主题的表达以及叙事窗口的演绎四大步骤，将该地块打造成集文化体验、历史展示、生态休闲、旅游集散等多功能于一体的全景画卷式的区域。

总平面图

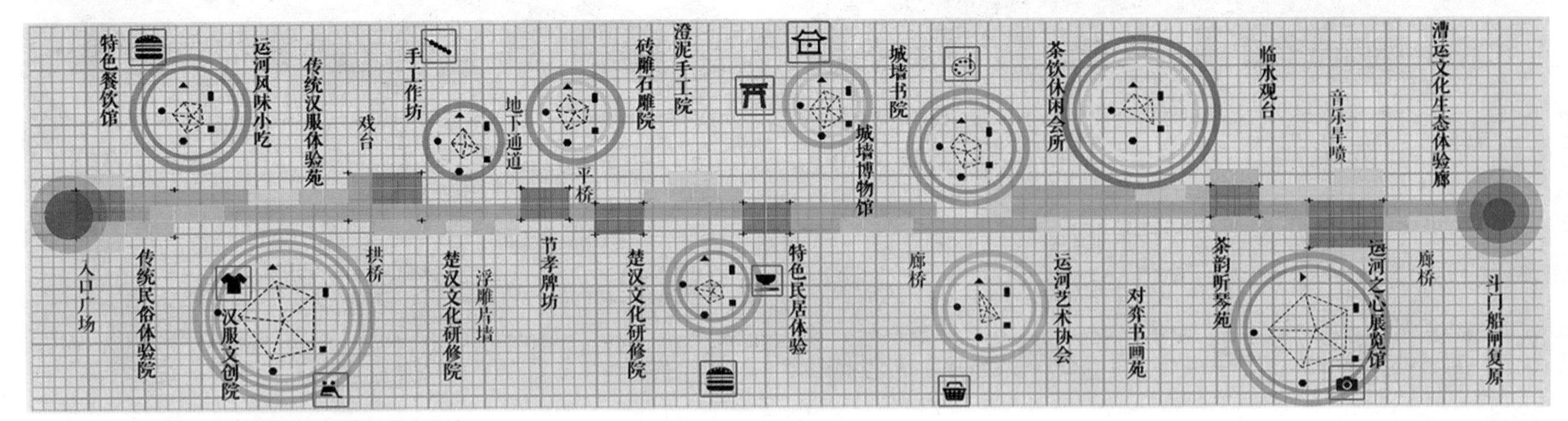

分区设计 |01 古韵——运河忠义体验街详细设计

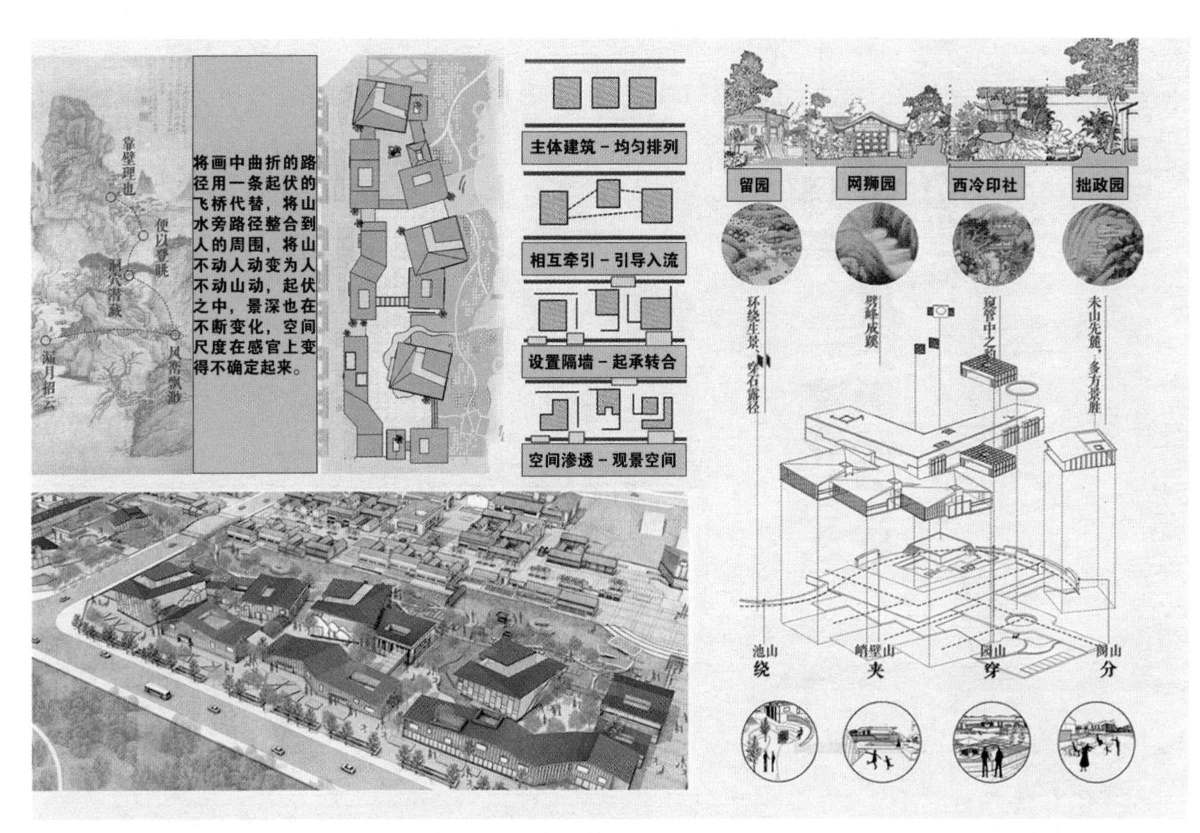

分区设计 |02 新苑——忠义汉韵研修区详细设计

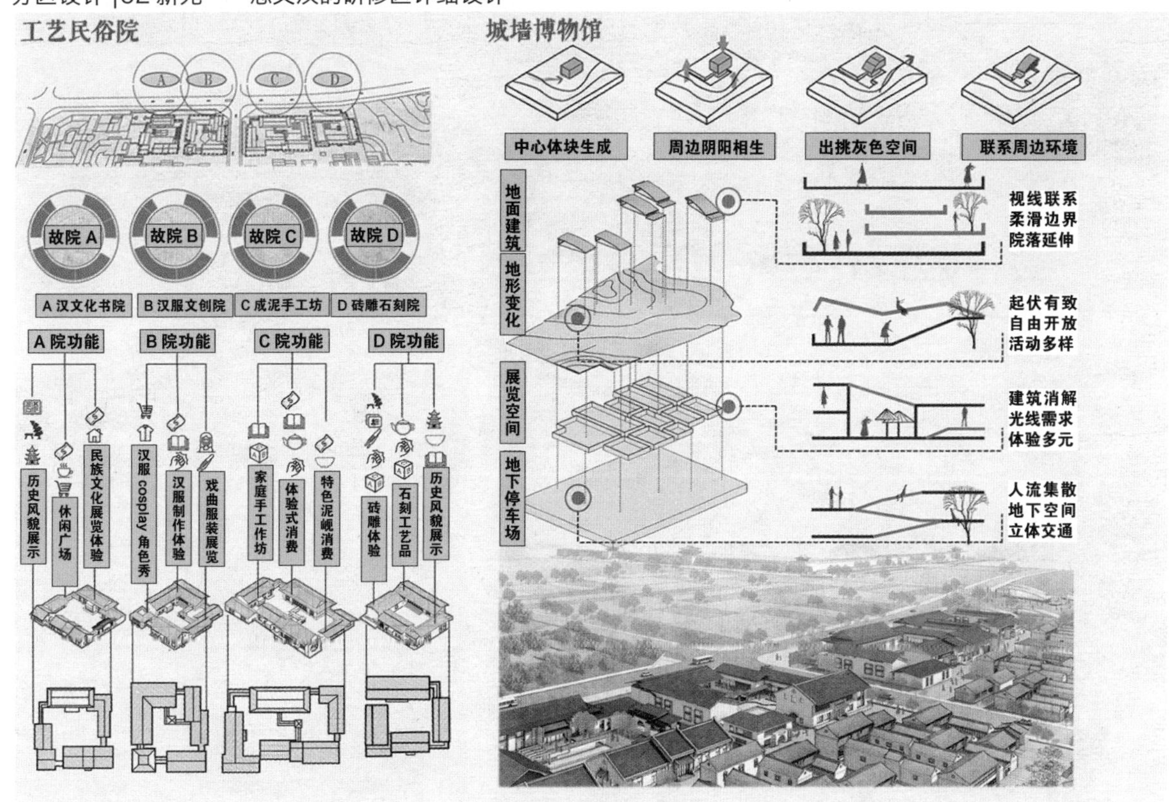

分区设计 |03 故宫——传统工艺与漕运展示区

和域——一场基于『文化生态学』理论的历史街区有机更新改造尝试

参赛人员 马宁 倪青然 池婧祎

参赛类别 城市设计

学　　历 本科

所属院校 河北建筑工程学院

指导教师 朱子君 宁晓江

规划总面积 64.39hm²
建筑总面积 40.02 万 m²
建筑密度 34.5%
容积率 0.71
绿地率 36%
停车位 800 个

总平面图

福音堂
游客中心
都统署
民情街
民居入口

南立面图

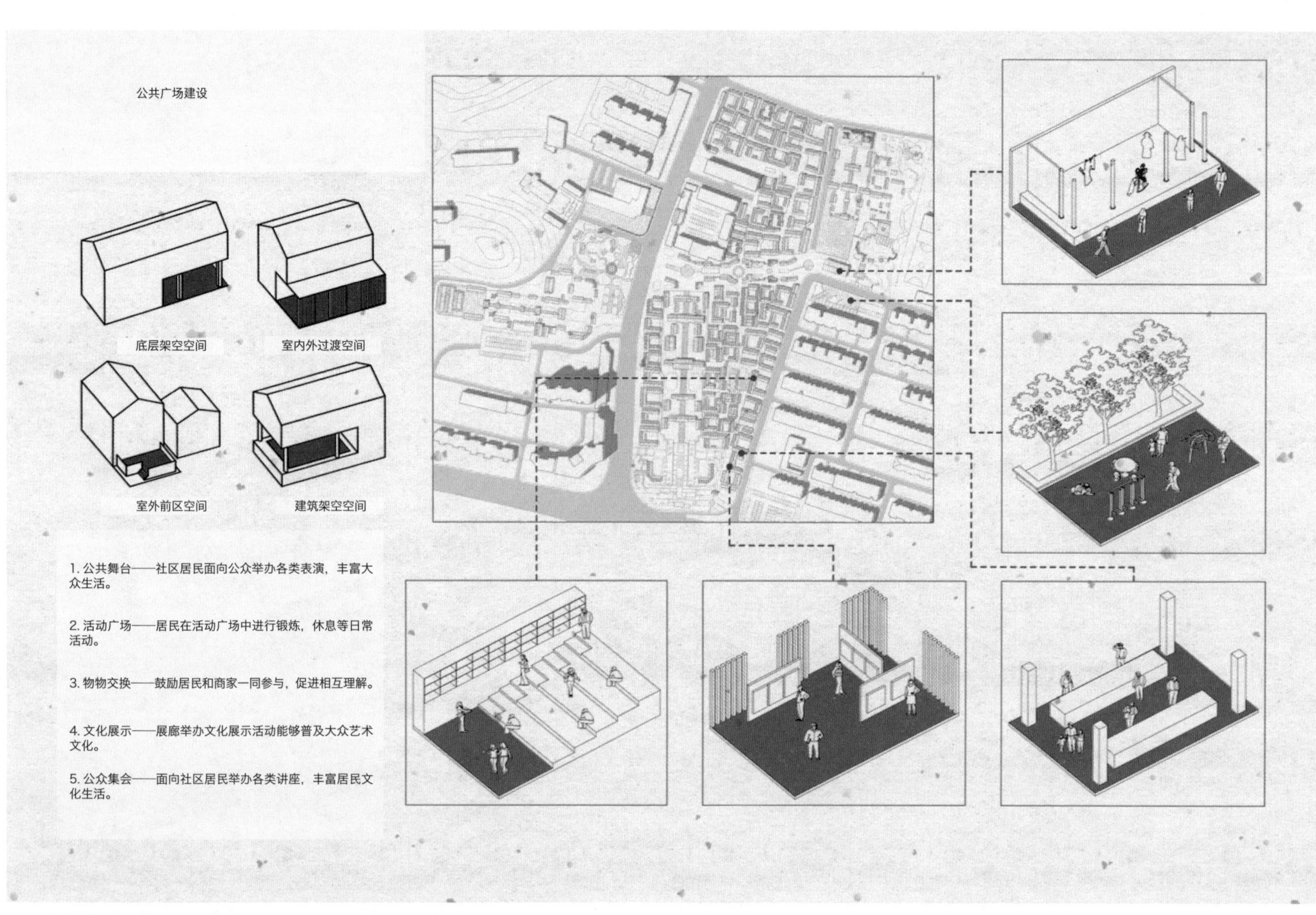

策略二：和居——延伸功能成长

美化街道空间

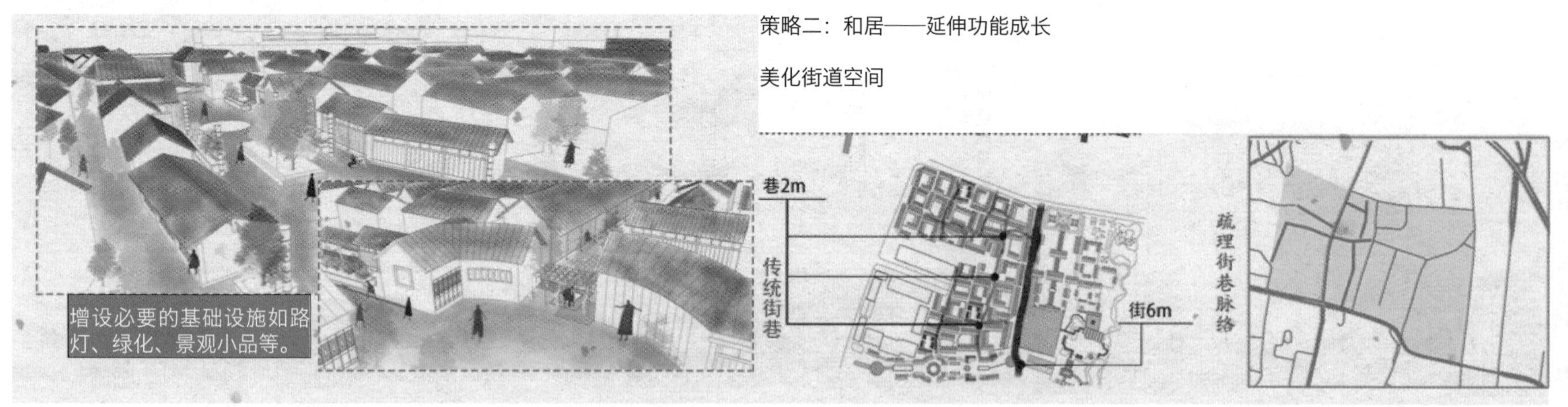

Work Elsewhere
——南京新城科技园集约型城市街区形态设计

参赛人员 刘星 吴则希 柏韵树

参赛类别 城市设计

学　　历 本科

所属院校 东南大学

指导教师 韩冬青

效果图

设计说明

本方案从现有科研现状出发，探讨以 2025 年为背景的新型科研工作模式。针对现有科研多依托塔楼空间模式单一，无法应对不同行业不同需求，配套资源多集中于特定区域或在底层，无法有效辐射高层塔楼，以及景观资源封闭隔绝利用率低等现状问题。提出依托配套商业等展开的无固定工位办公模式，适用于多种行业；将配套商业的环抬升至空中，有效向上向下辐射科研办公区域。

落实到场地现状，综合城市水绿系统与轨道交通系统，引入东西向、南北向两条步行道与三块城市绿地，打通河西内部水绿与南河城市绿廊，且连通三处地铁站点与北边在建商业区，将人流汇集。在此基础上，结合场地竖向设计，形成二层三角环形步行系统，与街道的生活配套设施串联。

综上所述，最终形成上部服务科研的无工位模式配套环和下部服务居民生活的配套设施人行环，串联三种科研工作模式。

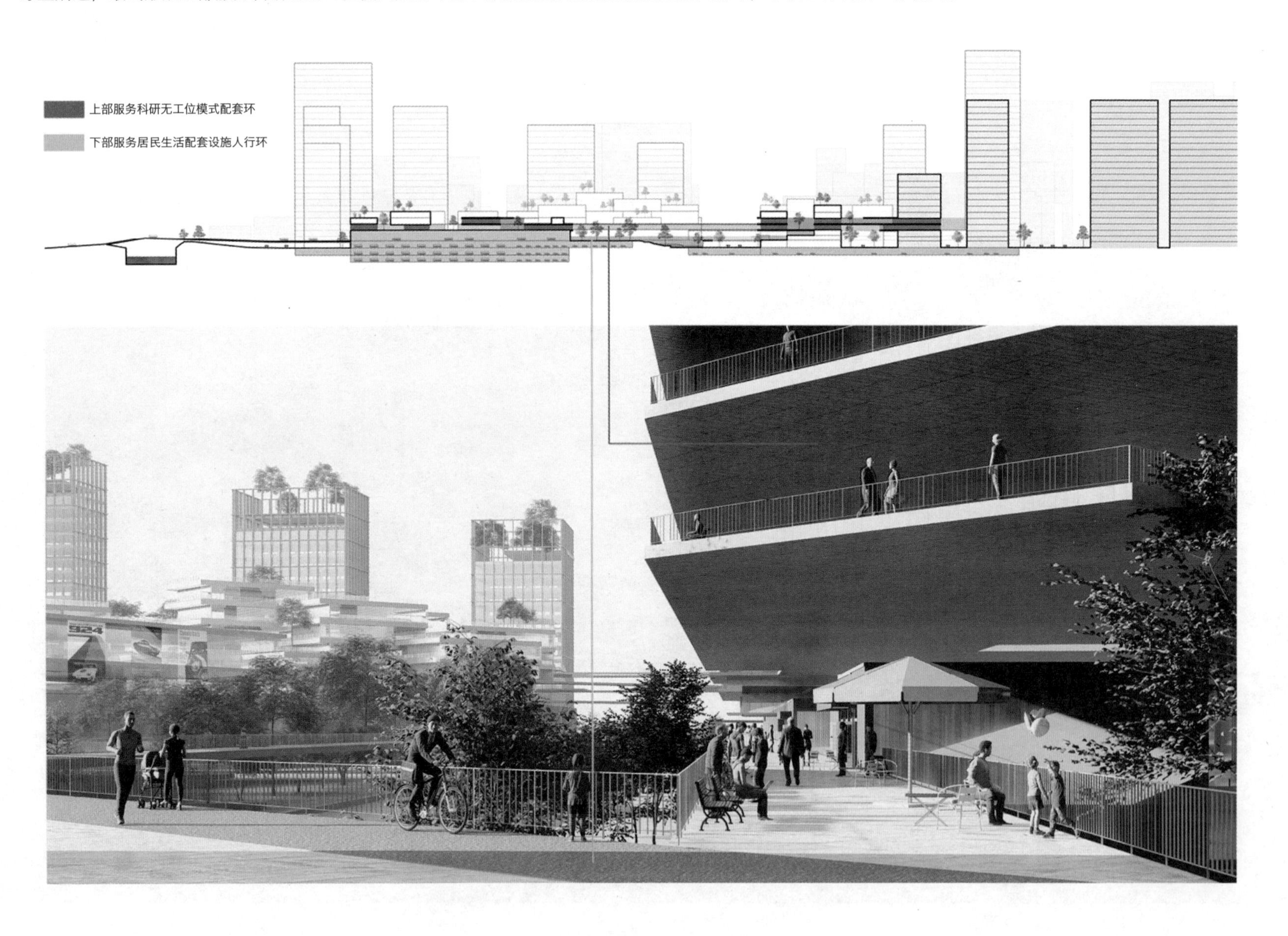

上部服务科研无工位模式配套环
下部服务居民生活配套设施人行环
下部服务居民 生活配套人行环

效果图

智城转换
——斯特拉斯堡旅游港创新机动性设计

参赛人员 王雅桐　仲望

参赛类别 城市设计

学　　历 本科

所属院校 同济大学　斯特拉斯堡国家高等建筑学校

指导教师 Andreea Grigorovschi

效果图

设计说明

在大都市范围内，斯特拉斯堡处于欧洲两个主要国家的十字路口处。在中观层面，斯特拉斯堡位于上莱茵河中游，是港口城市。它通过沿着上游的水路运输与附近的城市建立与莱茵河的联系，如凯尔、科尔马、巴塞尔等。本次设计希望通过“智能交通”“蓝绿廊道”以及“新能源的利用”增强斯特拉斯堡与市中心以及周边区域的联系。

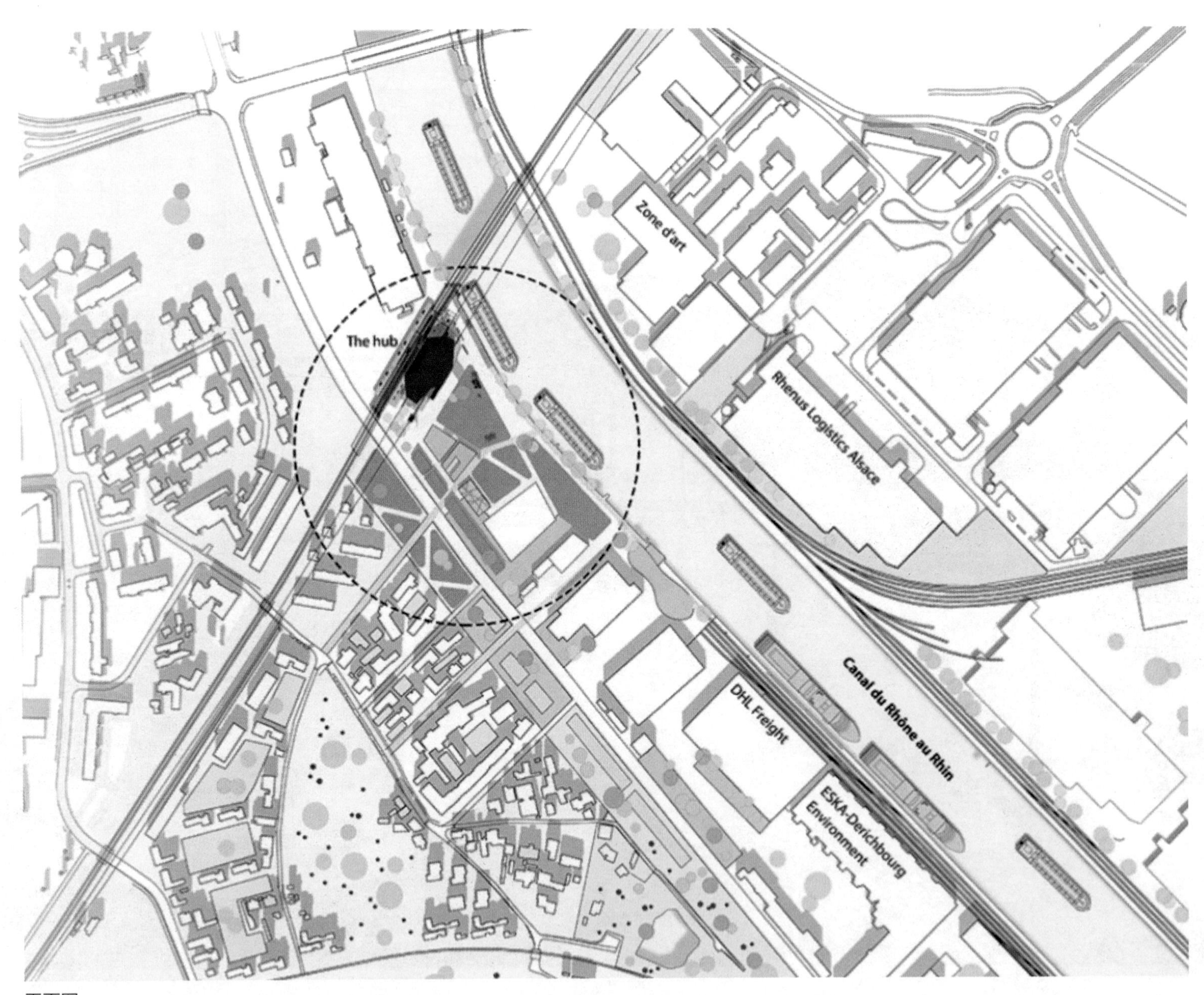

平面图

效果图

2050 共享计划

参赛人员 陈英睿

参赛类别 城市设计

学　　历 本科

所属院校 广州美术学院

指导教师 温颖华　晏俊杰　许宁

设计说明

在如今快消费時代，服装更新换代之快导致人们总觉得衣柜里少件衣服，并且，店商的介入和各种销售手段，促进了冲动性消费，导致新买回来的衣服穿了几次便发现不合适、不喜欢了。

来自中国资源综合利用协会的数据显示，每年国人扔掉的旧衣服大约有 2600 万吨，多被按垃圾处理，不过是掩埋、焚烧，极少一部分经过挑选后当做慈善物品处置。随着旧衣服的增加，焚烧、掩埋等传统做法皆对环境造成污染。

此次设计旨在探索共享经济体系下的新的服装商业空间模式。以高第街作为试点区域，对其进行未来商业格局和社区规划。逐渐使一个共享二手服装的生态社区应运而生。

模型制作过程

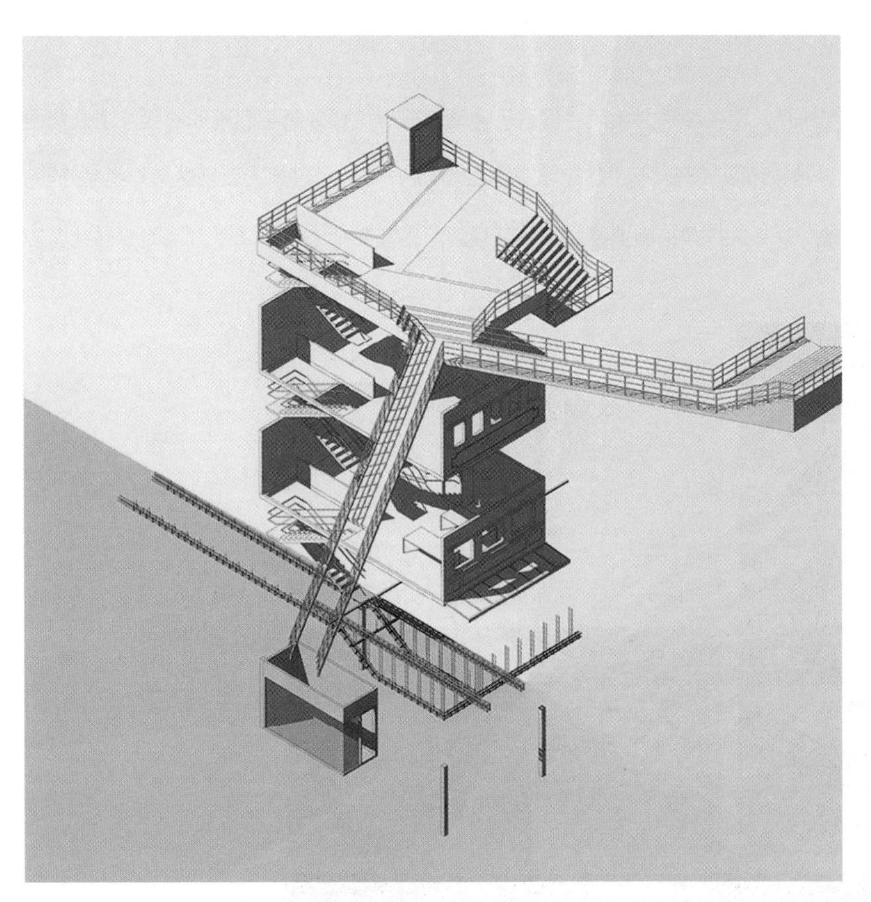

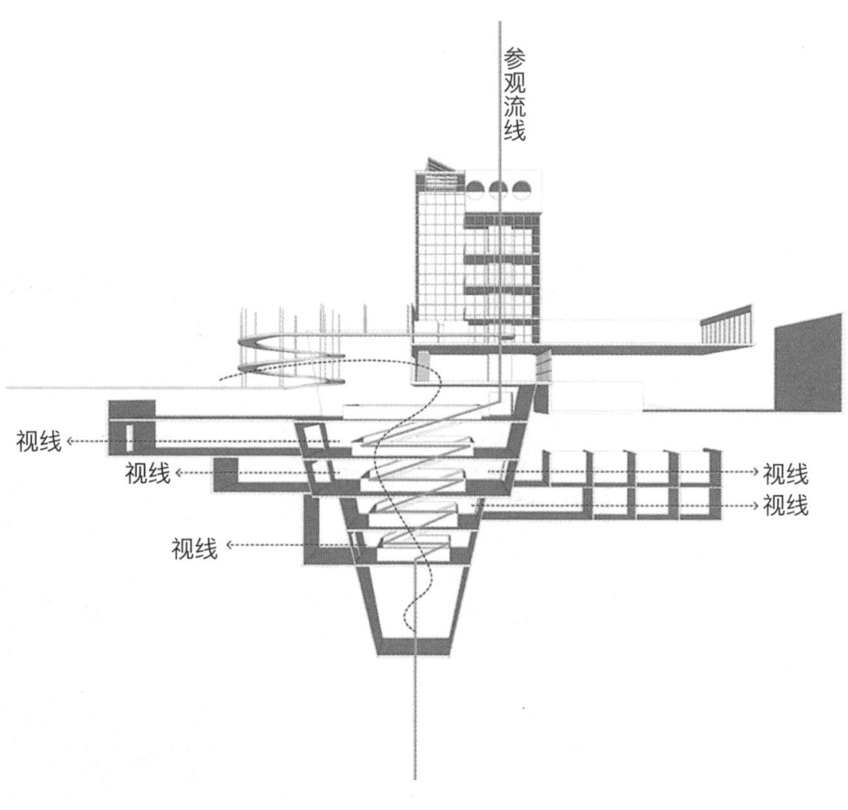

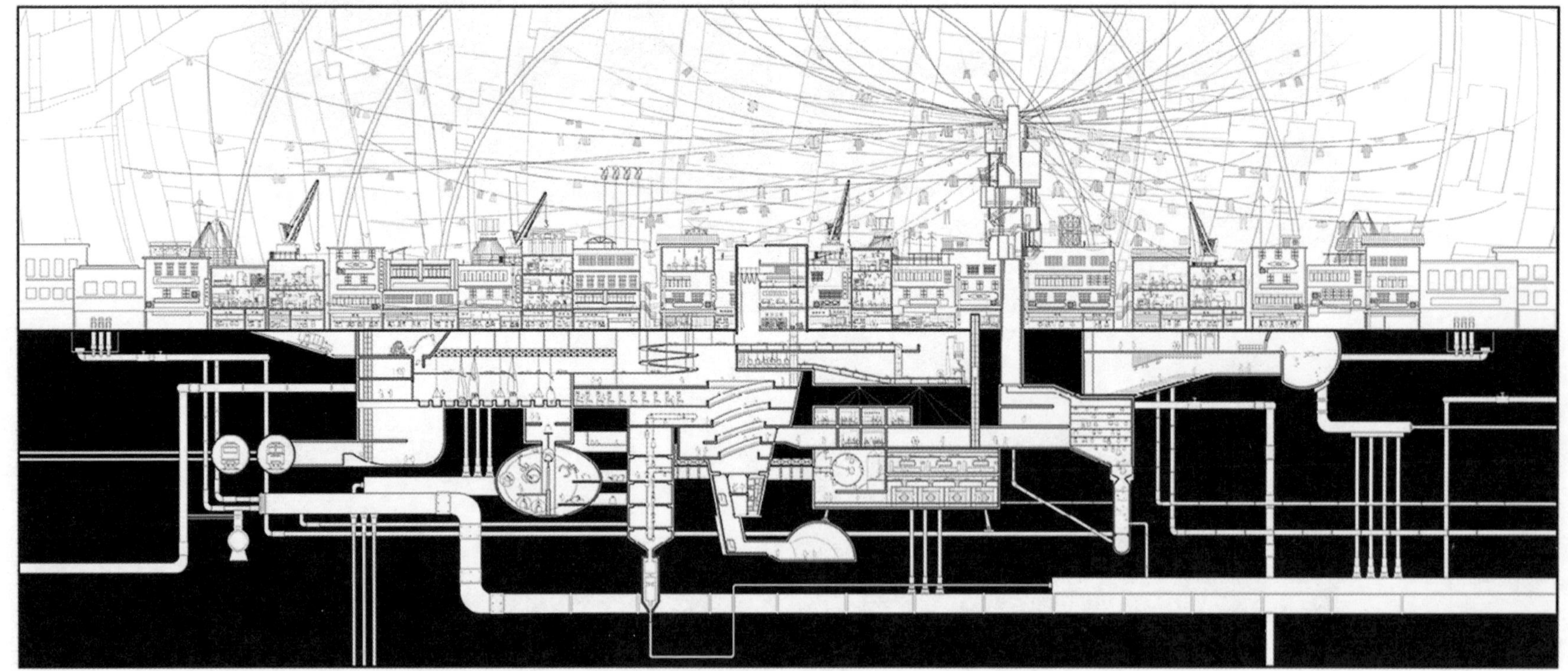

形态生成

都市中的自然，自然下的 TOD

参赛人员 张祺 顾林 陈玮隆

参赛类别 建筑设计

学　　历 本科

所属院校 东南大学

指导教师 朱渊

效果图

设计说明

当下，轨道交通趋向发展为集多种交通工具和商业地产于一体的多功能综合交通枢纽，轨道交通综合体包括交通物业（如轨道交通、公交站点等）和商业物业（如购物中心、酒店、办公等）。我国轨道交通综合体建设尚存在一系列不足：综合化程度低，换乘效率不高，空间复合化程度低，内外空间环境关系混乱。本课题通过研究新型轨道交通综合体的空间组织模式，为轨道交通综合体的建设提供参考。本方案从城市设计和轨交综合体自身建筑的双重维度出发，按照发现问题、提出模式、模式实现、实际应用的逻辑顺序进行。方案试图在城市维度将景观资源引入到综合体内部，在建筑维度创造绿色的共享空间，并将光线引入地下，改善建筑内部的空间品质，从而提出模式的实现方式，并以南京市江宁区竹山路与天元中路交叉口地块为例，加以运用。

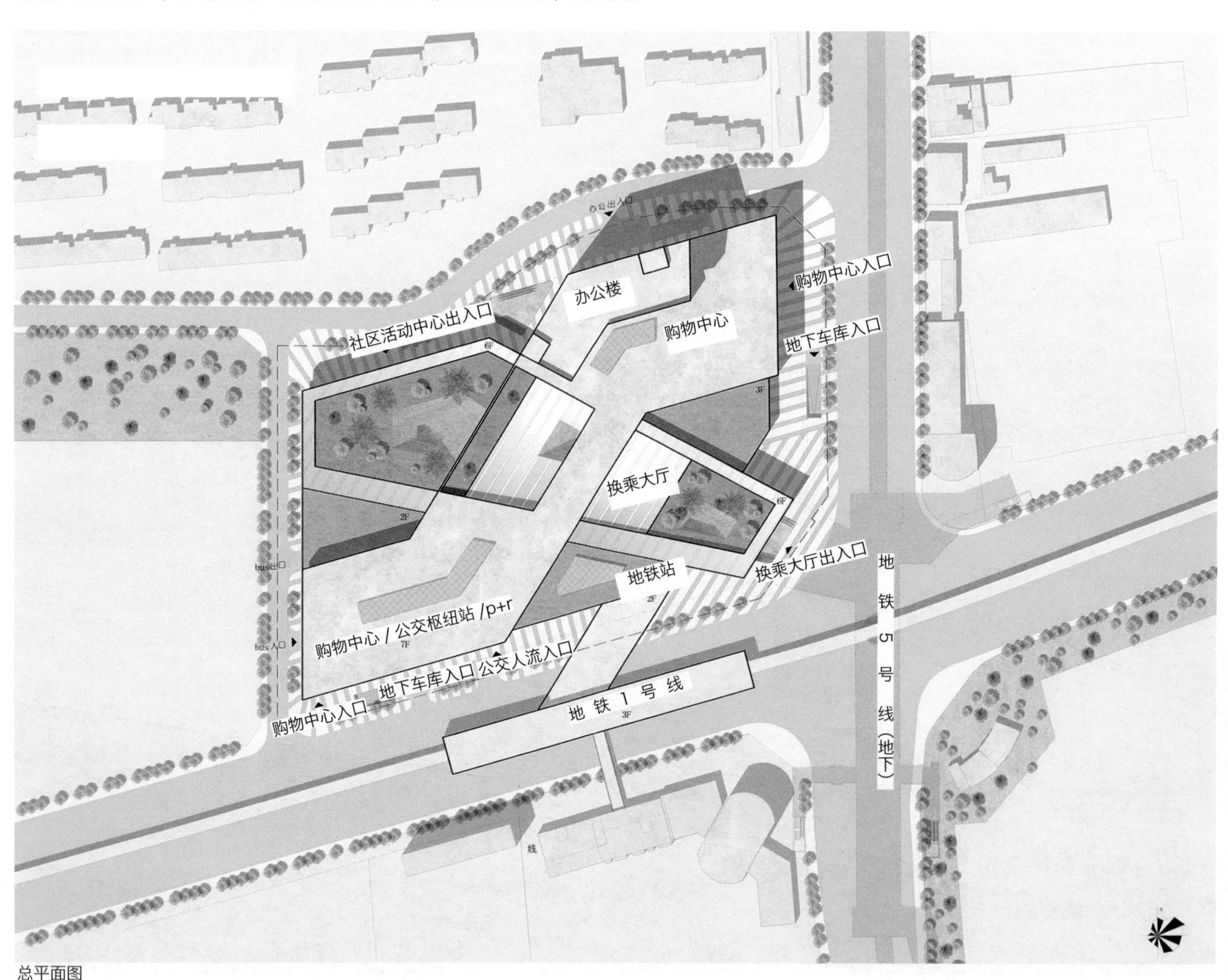

总平面图

效果图

轨道站点空间设计研究

参赛人员 华玥 程苏晶 杜尚芳

参赛类别 建筑设计

学　　历 本科

所属院校 东南大学

指导教师 朱渊 叶如丹 张婧

效果图

设计说明

自行车 + 轨道交通模式将自行车引入 TOD 模式中，停车空间与核心换乘空间结合，采用停车筒机械停车与临时车道停车相结合，骑行者可以到达距离换乘点最近处，实现了停车换乘的便捷高效，人车分流保证流线畅通：对外将车道向城市和社区延伸，连接城市各象限。优化出行体验：对内将自行车体系融入商业功能中，打破原有“层”的概念，通过车道变化融合功能，形成共享空间。使自行车体系成为联系城市、建筑、各功能的纽带，最大化地发挥自行车的存在意义，最终得到新的 B+TOD 模式 。

设计过程：方案生成

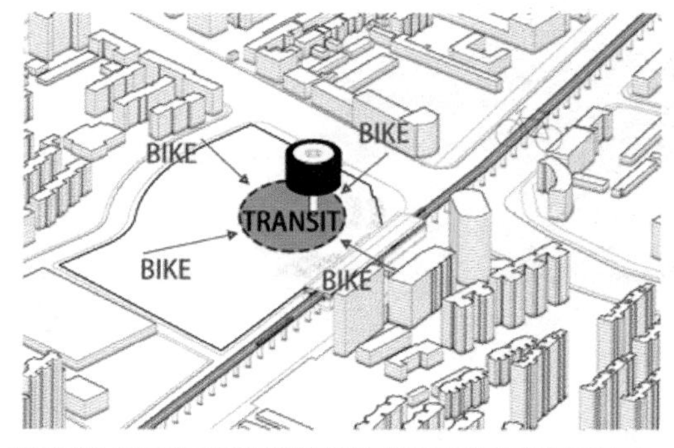

自行车进入换乘系统，垂直机械停车楼悬于换乘空间上方，释放地面空间。

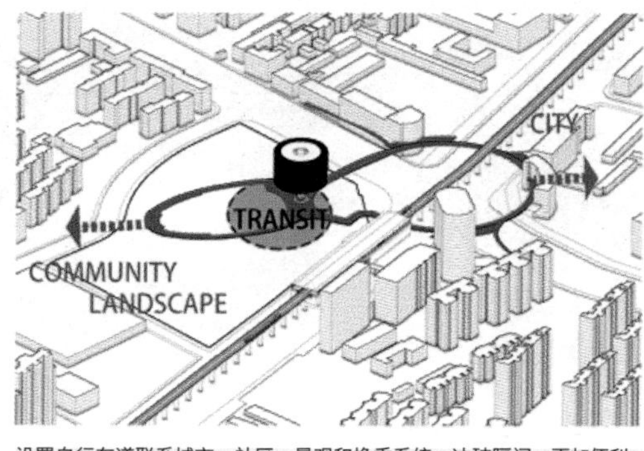

设置自行车道联系城市、社区、景观和换乘系统，冲破隔阂，更加便利地到达城市各处带来更好的骑行体验。

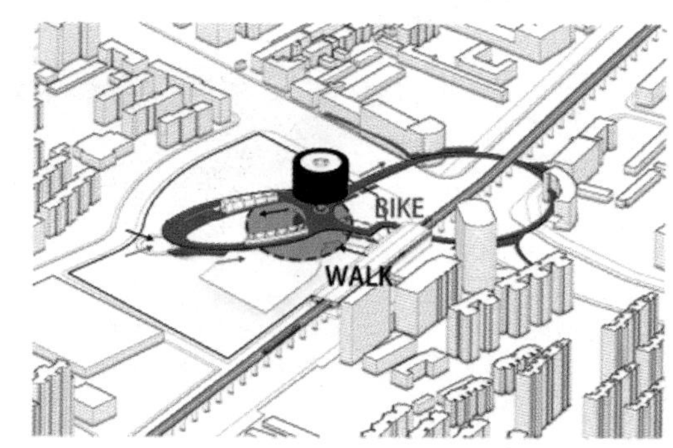

自行车道换乘系统结合，将人车分离，将车道扩大化并上下粘合，形成并联商业和活动空间，将停车商业融为一体，更加丰富了体验和空间模式。

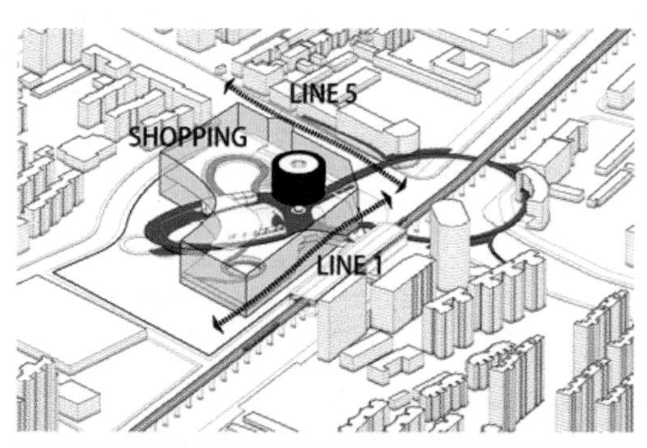

主要商业形体呼应道路结合自行车道设置适用自行车的商业店铺，深入套索自行车的不同体验，直接与社区及城市结合，打破了封闭分商业模式。

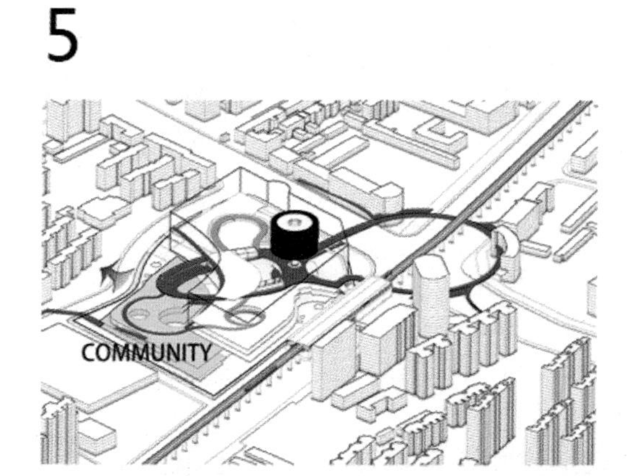

朝向社区方向设置低矮体量，引入开放式的商业内街，并与从城市延伸而来的自行车道相联系，屋顶设置自行车社区公园，成为从城市向景观的过渡，丰富社区生活。

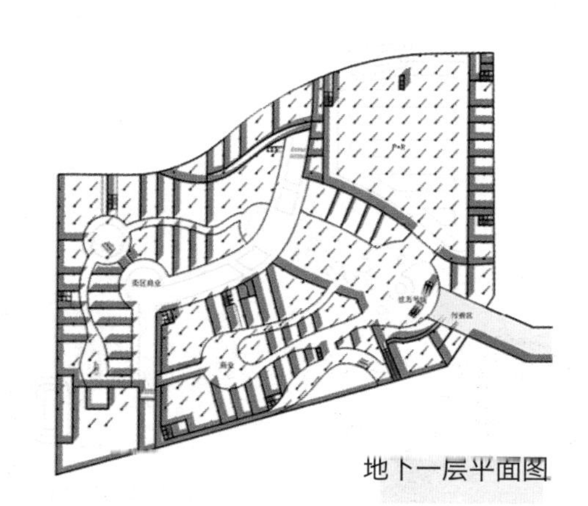

地下一层平面图

BOOK STORE
The Reader
RETRO
TRAVEL
RAIL ①
TO RAIL ⑤
PARKING
LOT
RAIL ⑤
BUS STATION

效果图

G6 连连看

参赛人员 黎桑 严东瀚
参赛类别 建筑设计
学　　历 本科
所属院校 清华大学
指导教师 朱文一

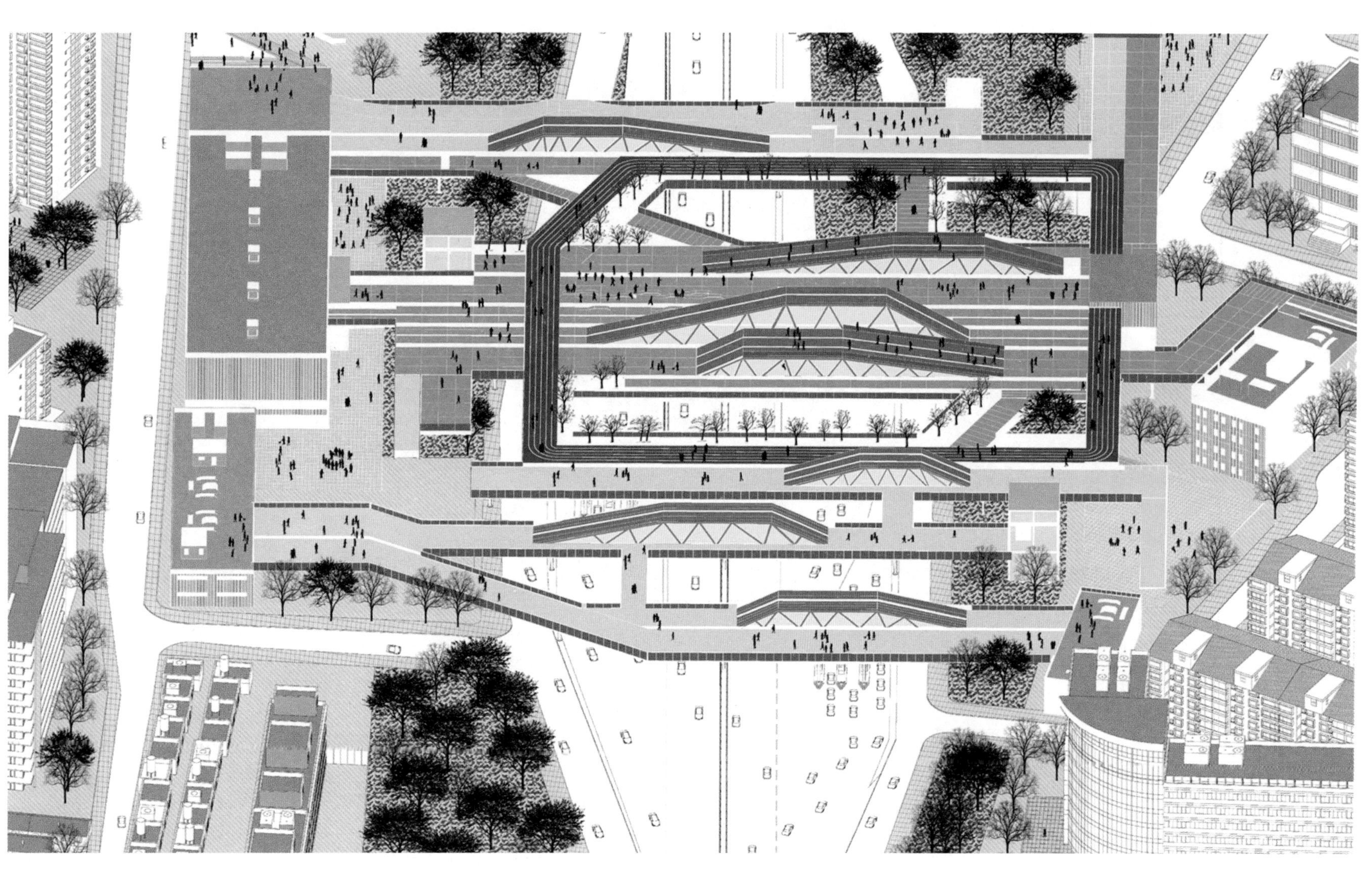

轴测效果图

设计说明

G6 连连看是位于北京市清河小营农副产品交易中心的城市设计项目，目的是将被 G6 高速路割裂的城市连接起来，项目还包括连接部分的概念性建筑设计。清河小营是一个许多大中型居住小区聚集的区域，该地最大的问题是 G6 高速路带来的东西方向交通阻隔，我们需要各种手段跨越这段高达 6m 的障碍。所幸规划中的地铁站点已经为我们提供了一种解决方案——地下连接。加上现存的一座天桥，我们设想了复制多座平行的天桥作为广场的一种连接方式。由于路两侧的建筑是一同规划设计的，因此我们让它们与城市紧密地融合在一起。将原本无用的高架桥上方空间变成了城市公共空间，而路的两侧依旧可以进行建造和商业开发。

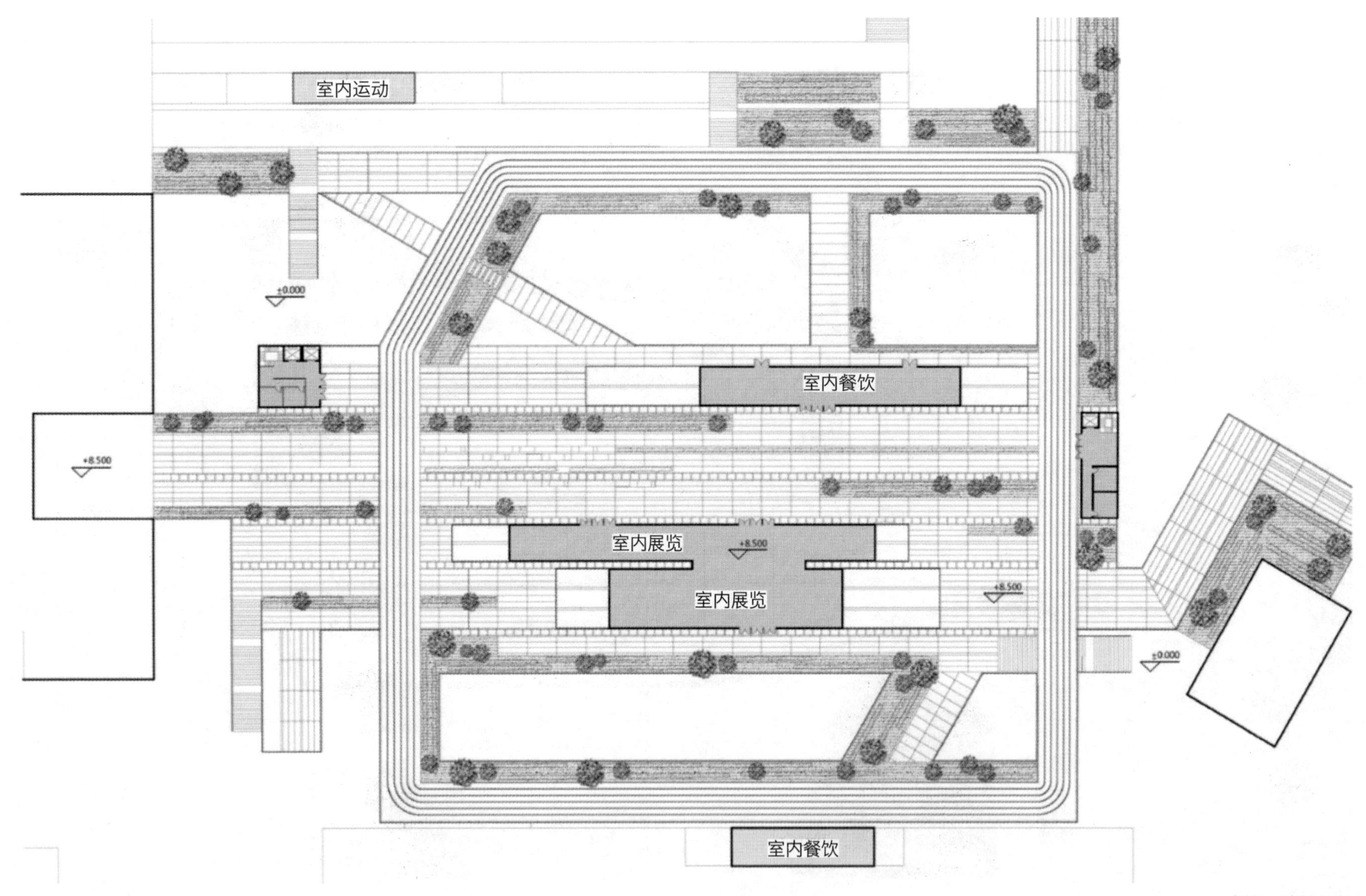

连接区域平面图

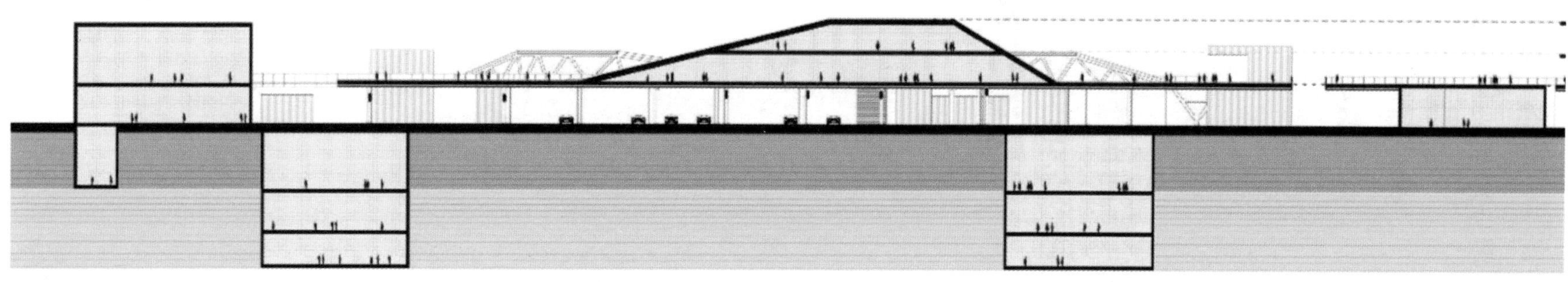

剖面图 A

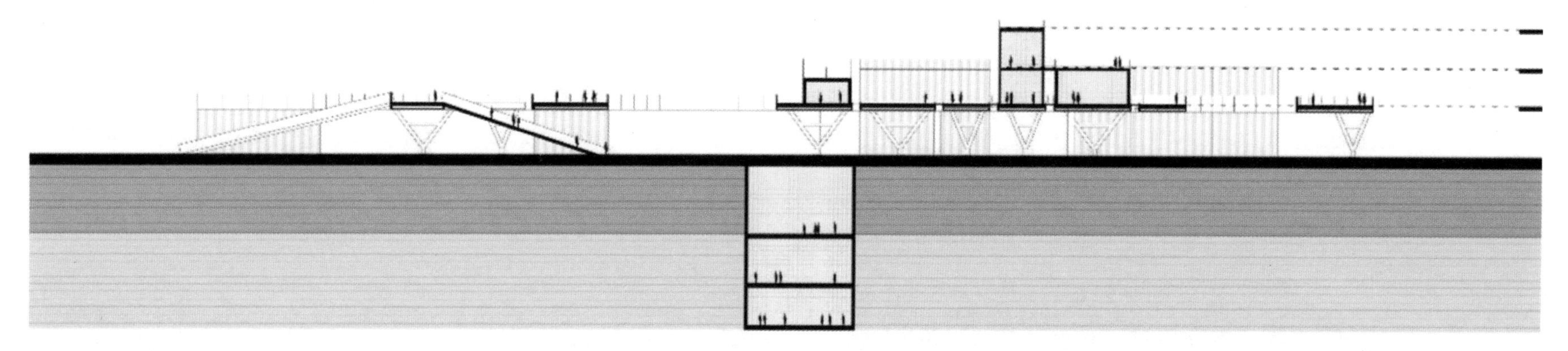

剖面图 B

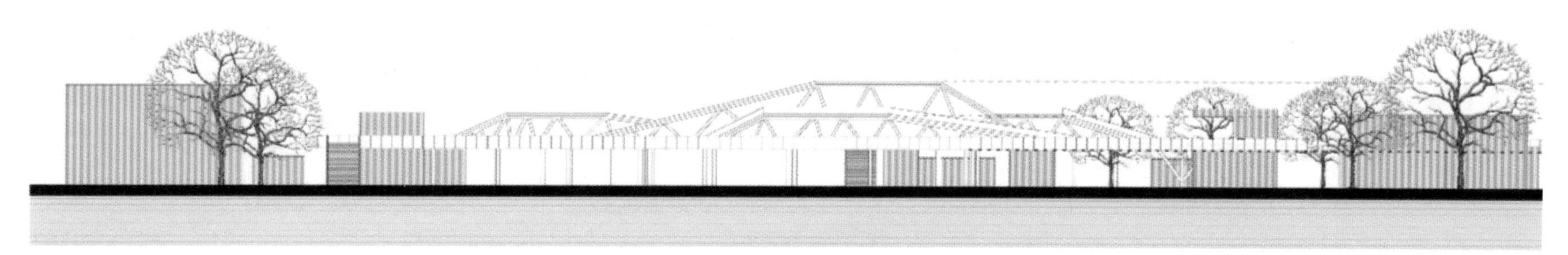

南剖面图

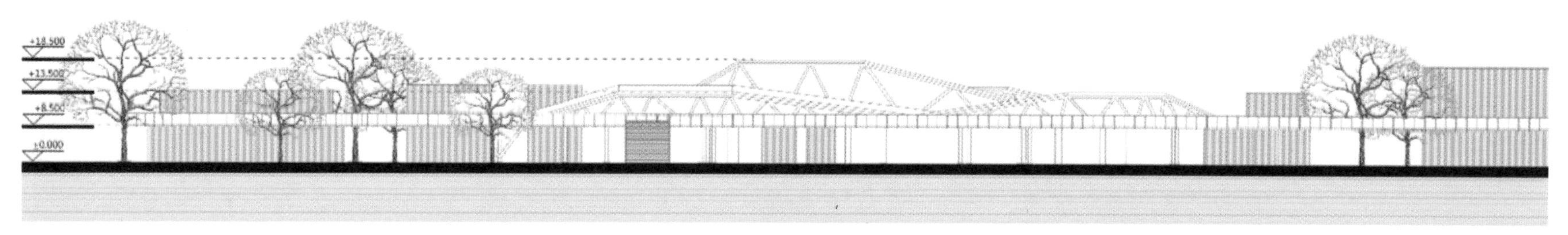

北剖面图

众神的舞蹈
——环艺文创园区文创综合体建筑空间系统设计

参赛人员 胡啸
参赛类别 建筑设计
学　　历 本科
所属院校 南京艺术学院
指导教师 姚翔翔

鸟瞰图

设计说明

设计方案以空间组织中的“主神”为主体，“众神”“凡人”为看客，展开空间序列，整体空间分布三个“主神”，周边遍布“众神”及“凡人”，看客之间互有重复，使空间与文化记忆相联。而建筑主客体也都致力于构建主题。形形色色的结构体呈现出拟人化的倾向，好像一个个戴着面具参加假面舞会的演员在场地上歌舞低语，像是向这个城市诉说着什么，又像是老布鲁格尔画中对于场景的描绘。

效果图

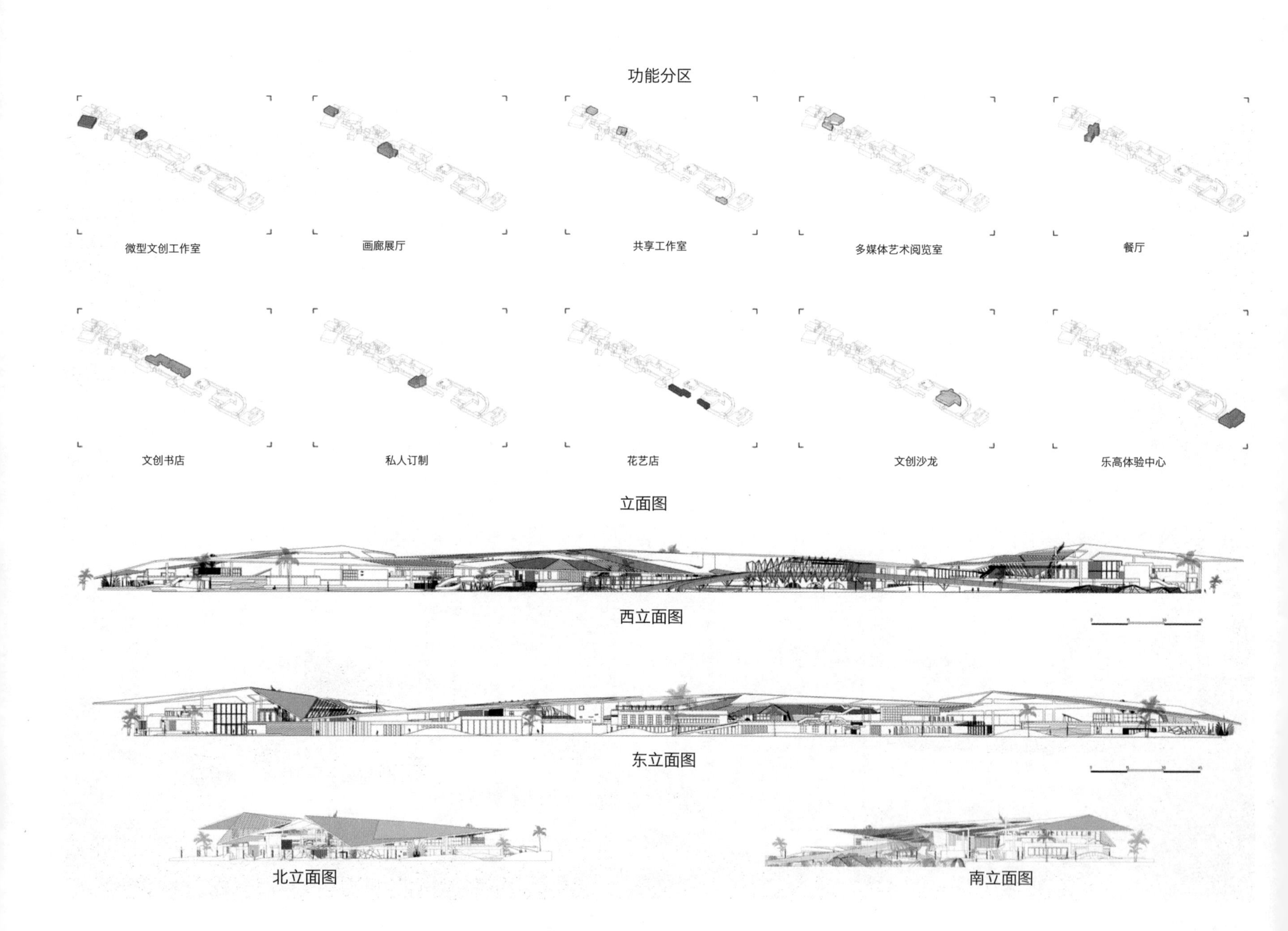
功能分区
微型文创工作室
画廊展厅
共享工作室
多媒体艺术阅览室
餐厅
文创书店
私人订制
花艺店
文创沙龙
乐高体验中心
立面图
西立面图
东立面图
北立面图
南立面图

效果图

创集
——创客空间与硬件集市的空间集聚设计

参赛人员 吴尚峰
参赛类别 建筑设计
学　　历 本科
所属院校 广州美术学院
指导教师 伍端　何夏昀

设计说明

创客空间作为创客聚合、活动和合作的场所，是开放交流的实验室、工作室与机械加工室，传达着一种协作、分享、创作的人生理念，将创意实物化，并带来实际的经济效益。而传统电子硬件集市是我国电子元器件产业的主要加工生产销售渠道，具有庞大的生产效益和经济效益，数量众多的中小型电子厂商、创业型公司在此办公。通过对深圳华强北电子硬件集市的实地调研分析，提取创客空间的基础空间功能属性与电子硬件集市的场景要素，将创客空间与电子硬件集市进行新型的场景功能模块化组合。针对空间场景中常规与特殊的空间分布，形成针对各场景要素的空间功能模块，并且各功能具备装配式与灵活组装的特点，最后形成一种可复制性的新型创客空间与硬件集市空间的集聚模式，为当今国内电子硬件集市的产业空间转型提供了一种新型的解决思路。

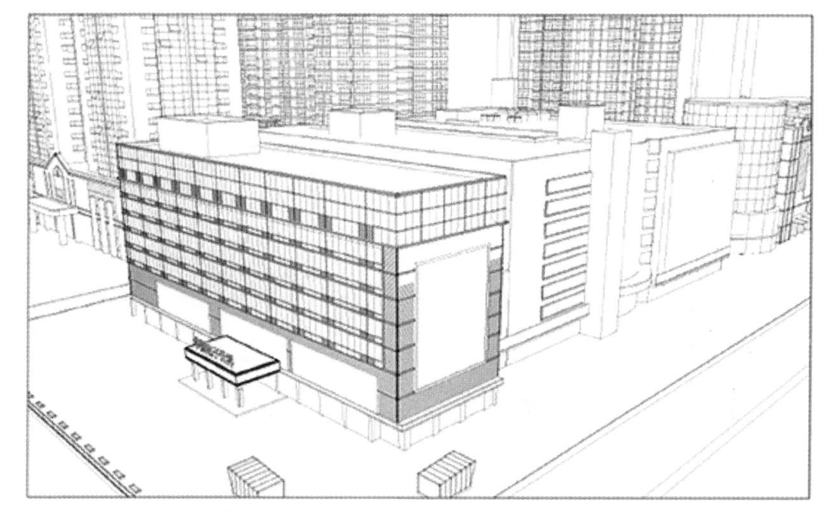

选址华强电子世界一店

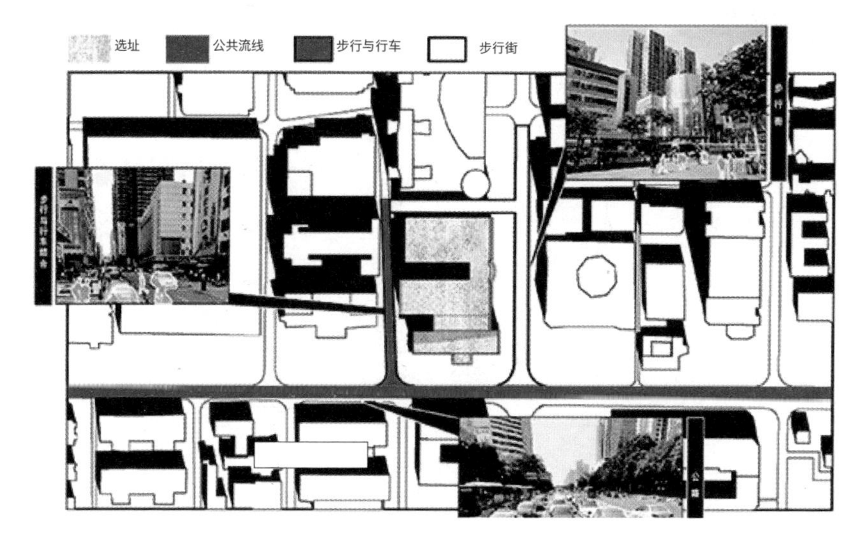

选址外交通流线

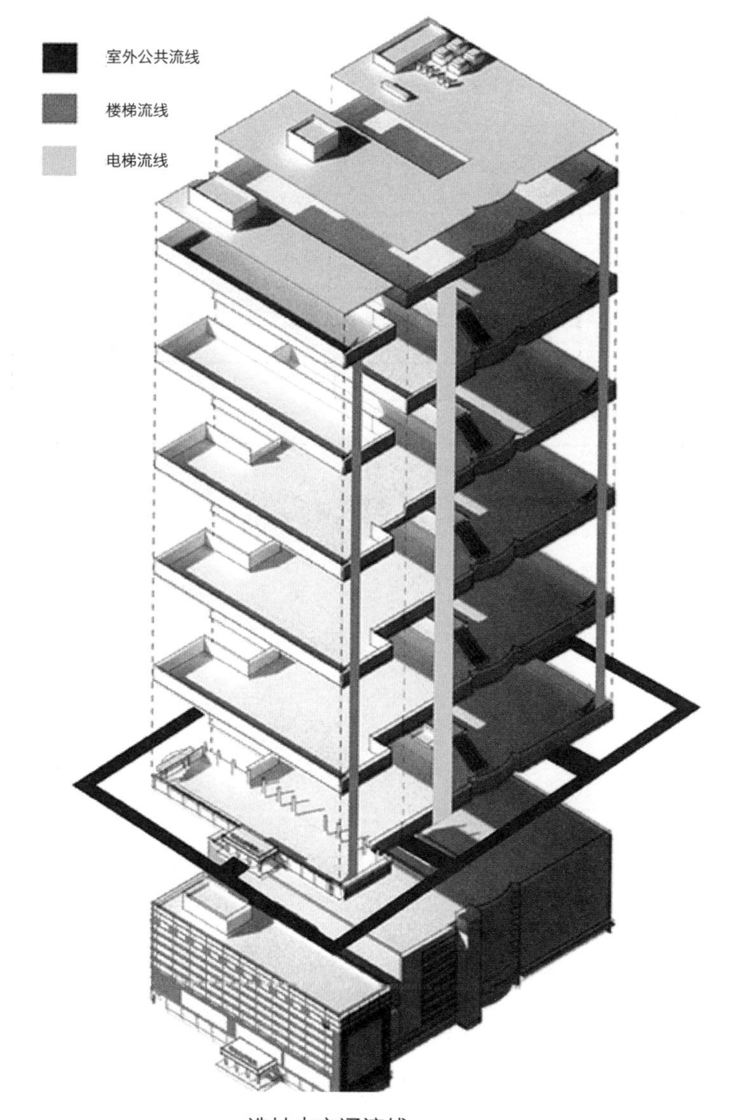

选址内交通流线

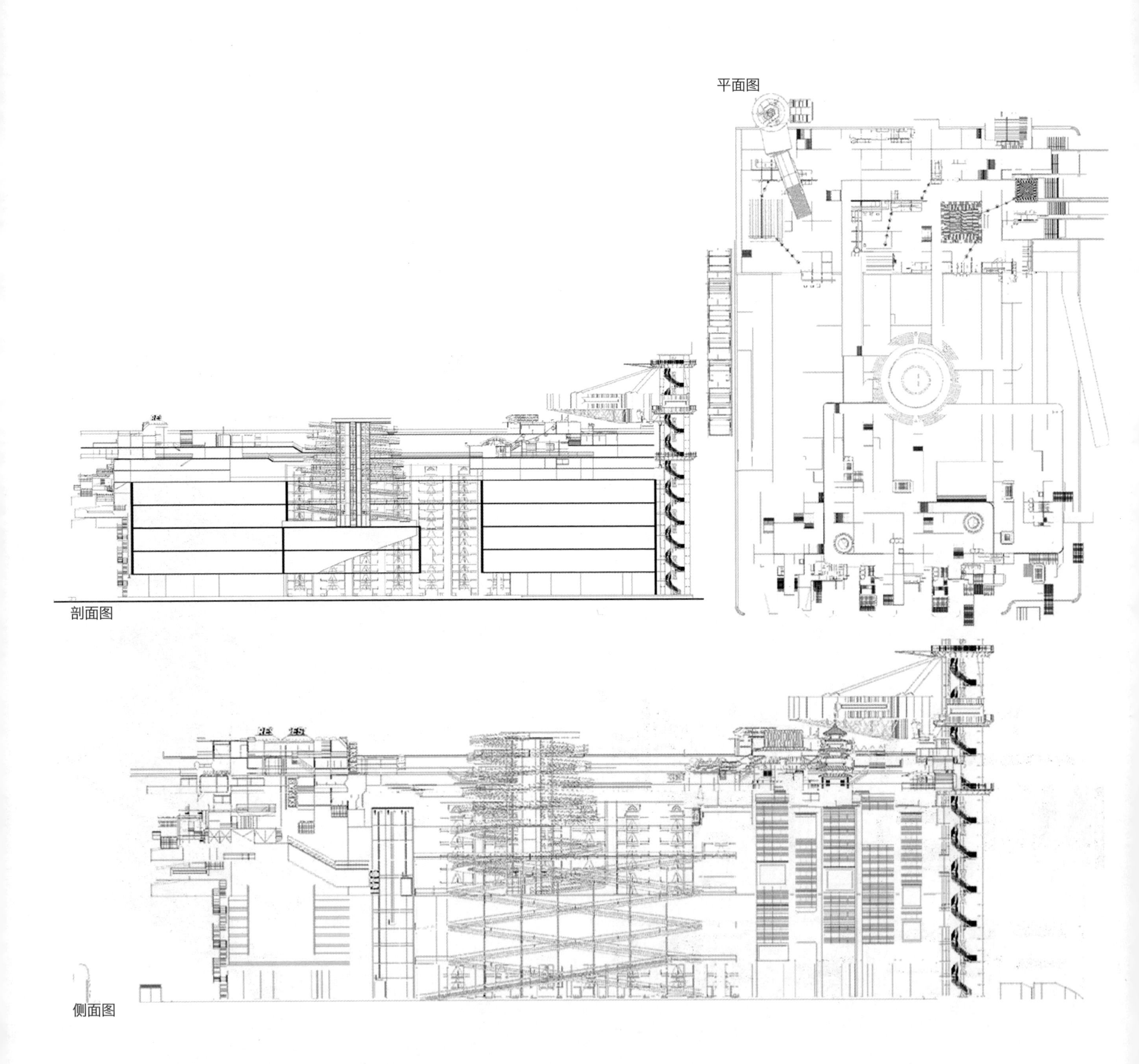
平面图
剖面图
侧面图

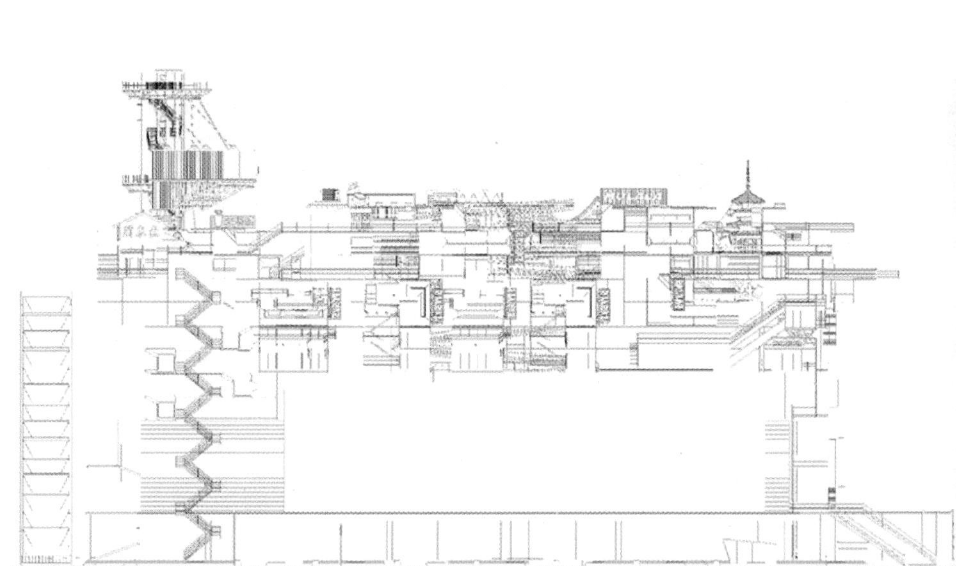

立面图

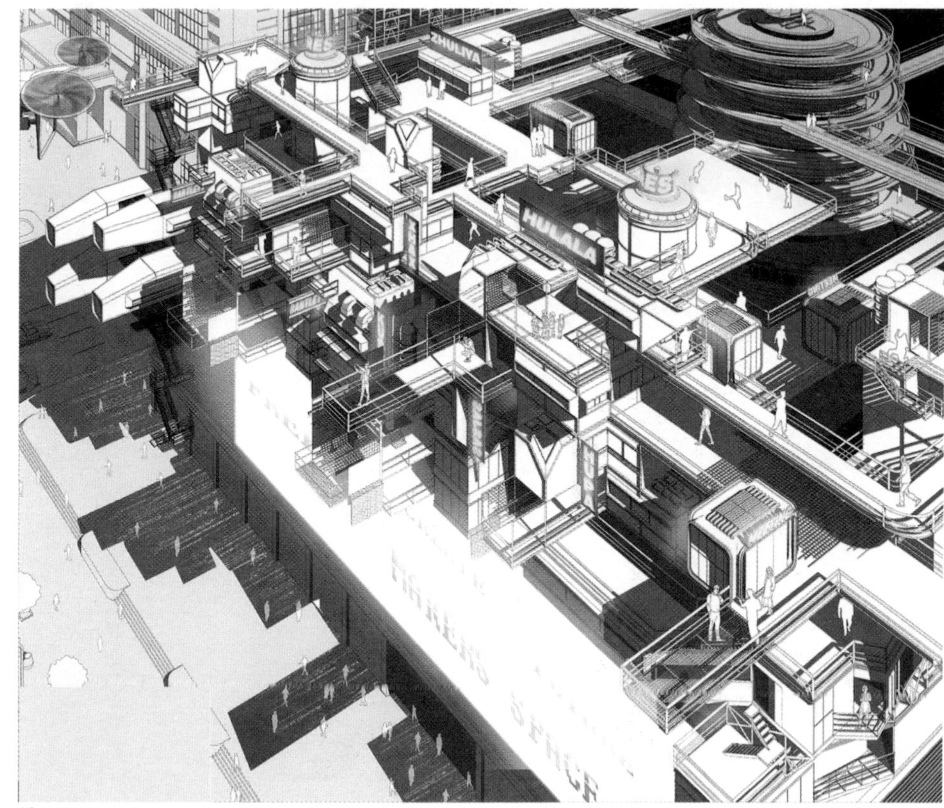

效果图

激活江湾
——专业足球场的城市性研究与适应性改造设计

参赛人员 陈欣涛　沈祎　赵宇辰
参赛类别 建筑设计
学　　历 本科
所属院校 东南大学
指导教师 陈海亮　李华

效果图

设计说明

场地位于上海杨浦区江湾体育场，江湾体育场作为历史保护建筑，其设计重点是处理新建的球场与老体育场的关系，并使之成为联系西边广场与东边体育公园的商业带，具有更好的穿越性及互动性。设计需要从城市环境、历史文脉、功能计划、体育及公共建筑的特点等多重角度出发，通过比较研究，探讨建筑高度、体量、空间、形态及结构选型和表皮材料等问题。本案以大胆、开放的态度，提出了对于城市中既有体育场适应性改造的新模式，彰显了新与旧之间的张力。球场看台设计特意将西边上层看台减少以打开视野，使球场内外视线贯通，从城市西边轴线来的球迷远远便可以感受到东边上层看台欢呼雀跃的观众。为减少对现有建筑的压迫感，屋面结构选型为轻盈的张拉膜索网结构，由八根巨型钢柱斜撑展开。散平台层则安排在二楼，与拱形连廊上方连接，既与室外球场形成视觉上的互动，又是瞭望城市的平台。非赛时整个场地将对大众开放，成为供周边市民使用的一个足球运动中心。如何在历史场地中植入当代的内容，并以此为契机重新焕发城市空间的活力，满足日益增长的全民健身的需求，是本设计力图解决的问题。

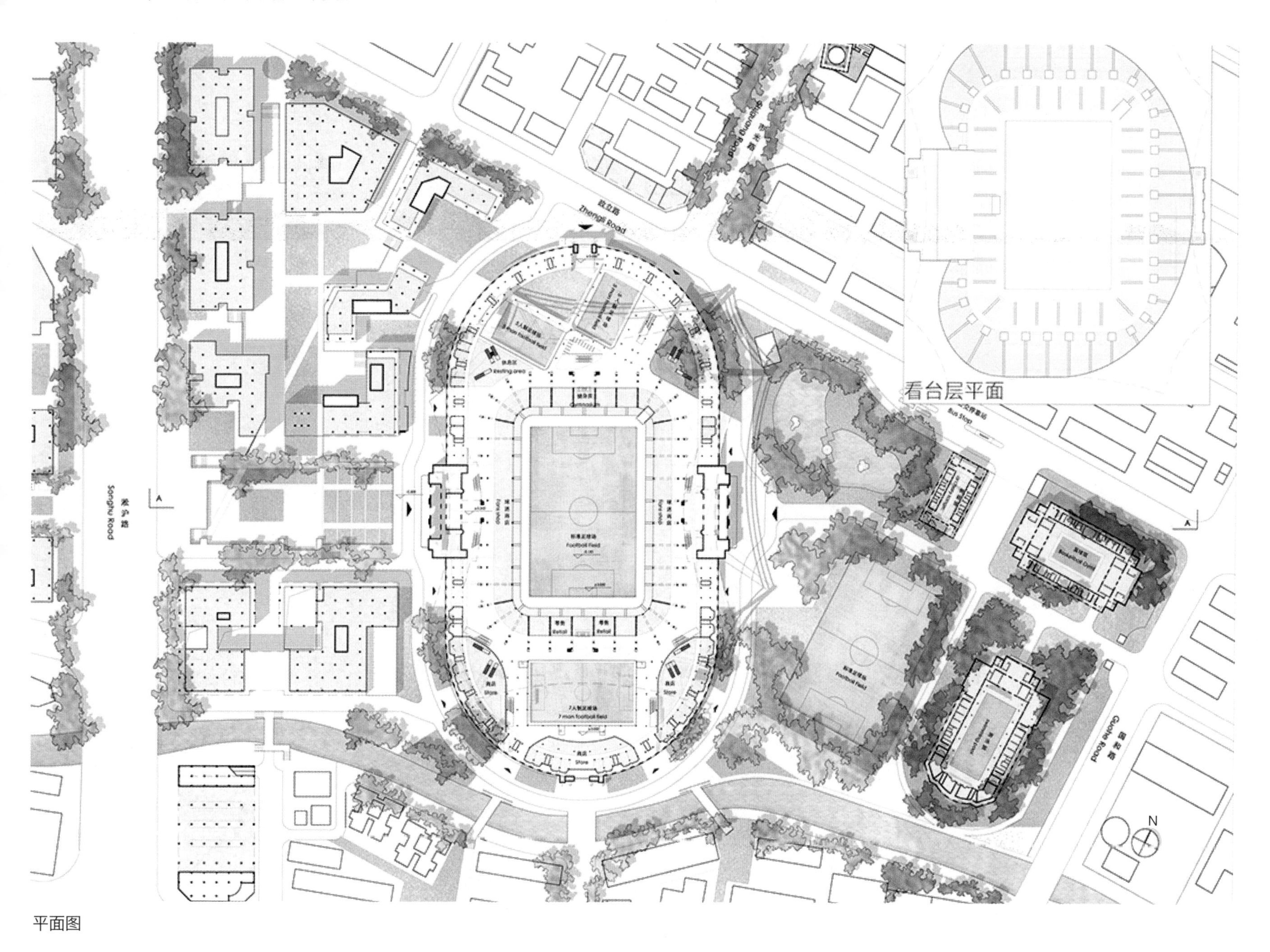

平面图

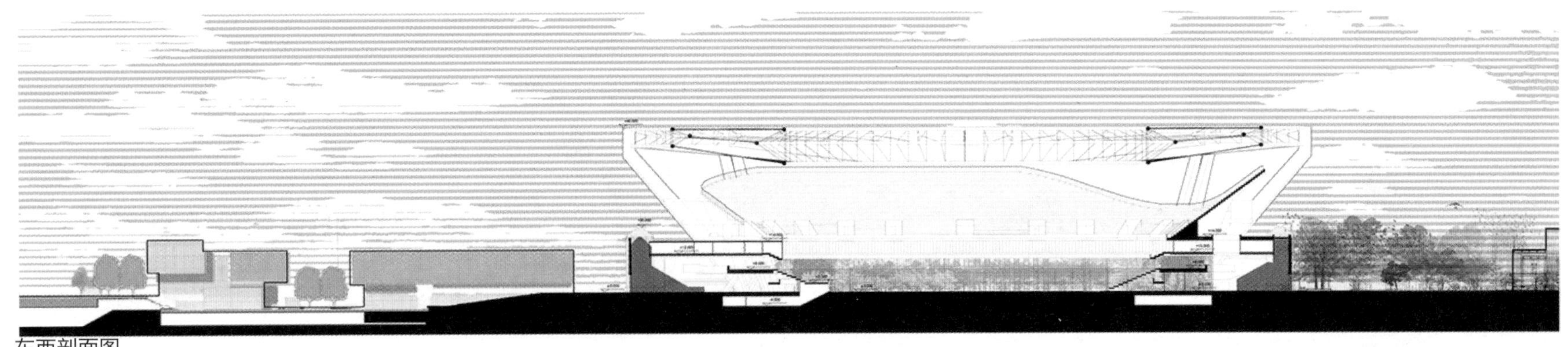
东西剖面图

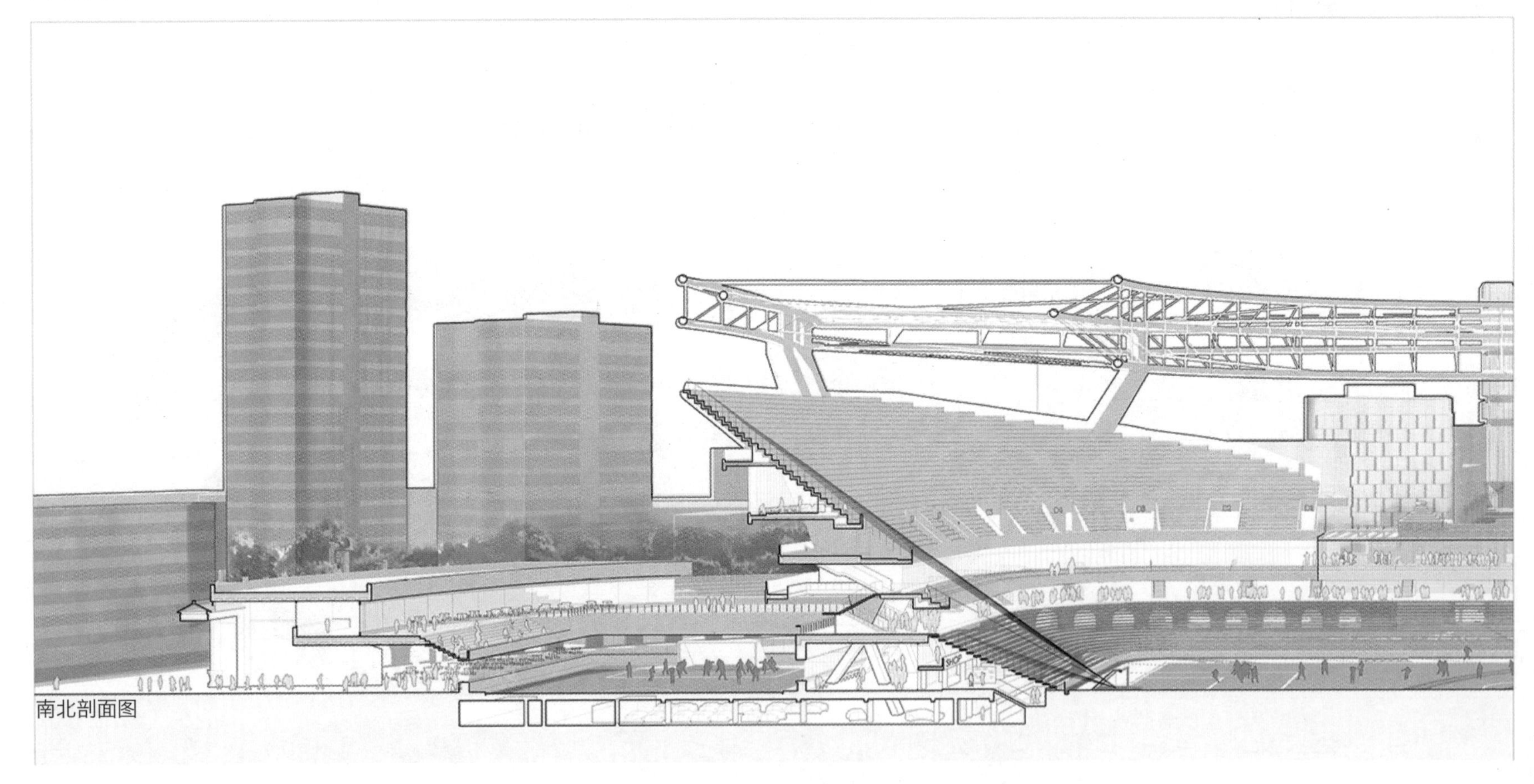
南北剖面图

智商充值站
——校园综合学习中心

参赛人员 曾彦玥
参赛类别 建筑设计
学　　历 本科
所属院校 清华大学
指导教师 范路

效果图

设计说明

本设计从日常体验出发，针对大学学习生活中每个人都可能会面临的“智商欠费”的问题，重点关注和提取了9种典型的空间片段。这些空间片段分别对应“对流”“共鸣”和“重启”三种“智商充值”模式。接着把空间片段演变为9种独立的类型单元。类型单元通过组合形成新的综合学习中心，分布在垂直方向上的三种“充值”模式通过三个贯穿的书塔融为一体。作为一个地景式建筑，学习中心在地面分散，营造出游园式的丰富体验，而三个高塔则具有一种精神引导作用，为希望暂时逃脱繁忙生活的学生提供一个出口。在这个公共充值站式的学习中心里，面临困境的学生能够选择适当的方式，或自由交流，或寻求共鸣，或自我修复，来完成积蓄能量的“充值”过程。

学习中心入口效果图

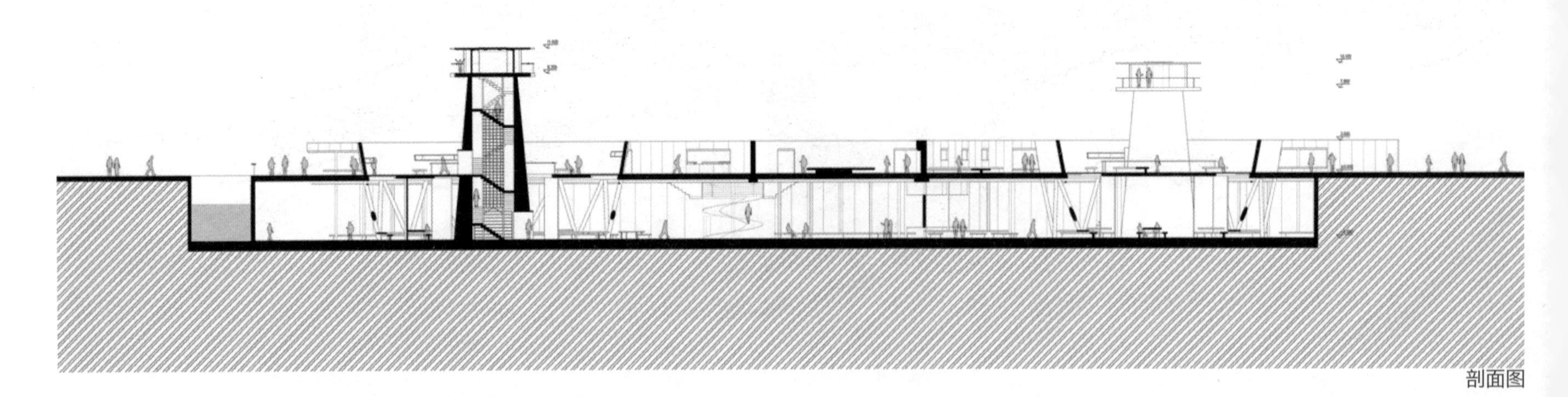

剖面图

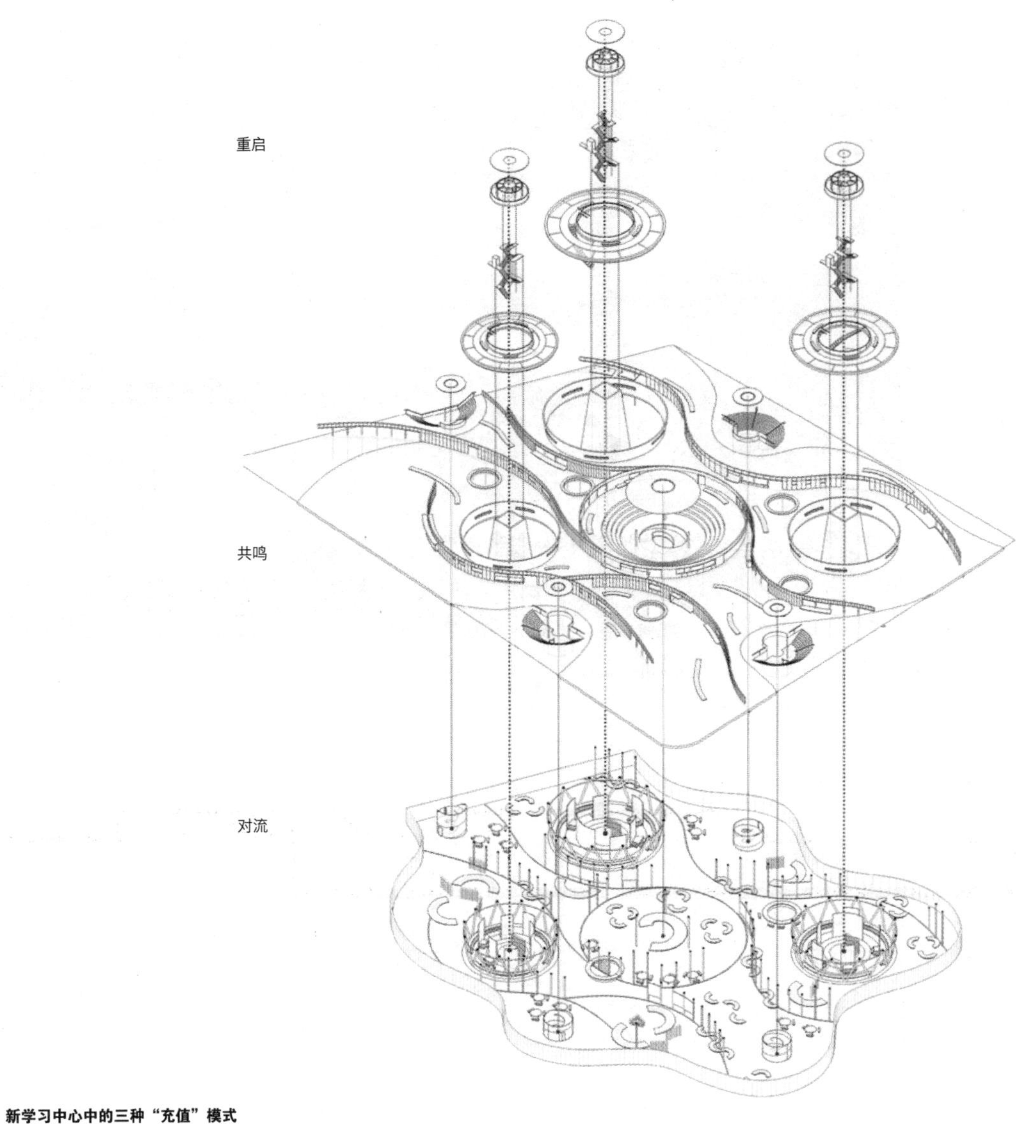

重启充值主要发生在三个塔顶部的环形空间内。在这里人们可以观看日出日落以及欣赏周边景色。

共鸣充值主要发生在地面层（包括塔内部空间）。地面层是一个小公园，人们可以在这里休息享受自然。

对流充值主要发生在地下层，这里有图书室、自习空间、讨论角、展厅和咖啡厅等来满足不同的学习需求。

新学习中心中的三种“充值”模式

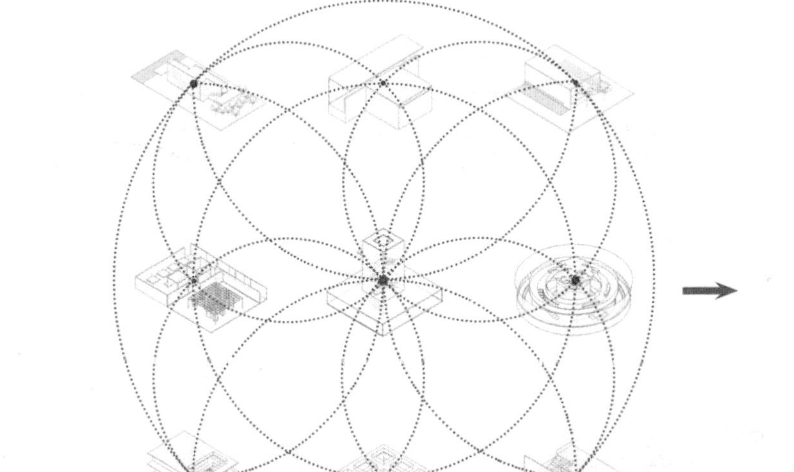

类型单元内在联系研究

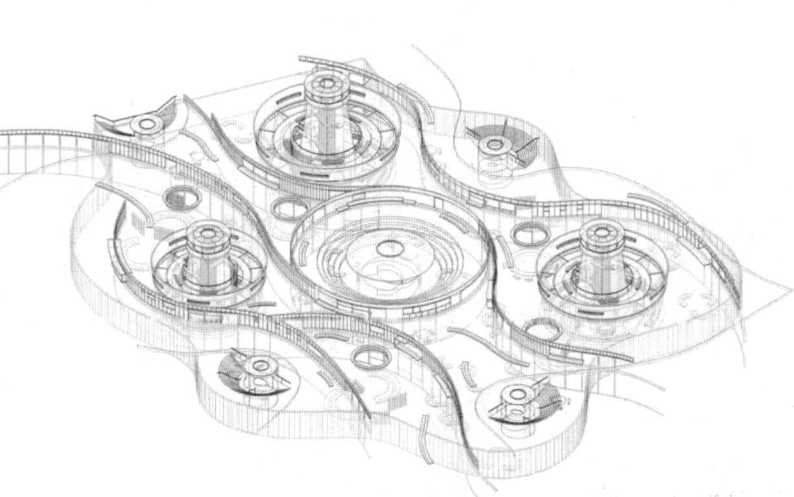

重组后的新学习中心

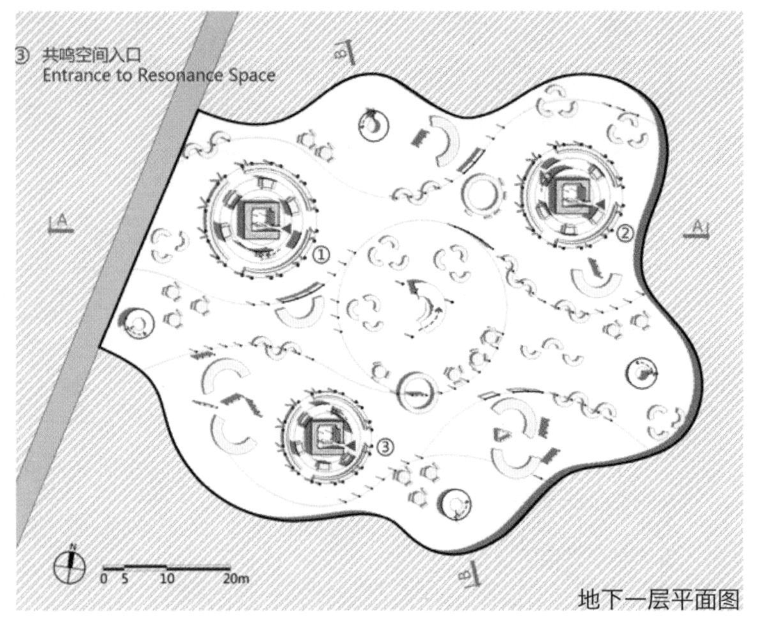

地下一层平面图

地下空间主入口效果图

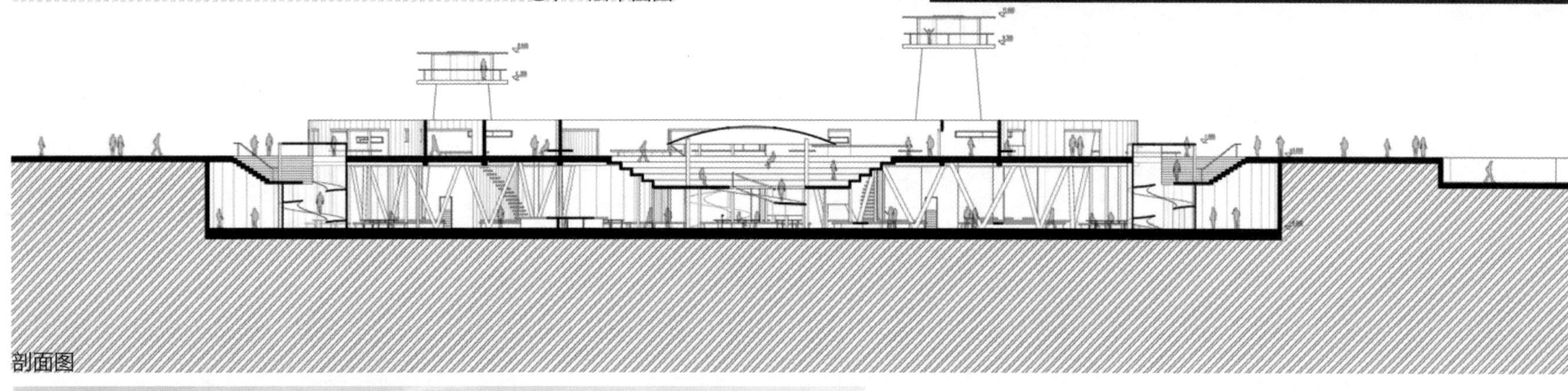
剖面图

新学习中心中的空间场景

河边入口

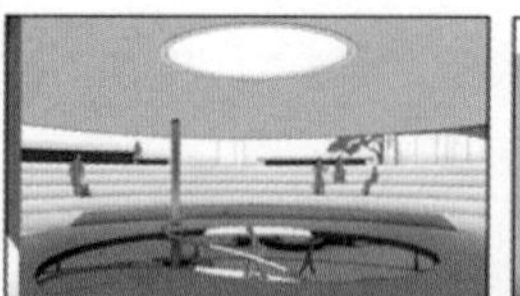
地下空间主入口

冥想角

窥探平台

窥探天窗

书塔

展示空间

咖啡厅

阅读角

社区环境更新设计研究——哈尔滨亚麻厂20世纪50年代职工新村环境景观微更新

参赛人员 张帆 朱传华 苏晓莉 郭聪
参赛类别 景观设计
学　　历 本科
所属院校 大连理工大学
指导教师 都伟 陈岩

效果图

设计说明

该设计方案的景观设计风格定位为现代风格，与原厂地的苏俄风格形成对比。根据所提出的问题，制定出此次社区环境更新设计的目标，提升社区整体氛围，树立基地特色，打造一个集娱乐、休闲等多种功能于一体的共享空间。设计主要是以共享理念下的社区更新为主线，选用基地特有的亚麻文化特色作为设计的切入点，通过社区建筑改造、景观提升以及室内更新来达到社区共建的目的。遵循“整旧如旧”的原则，在社区更新设计中提高空间利用率。各小景、铺装、照明、廊架、种植等相互交叉融合，营造出一种丰富的体验感受，反映出一个具有丰富地域特色的景观。

效果图

地下入口剖视图

效果图

蔓延的斑块
——多维度视角下的广州南沙区自愈景观模式研究

参赛人员 谢榕榕 吴晓桐 张玉冰

参赛类别 景观设计

学　　历 本科

所属院校 广东工业大学

指导教师 芮光晔

自愈生态分析图

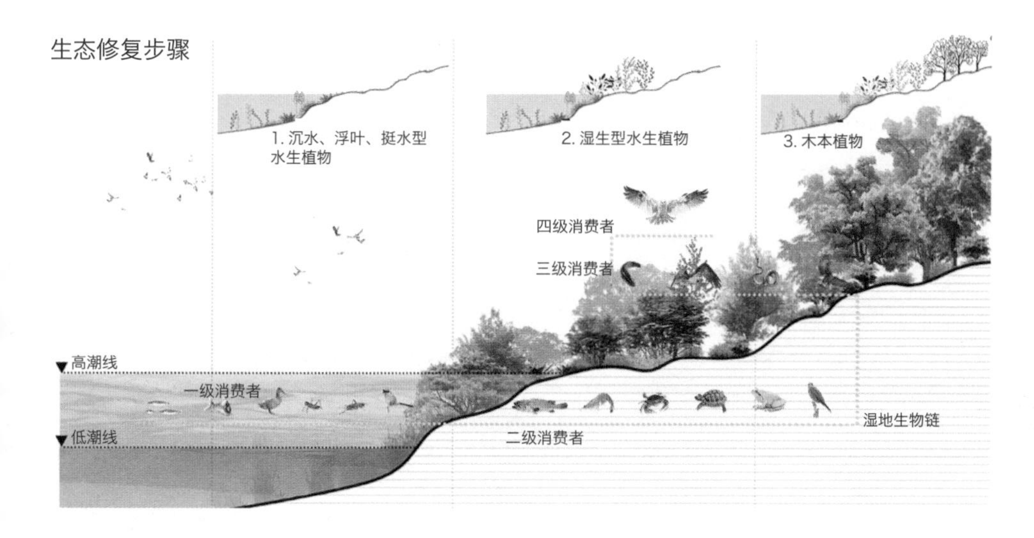

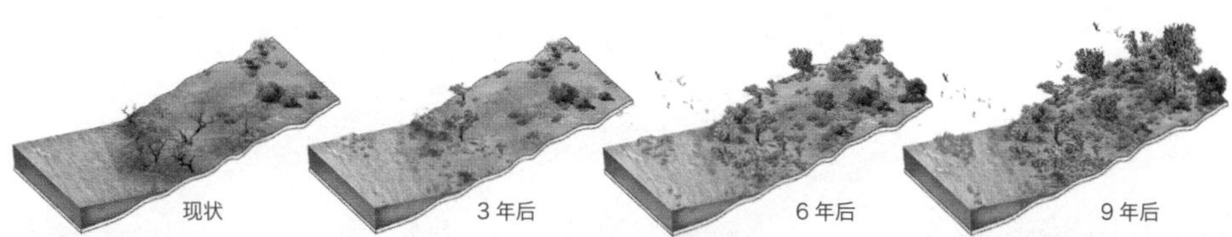

设计说明

广州南沙区位于珠江入海口，目前是一条高度混凝土化、渠道化的天然河流，由于工业化进程等多种原因，水质受到污染且生物多样性遭到破坏。本研究设计旨在通过规划和景观设计策略构建一个边缘自愈生态系统，提出宏观设计目标——净化水质并恢复整个珠江口流域天然的生态环境，以及微观设计目标——完成去除总氮、总磷、氨氮总量等污染物的量化指标，使水质达到国家Ⅲ类水质标准。为实现上述目标，通过将大虎岛作为实验母体，从五个景观策略模块中模拟弹性景观的自愈能力，并以此作为子系统。同时将南沙区分散的湿地景观划分为三个等级，从点到面，重构一个新的景观体系，从而解决城市扩张所引发的一系列问题。从单纯的消耗景观转变为一个有效的组织景观，形成一个自我恢复和适应未来发展的景观系统。

总平面图

效果图

科尔马溪流公园

参赛人员 阙逸滨
参赛类别 景观设计
学　　历 本科
所属院校 旧金山艺术大学
指导教师 Jeff Mc Lane

鸟瞰图

设计说明

本方案在防洪要求的基础上，恢复自然河道的同时设立额外的弹性空间以面对更加严峻的气候变化。通过恢复生态系统和建立栖息地增加生物多样性，设立污水净化系统提高水质量。基于场地周边的联系，设置开放空间并连接周围社区和自行车道系统。最终实现弹性景观的目标。

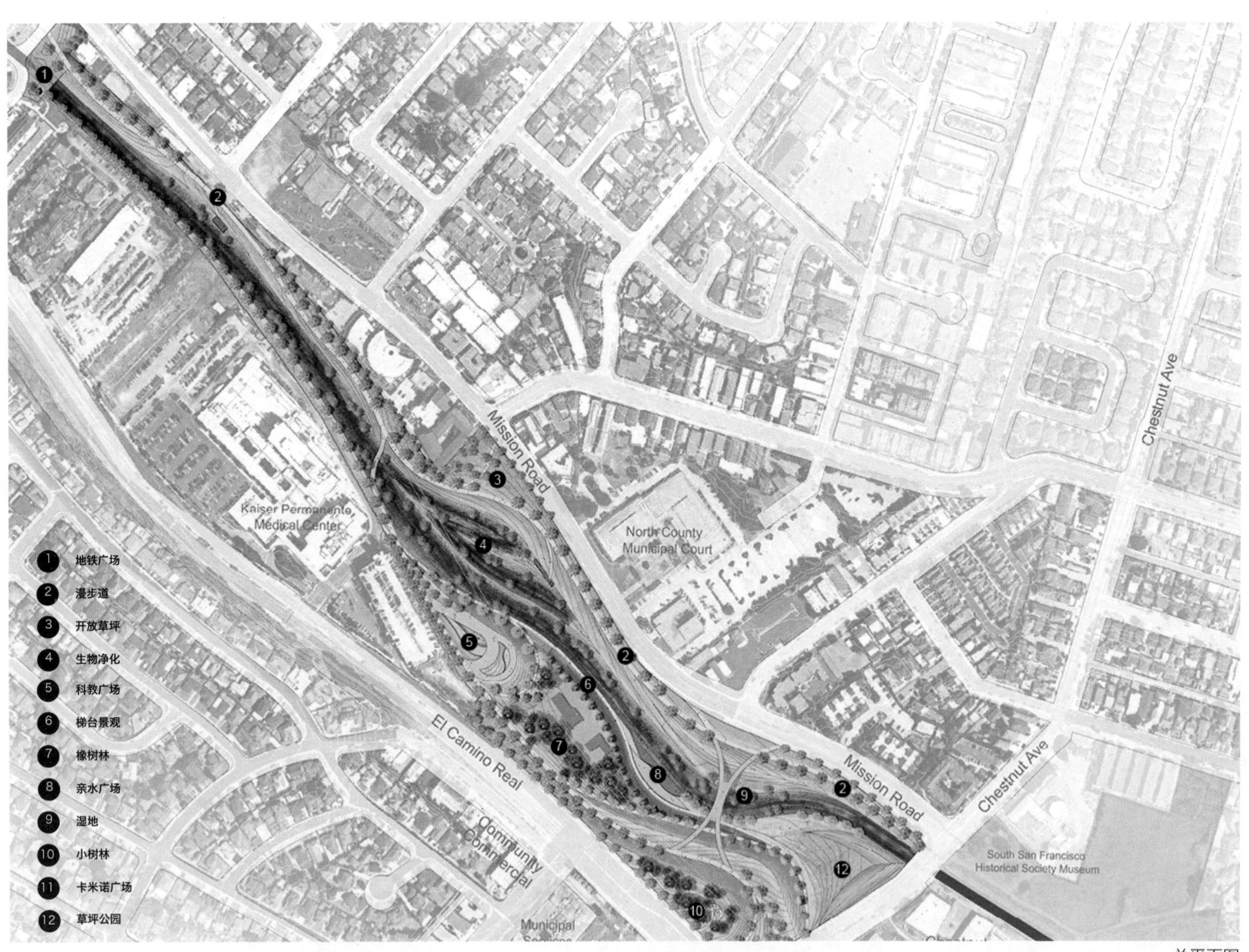

总平面图

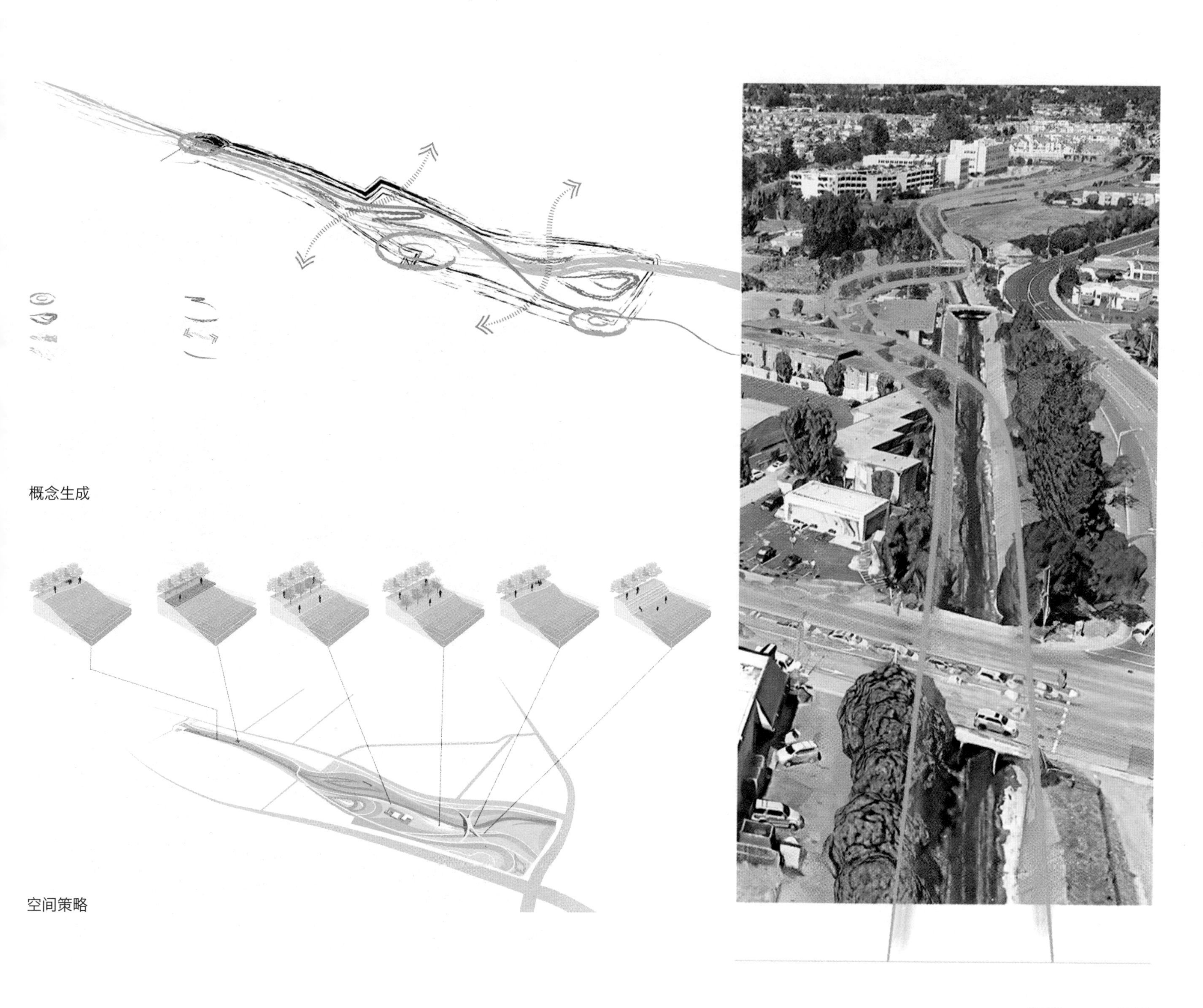

概念生成

空间策略

海绵城市雨水管理

站在城市雨水管理的角度，为达到低影响发展和可持续发展的要求。在水进入场地之前，设计中考虑在道路场地周边的可利用空间设立可渗透铺装，如雨水花园或者生物沼泽地。这一行为同时也可以减缓洪涝灾害的发生。

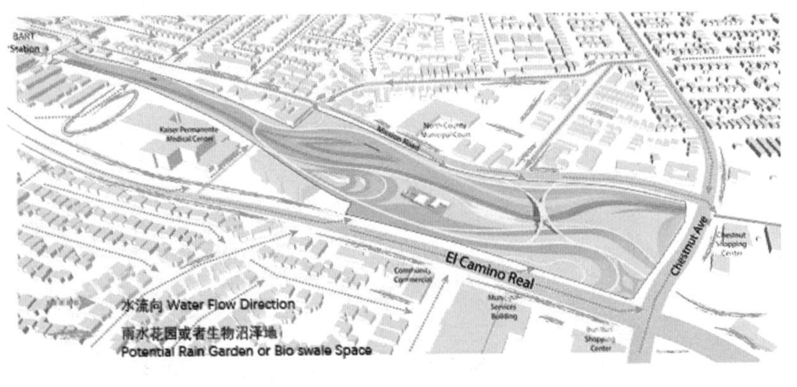

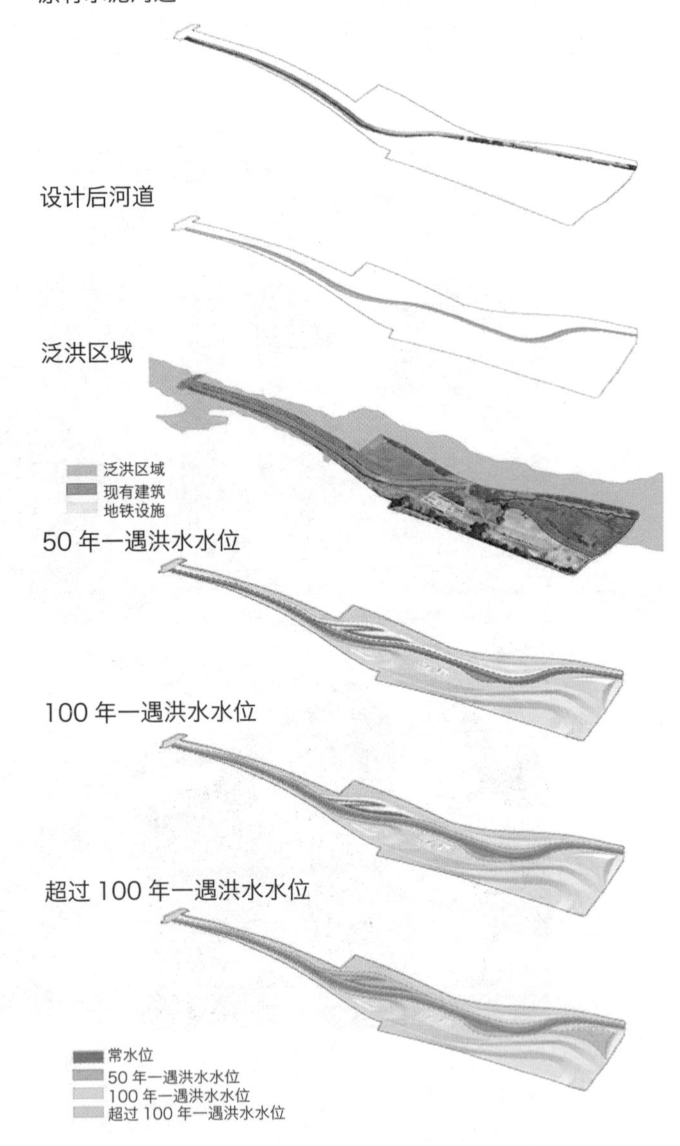

场地雨水管理

场地内雨水管理：在水进到场地，并未进入到溪流之前，通过雨水花园和生物沼泽地使水自然渗透进地表并净化部分污水。

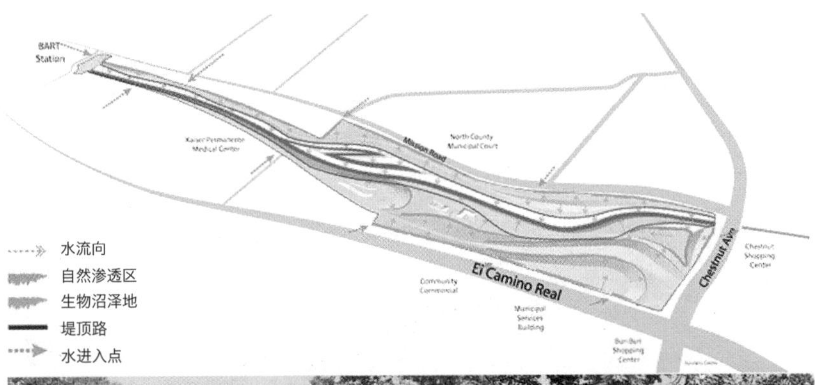

效果图

方土异同
——石柱县土家族自治县公共空间改造设计

参赛人员 庄巧琦
参赛类别 景观设计
学　　历 本科
所属院校 四川美术学院
指导教师 赵宇

设计说明

场地为聚落式小村庄，居住人口较少，且地形变化较大，场地内对于公共空间的利用十分杂乱浪费。公共空间和道路的合理设计，可便于人们出行并便于人们交流，和开展一些娱乐活动。本方案充分利用公共空间进行丰富的活动，保护和发扬土家族的传统文化，利用独特的土家族传统文化和得天独厚的自然景观吸引游客，从而促进旅游业发展。

总平面图

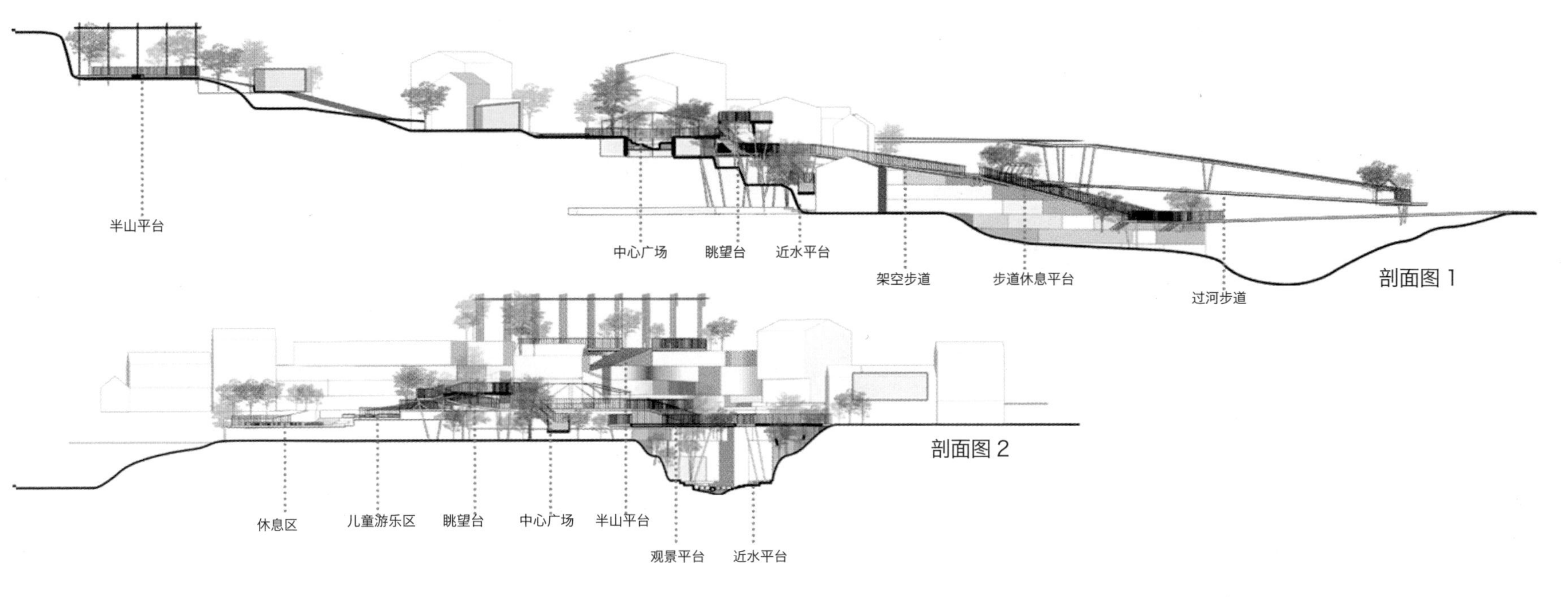
半山平台
中心广场
眺望台
近水平台
架空步道
步道休息平台
过河步道
剖面图 1
剖面图 2
休息区
儿童游乐区
眺望台
中心广场
半山平台
观景平台
近水平台

藤蔓植物
木质花架
坡道
栏杆
效果图

石园『熵』观念下的乡村异托邦

参赛人员 杨锋

参赛类别 景观设计

学　　历 本科

所属院校 四川美术学院

指导教师 刘涛

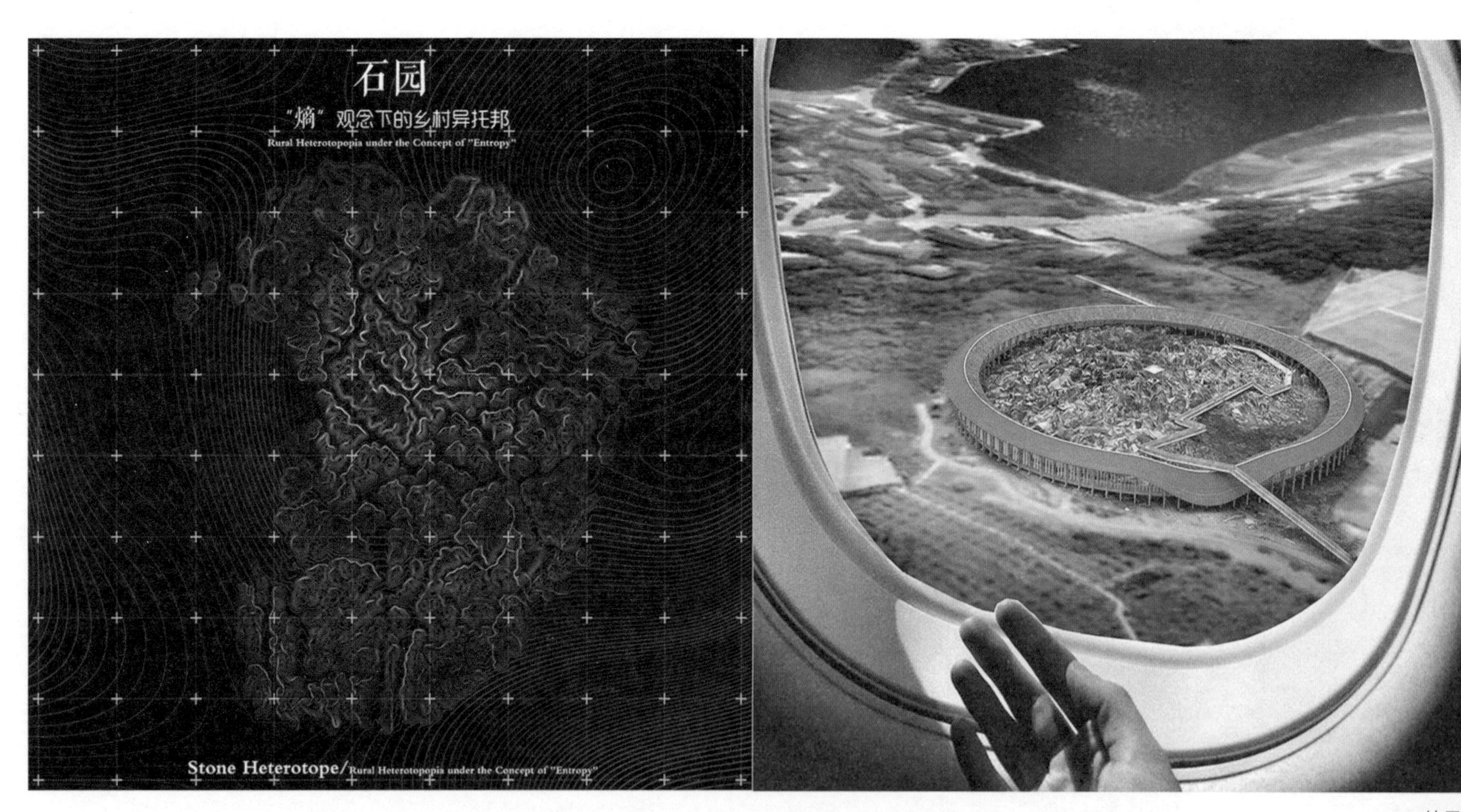

效果图

设计说明

“熵”是一种普适性的观念，意义不仅限于物理范围，熵观念下的乡村异托邦更多地想传达对自然溯源的观念，在这个异托邦中有荒诞、有矛盾、有断裂，更多的是曙光、能量和希望，一切正面与反面的都共时性地存在于自然秩序之中。我希望在超出“美丽乡村”语境范围的叙事中，通过石园这个小小的世界来思考乡村的过去、现在和未来，寻找“美丽乡村”建设的负熵涌流。

效果图

东立面图

西立面图

南立面图

北立面图

九渡口正街空间重塑

参赛人员 文雪 黄鑫郡
参赛类别 景观设计
学　　历 本科
所属院校 四川美术学院
指导教师 郭晏麟 魏婷 熊洁

鸟瞰图

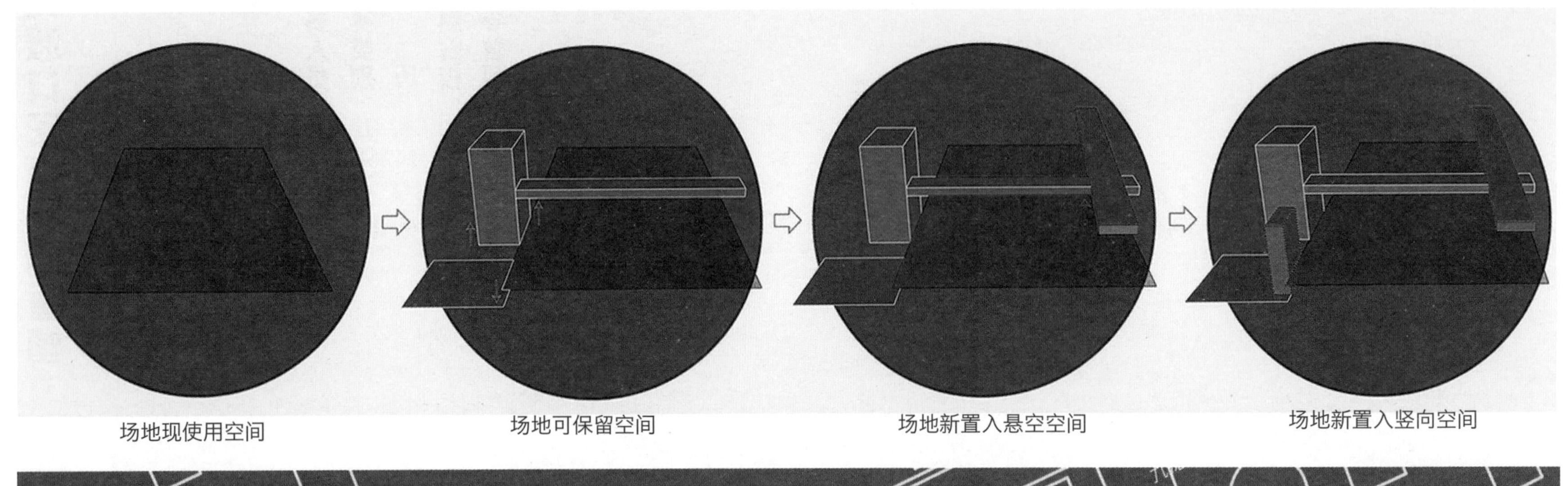

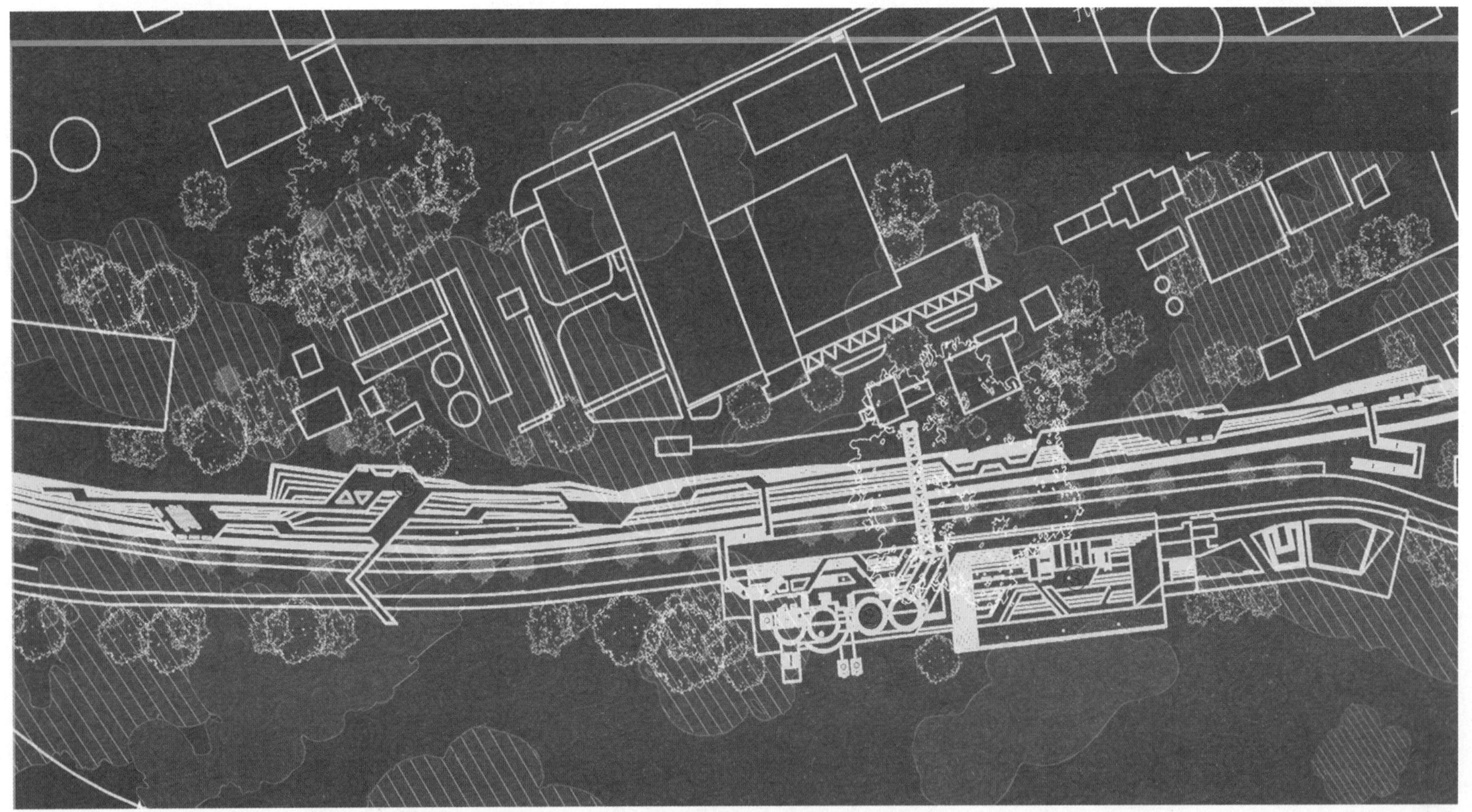

设计说明

此次设计通过对原场地要素的提取，保留基地的肌理特色，打造多种不同空间景观节点，主要的设计意图是焕发九度口正街的活力，打造不同空间尺度的场景，充分利用电厂与江景的壮观尺度使其为观景、聚会和艺术活动提供场地，它将为浏览者提供热情友好的公共空间。

效果图

效果图

古宿云夕
——新民村功能整合与景观营造

参赛人员 王星隆 范松 陈少雄 张艳
参赛类别 景观设计
学　　历 本科
所属院校 西安工程大学
指导教师 王昭 段炼孺

鸟瞰图

设计说明

从对新民村的调查来看，位于铁厂镇的新民村作为陕南地区的传统古村落，对古民居的保护是比较完整的。由于古村落生活条件落后，致使居住在古村落的人非常少；又由于古村落内部传统古建筑缺乏适当的保护，大多数古建筑正处于濒临倒塌的状态。因此对传统村落的保护利用是我们急需解决的课题。从本次调查新民村的三座古民居来看，现存的民居院具有较好的建筑价值和艺术价值，考虑到现有的状态，应对不同形式的古民居采取相应的保护利用措施。实施可行的、科学合理的保护方法才是探索古民居保护的可行之路，也是延续古村落文化的可行之道。

总体效果图

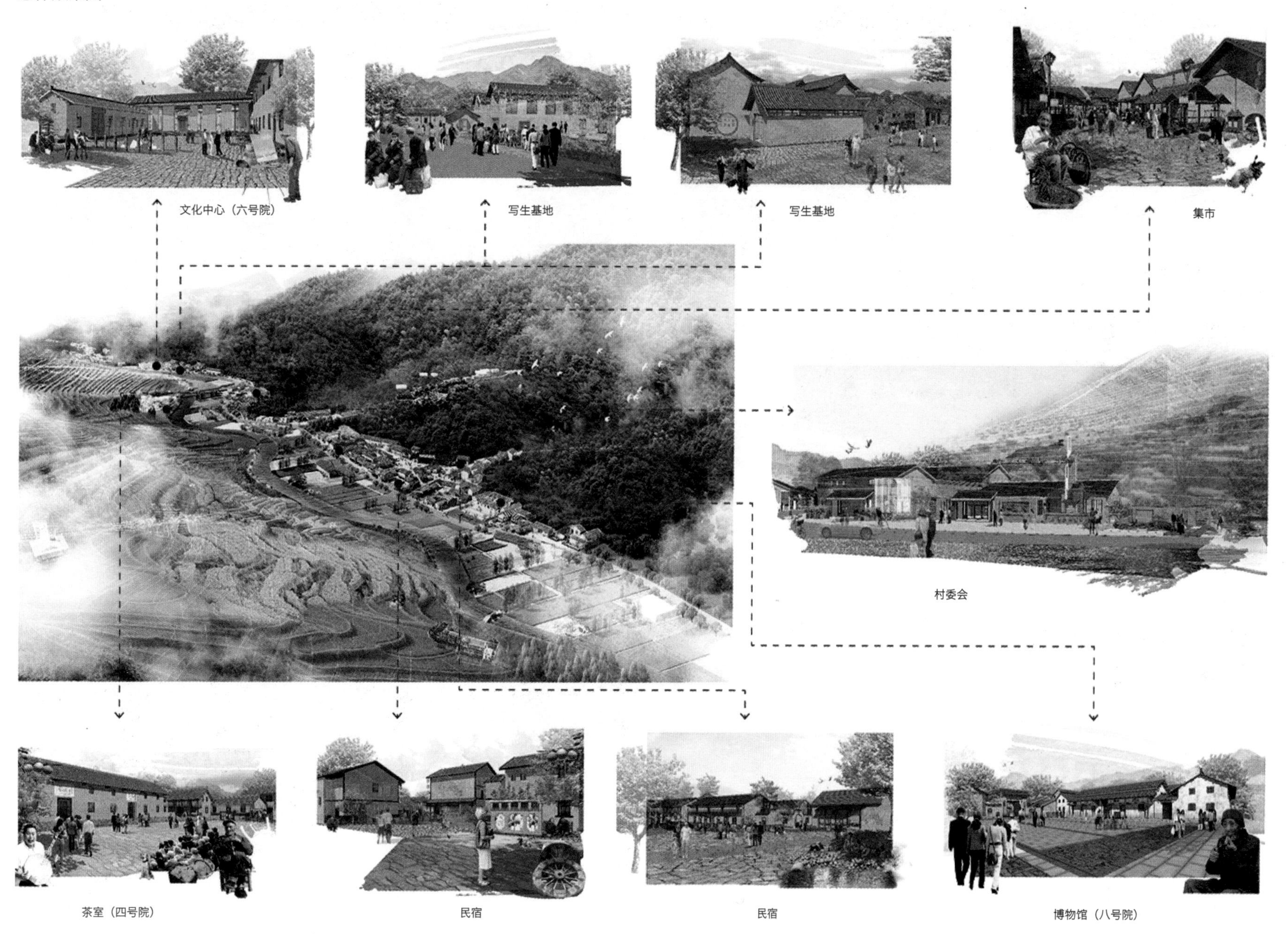

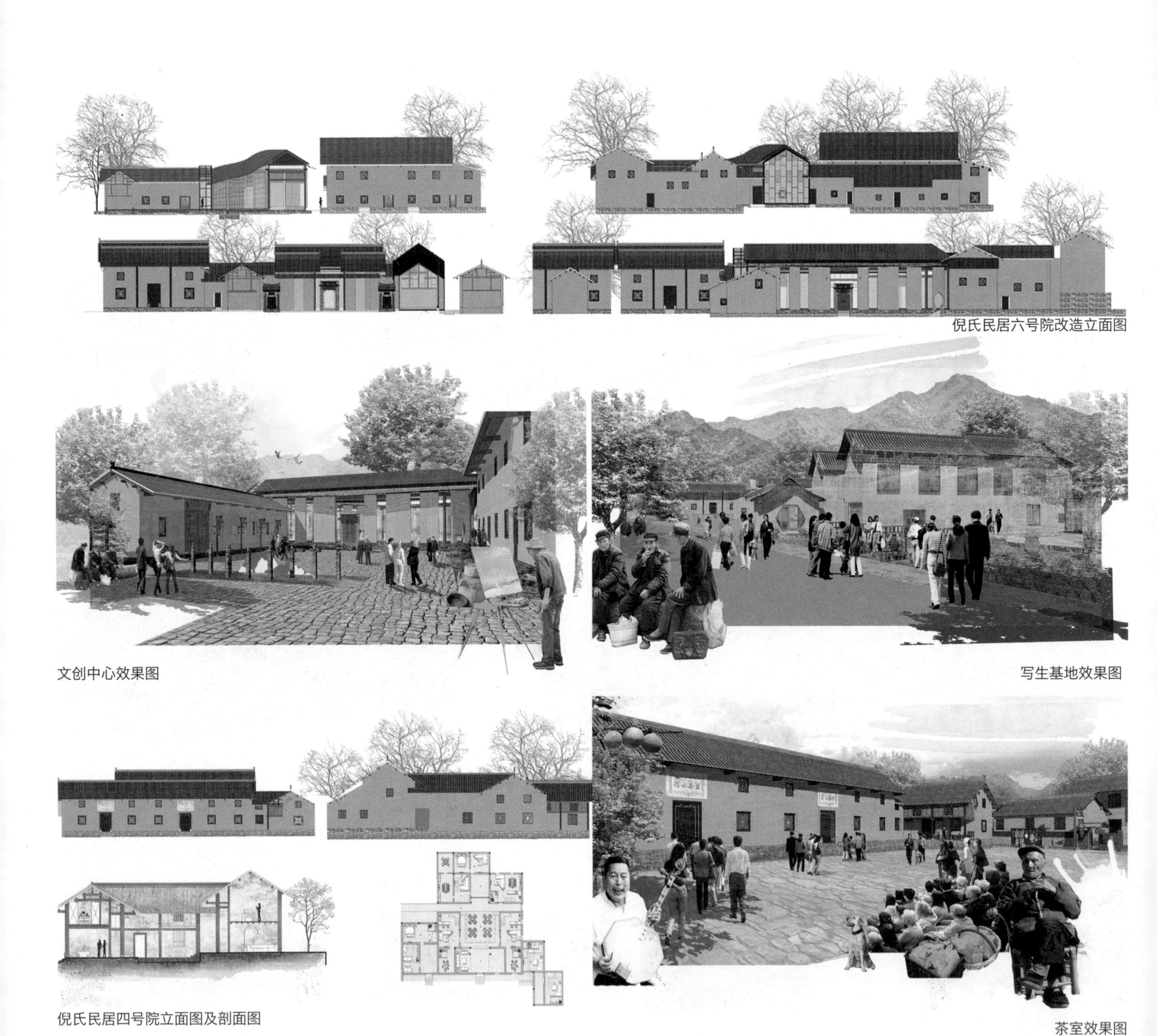

倪氏民居六号院改造立面图

文创中心效果图

写生基地效果图

倪氏民居四号院立面图及剖面图

茶室效果图

倪氏民居八号院外部效果图

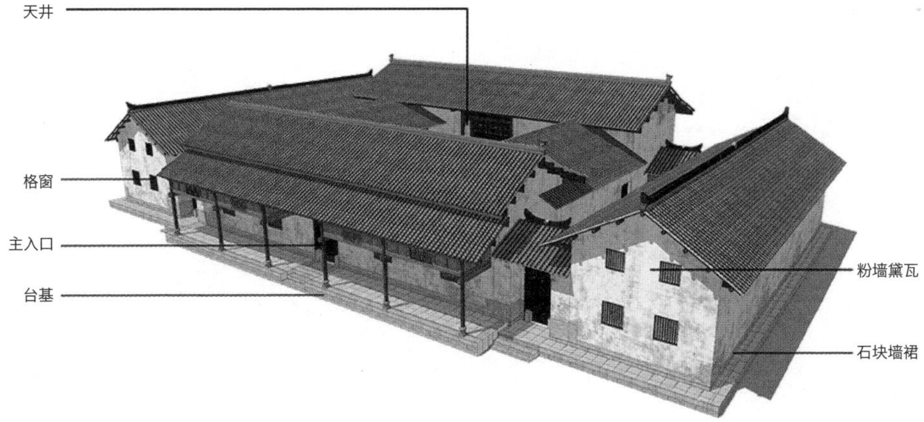

天井
格窗
主入口
台基
粉墙黛瓦
石块墙裙

倪氏民居八号院建筑分层图

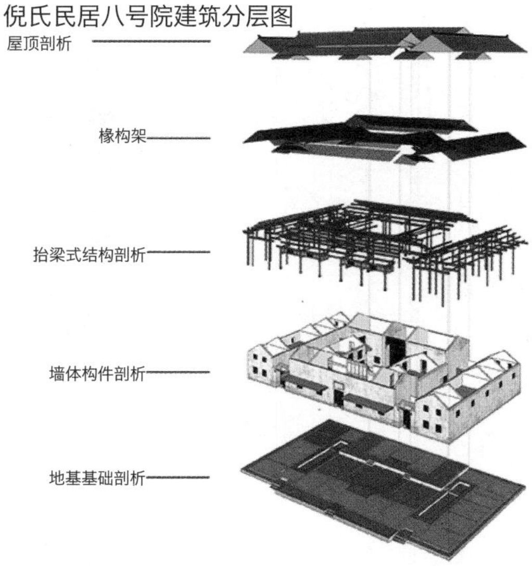

屋顶剖析
椽构架
抬梁式结构剖析
墙体构件剖析
地基基础剖析

倪氏民居八号院平面图

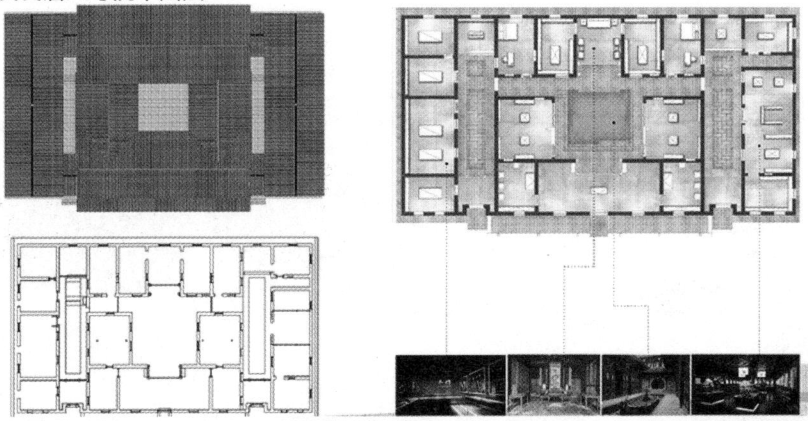

倪氏民居建筑流线分析

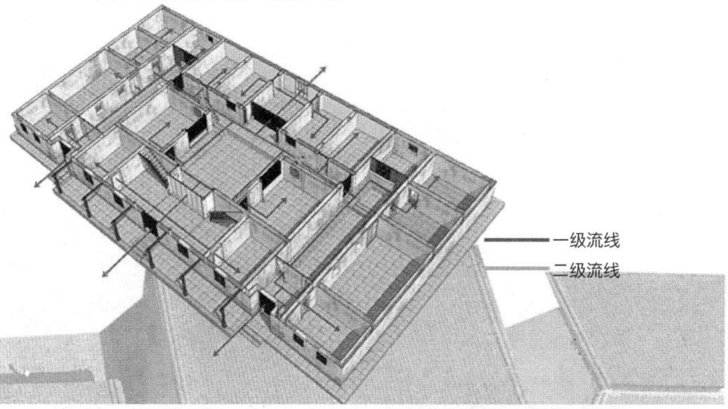

一级流线
二级流线

博物馆效果图

有余 游鱼 有愉
——湖北大余湾历史文化名村景观规划设计

参赛人员 丁春颖 安雪文

参赛类别 景观设计

学　　历 本科

所属院校 烟台大学

指导教师 王骏 李理 曲琳平

设计说明

台地空间是大余湾建筑中极具特色的一种空间形式——台地空间。由于大余湾建筑整体建在山坡上，形成了大量的台地空间。本方案将台地空间应加以利用，如装饰以植物和陶瓷制品，同时利用村庄内现存的生产工具石磨、石槽和编织篮等，形成契合大余湾整体风貌的小空间，增加游憩性，与整体风格相呼应。

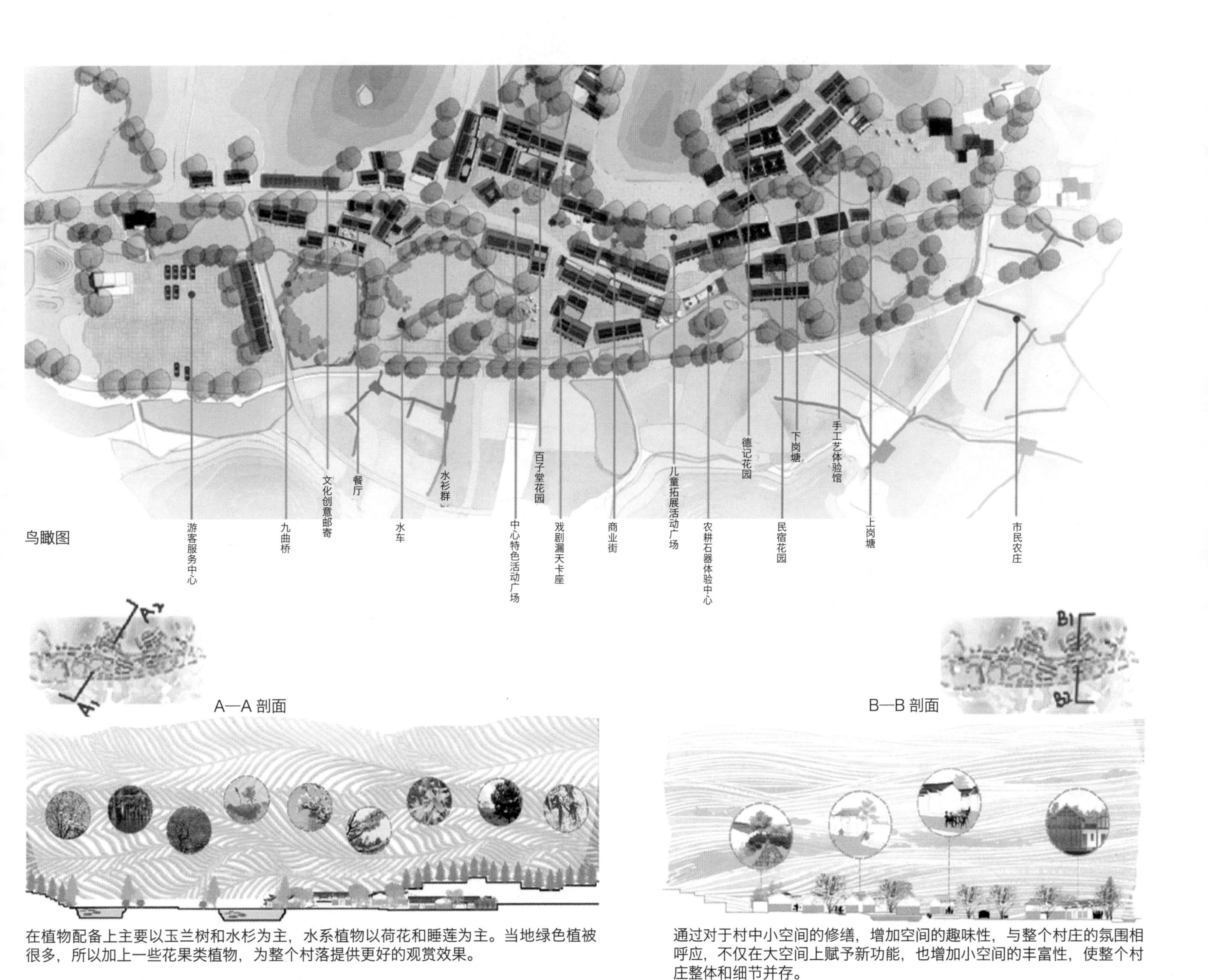

鸟瞰图

A—A 剖面

B—B 剖面

在植物配备上主要以玉兰树和水杉为主，水系植物以荷花和睡莲为主。当地绿色植被很多，所以加上一些花果类植物，为整个村落提供更好的观赏效果。

通过对于村中小空间的修缮，增加空间的趣味性，与整个村庄的氛围相呼应，不仅在大空间上赋予新功能，也增加小空间的丰富性，使整个村庄整体和细节并存。

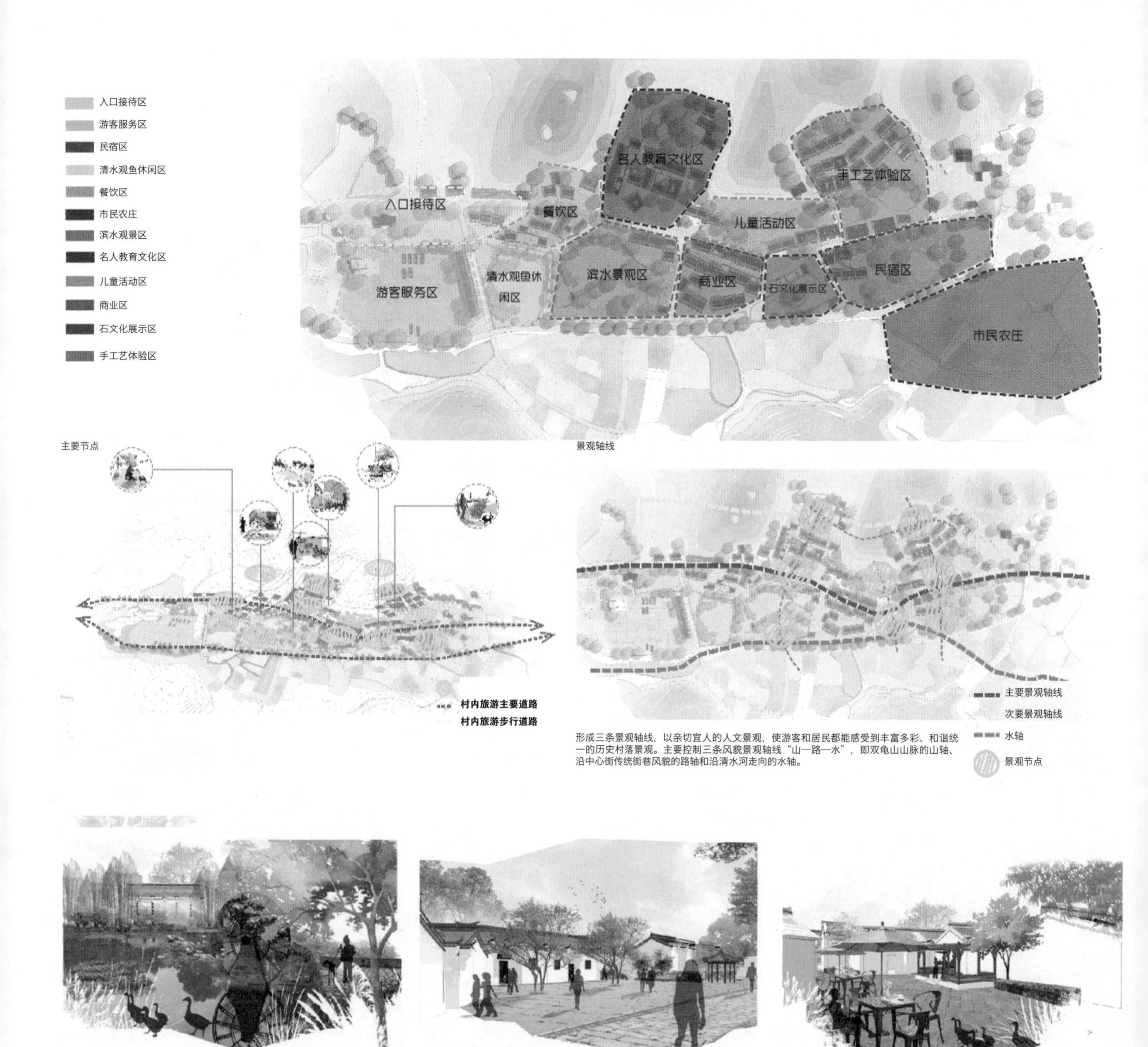

形成三条景观轴线，以亲切宜人的人文景观，使游客和居民都能感受到丰富多彩、和谐统一的历史村落景观。主要控制三条风貌景观轴线“山—路—水”，即双龟山山脉的山轴、沿中心街传统街巷风貌的路轴和沿清水河走向的水轴。

菜场复兴
——小菜场建筑更新设计

参赛人员 陈雨佳 李芳芳 赵宁琪
参赛类别 室内设计
学　　历 本科
所属院校 天津大学
指导教师 赵伟

艺术长廊效果图

设计说明

近年来，传统菜市场的转型和提升受到越来越多的关注，本次改造设计希望在保证菜市场中老年人正常活动人数的前提下引入年轻元素，吸引更多青年人使用，并确保拥有在特殊时段同时接纳老年人、青年人及儿童的能力，打破原有单调的空间结构，在动态中创造出具有前瞻性的菜市场生活模式。

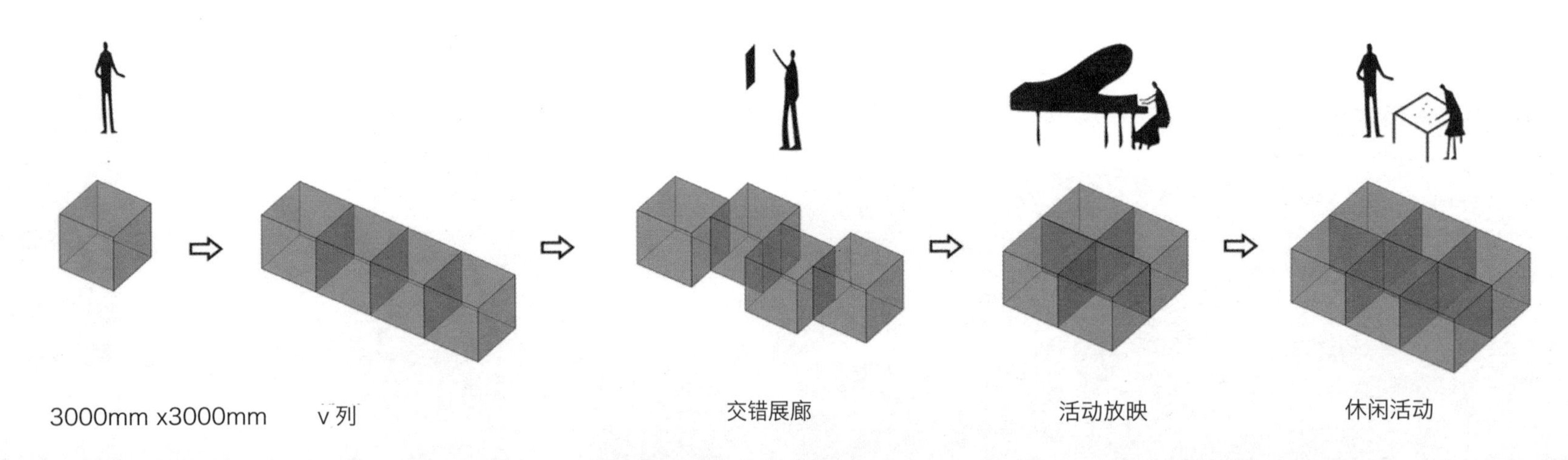

效果图

方案剖面图

家竹风

参赛人员 欧幸军 张松涛 赵白鸳 谢国顺
参赛类别 室内设计
学　历 本科
所属院校 南华大学
指导教师 滕娇 唐果

效果图

设计说明

家竹风源于设计者关注到我国的家风文化正日趋淡化、优秀传统文化被忽视等问题。本方案将家风与竹文化结合起来，在简洁质朴的空间里，通过竹元素在居住模式中的演绎，展现居室空间朴素、低调、与世无争的恬淡文化气质，营造出充满人文意境的竹居。竹作为中国古代诗人的创作元素，以及最为贴近生活的一种植物，体现出他们对生活和居住环境的品位。诗人寻诗作乐，对自然生活充满向往和追求。设计以人与自然共存的亲密授触为设计主题，定位于四川眉山岷江上，提取眉山"三分祠、三分水，二分竹"以及由传统到现代的空间布局形式来作为设计的主体。营造一种优雅、自然放松的居住环境。

效果图

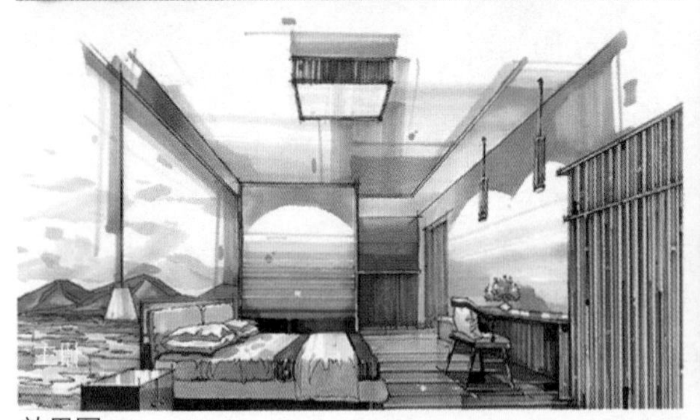

效果图

简·意

参赛人员 徐聪聪
参赛类别 室内设计
学　　历 本科
所属院校 中国矿业大学
指导教师 朱小军

效果图

设计说明

整个餐厅为新中式风格，餐厅设计灵感来自李可染的山水画作品，同时采用了中国传统折纸艺术的元素，将其巧妙运用到餐厅室内设计中。整个餐厅设计根据不同的用餐人数和对环境的需求，设置了私密的包间、开敞的四人就餐区、私密的两人就餐区，以及半开放的多人就餐区。在空间的材质选择上也选择了使人感到舒服的软性材质，整个就餐环境是温馨的，给人以家的感觉。

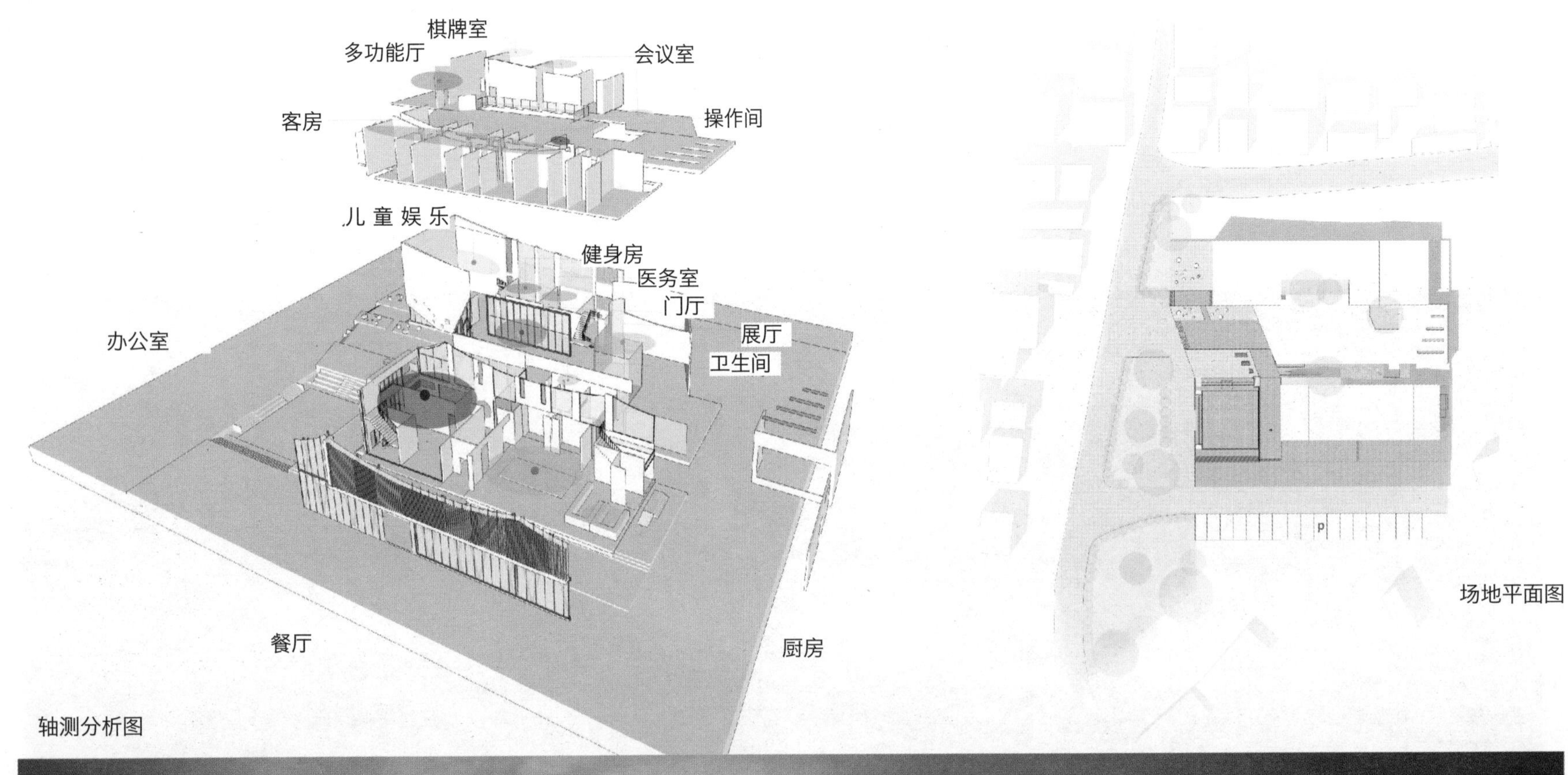

轴测分析图

场地平面图

效果图

几净——衡州窑陶瓷展示空间设计

参赛人员 黄雨婷
参赛类别 室内设计
学　　历 本科
所属院校 南华大学
指导教师 滕娇　唐果

侧面图

设计说明

建筑空间的设计借鉴于烧窑的窑口，窑口多半是埋在地下，为了遵循衡州窑本身窑口的形态特点，将衡州窑商业展示空间的建筑大半被覆盖在土地之下，只有部分是露在地表之上，建筑有一个大斜坡屋顶，屋顶平台上面是草坪，延伸至周围的一片草地，这让建筑从顶上看过来便像是消隐在了绿色的植被当中。

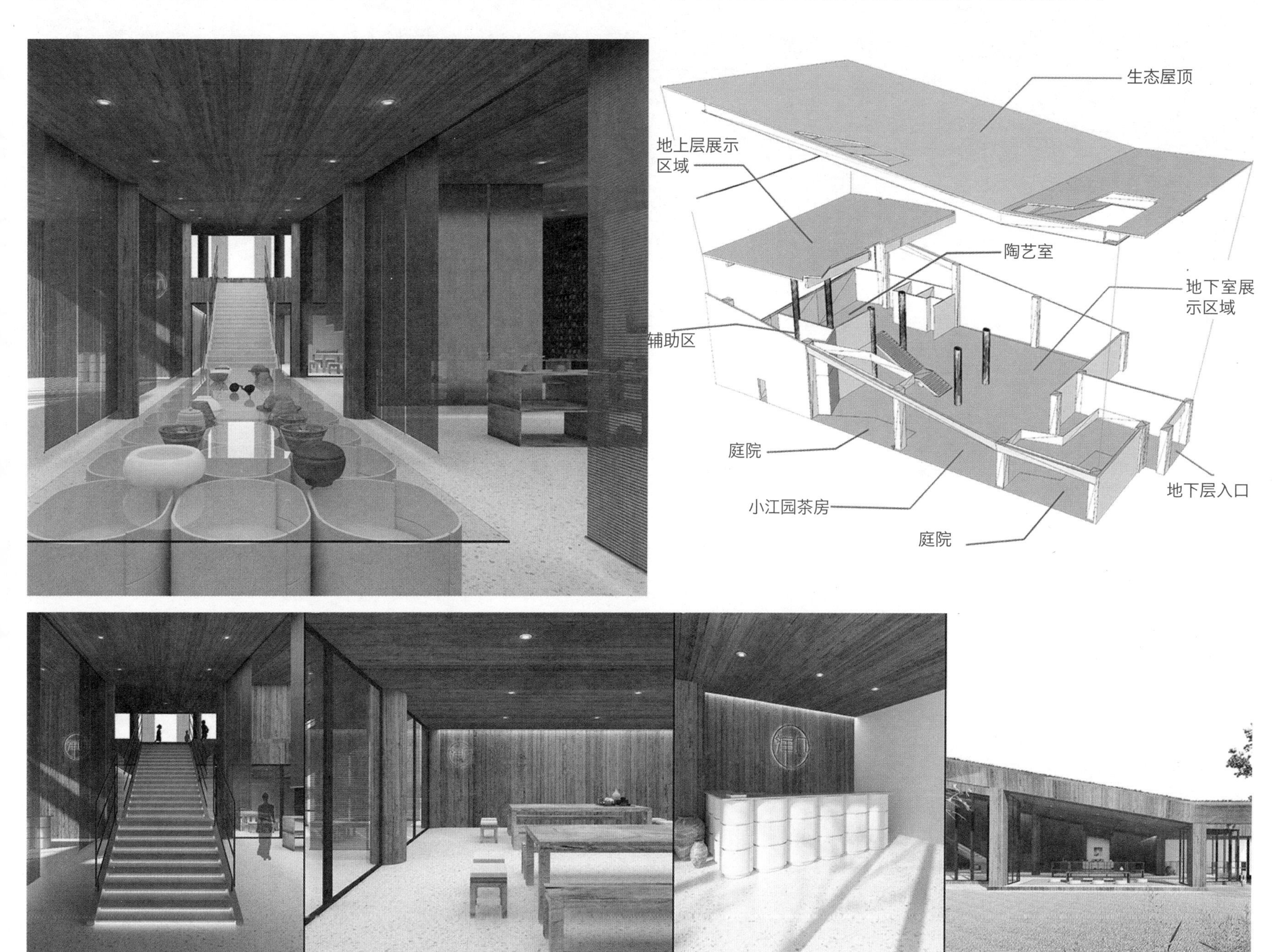

效果图

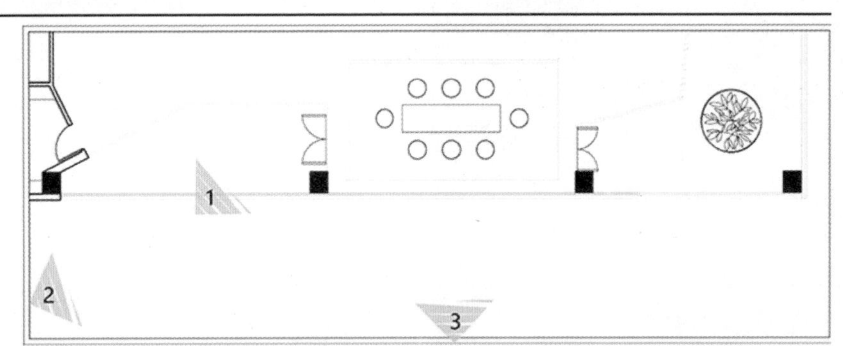

效果图

指尖流光
——织物展览馆概念设计

参赛人员 庄科举 王鑫泉 朱家彬 叶乔娜 董文
参赛类别 室内设计
学　　历 本科
所属院校 长春理工大学
指导教师 梁旭方 包敏辰 肖宏宇

效果图

设计说明

项目理念是以光与空间为切入口，展览形式、空间布局以及天花地面的形式都以光与建筑的亲密关系来诠释中央展示区的设计。桑田小屋、顶部的透光方盒、吊顶以及包括放映展览区的突出玻璃，都无不诠释着整个光与空间的关系。

效果图

创意分析

顶棚天花

框架

空间布局

平面图

北立面图

西立面图

剖面图

大理素食餐厅室内设计

参赛人员 李琳玉 张娇娇
参赛类别 室内设计
学　　历 本科
所属院校 昆明理工大学
指导教师 李晶源

效果图

设计说明

综合案例分析，形式与文化相结合将会使素食餐厅室内设计达到更高的层次。在功能方面：室内设计的重点是其功能性要得到满足，在确保功能实用性的情况下进行设计。当然，功能划分的合理性也是非常重要的，所以，在设计餐厅、通道、用餐区等区域时，必须满足空间的流畅性和每个功能区域划分的合理性。这样的规划可以最大限度地满足空间的功能需求，在满足功能需求的同时，也给消费者带来轻松愉快的空间体验。在审美方面，素食餐厅的设计需要满足消费者群体的审美需求，为了达到美学要求，将空间形态、设计元素、家具、材料和色彩综合起来。素食室内设计空间更多地关注“轻装修重装饰”。一般而言，素食室内空间设计装饰简约与新颖。在地域文化方面，素食餐饮消费者在享受健康食品和餐厅环境上都有着一定的需求，这种需求也反映在他们对生活意义和地域文化特征的追求。当然，素食文化需要在空间设计中展现出来的是让餐厅里的人们在心理上产生情感认同和归属感，只有这样才能实现物质和精神的完美结合。

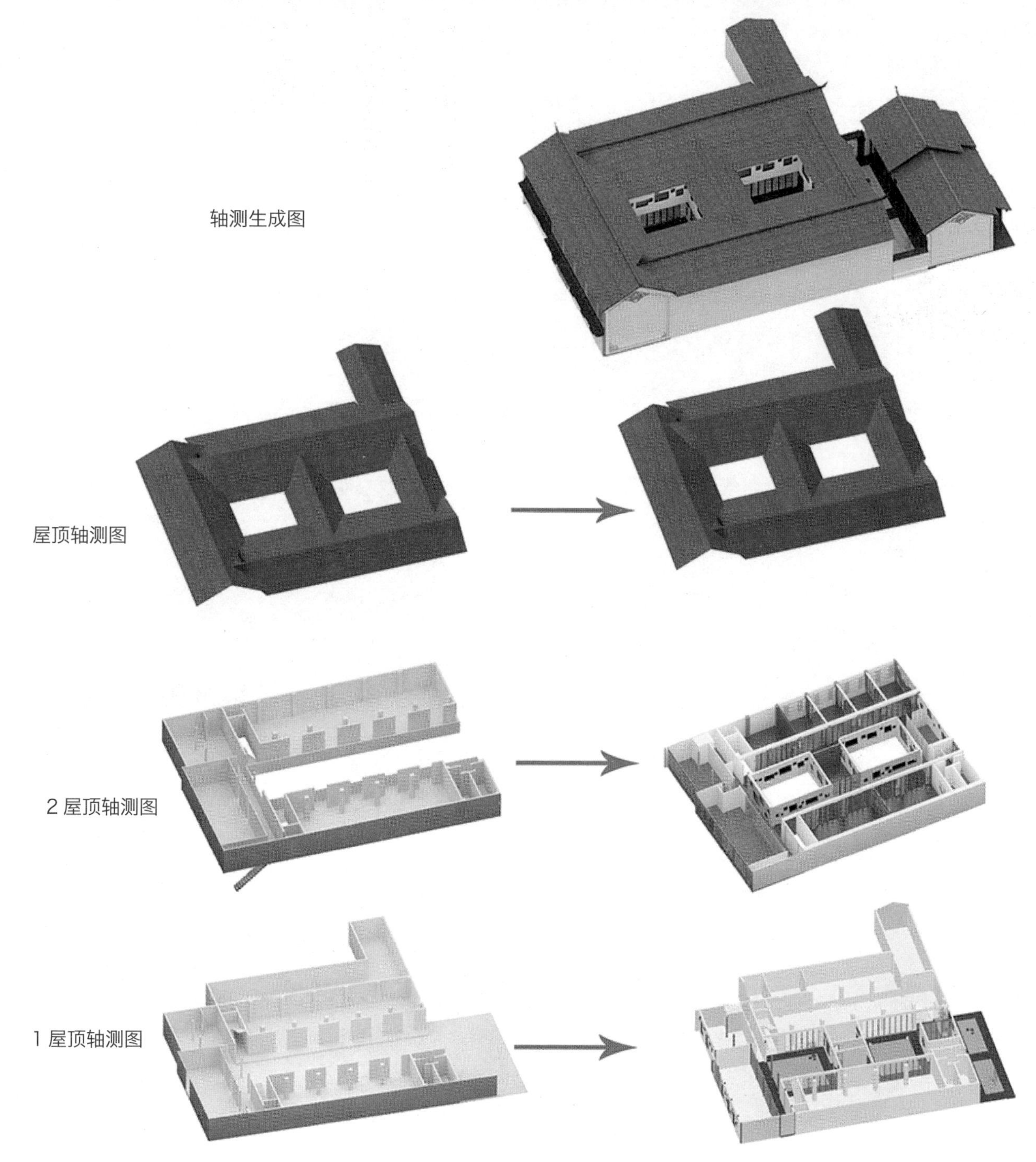

效果图

效果图

凝老·铸新
——古建空间的生长与衍生

参赛人员 张晋鲁 杨楚楚

参赛类别 室内设计

学　　历 本科

所属院校 南京艺术学院

指导教师 卫东风

设计说明

在现代城市化浪潮的冲击下，古建改造成为了一个不可回避的现实问题。为了满足原住民对现代功能和文化生活的需求，制订了平遥民居古建筑更新计划。希望从古建本源“人”的角度出发，用片段式的改造和建设来改变这个古老的城镇，从而为老城游客乃至老城居民的生活注入新的活力。

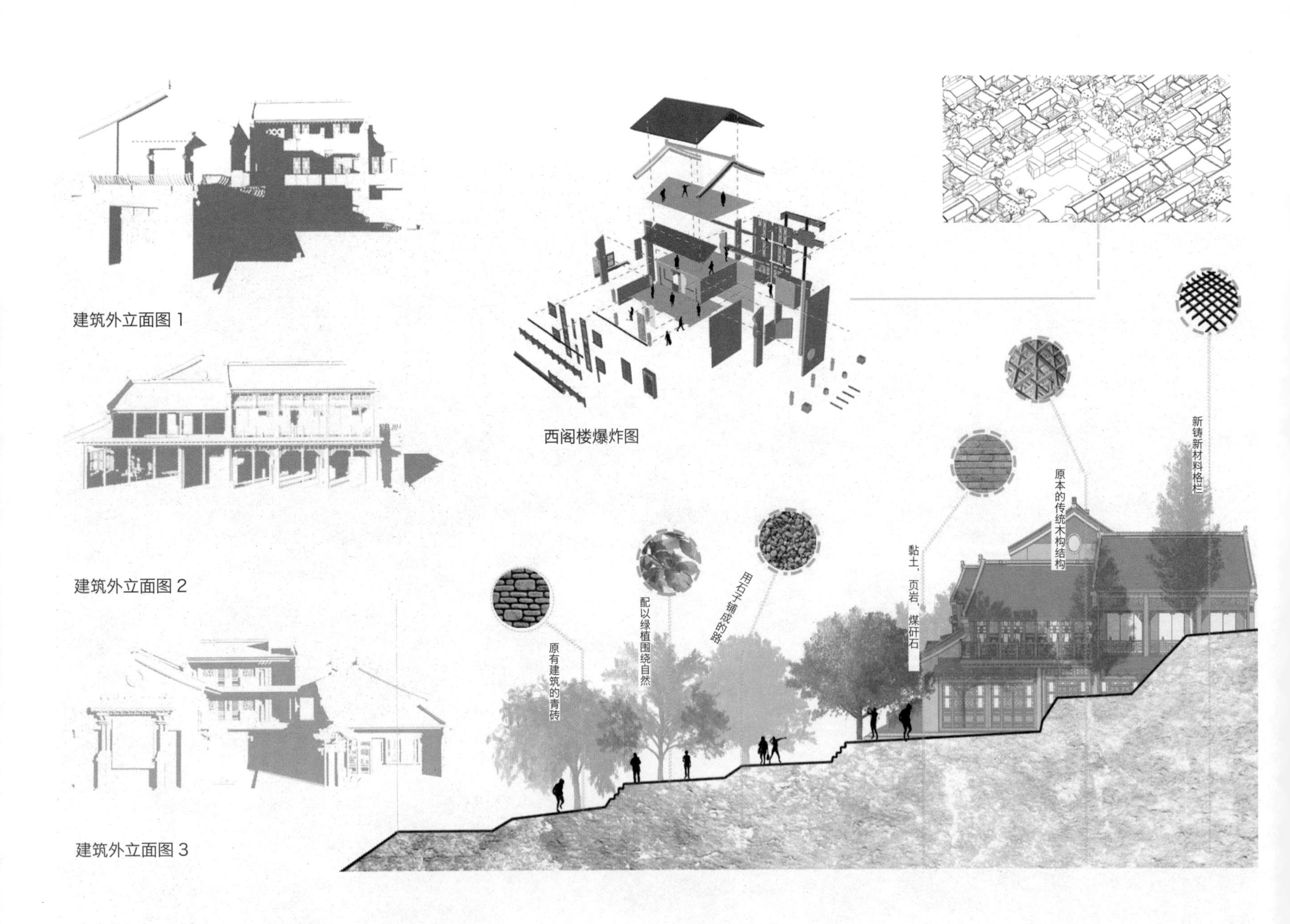

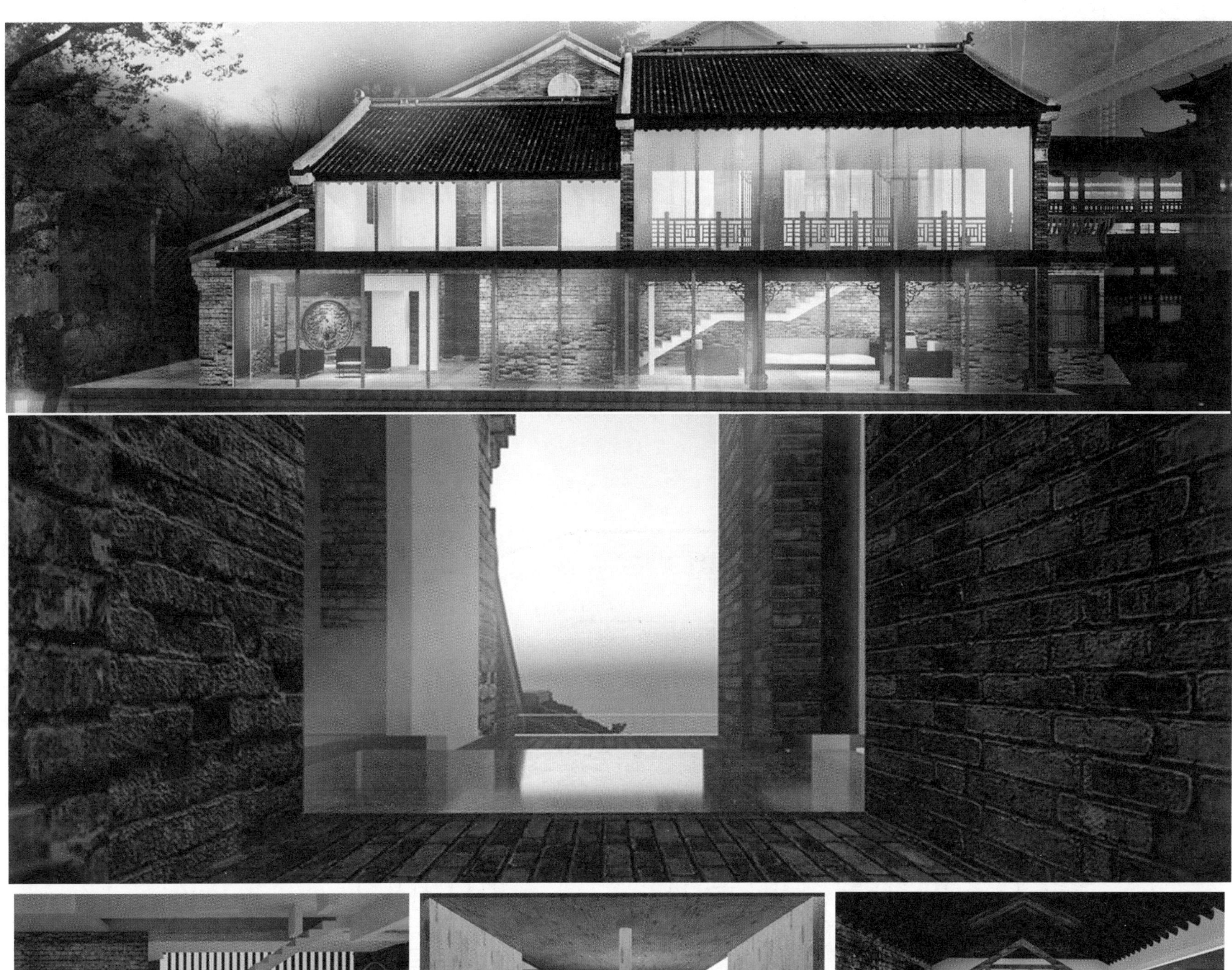

效果图

行于指尖——后工业时代下的文化自觉性重塑

参赛人员 孙萌 陈柯宇
参赛类别 室内设计
学　　历 本科
所属院校 南京艺术学院
指导教师 施煜庭 卫东风

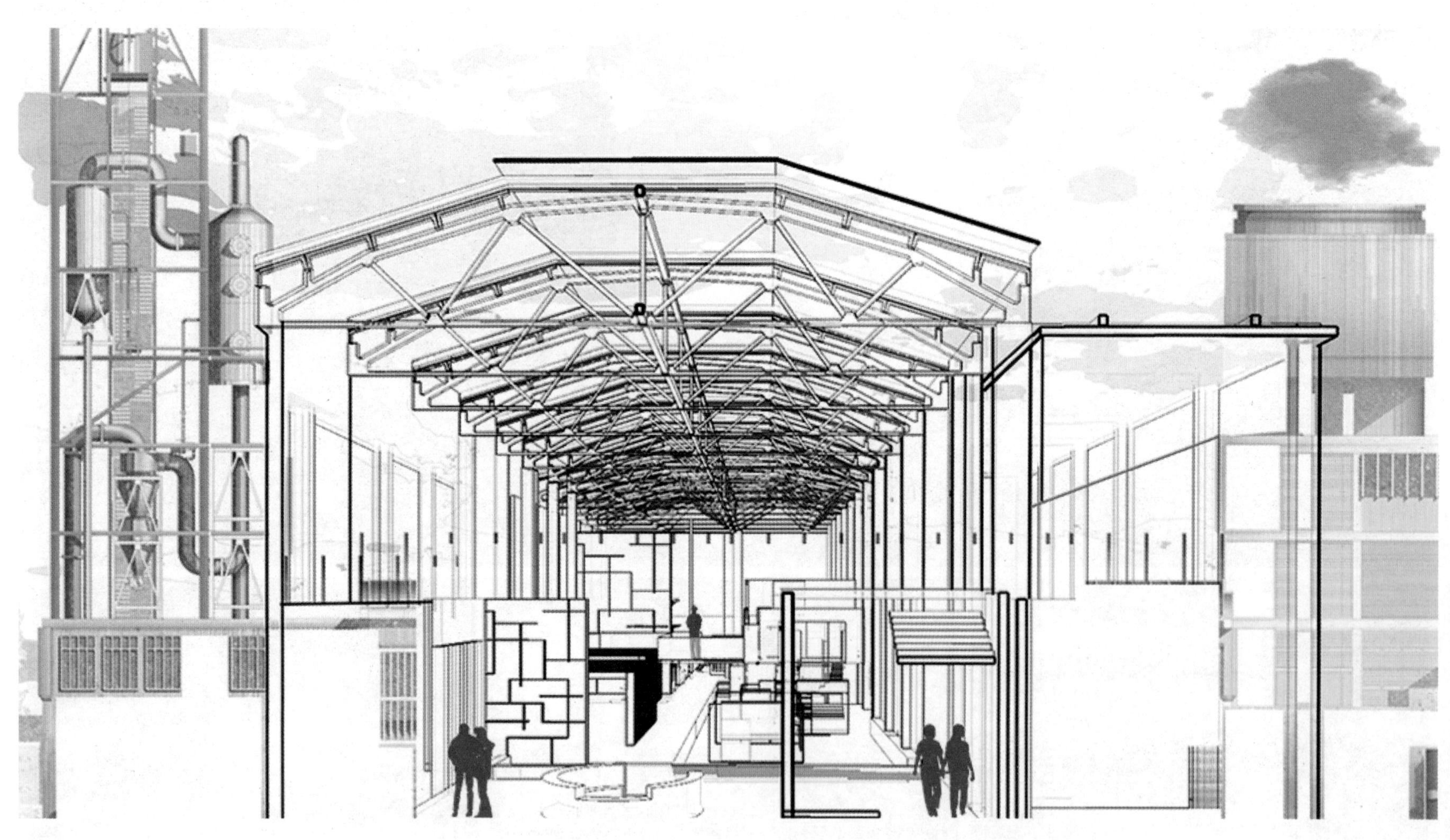

效果图

设计说明

从音乐的构成以及思维模式出发，例如乐谱的构成形态或是乐谱表达的思维逻辑进行思考，将起、承、转、合等音乐构成在空间序列、功能布局中进行表达。从音乐形式进行思考，乐谱中常用的表达方式有反复等形式，在一首乐曲中有时会通过节奏型变化来丰富歌曲或是凸显情感高潮，在许多建筑中就使用重复的元素来构成建筑韵律。

效果图

效果图

Dancing House 街舞文化交流中心

参赛人员 王君文
参赛类别 室内设计
学　　历 本科
所属院校 鲁迅美术学院
指导教师 席田鹿　胡书灵

效果图

设计说明

随着街舞文化在国内的兴起，越来越多的人爱上了街舞。街舞代表着青春活力以及积极的生活态度。街舞真正的意义在于鼓励人们克服困难，勇于探索，敢于创新，挑战自我，成就自我，做自己真正热爱的事情。街舞精神是尊重、和平、爱，是在面对失败和质疑时的不放弃、不抱怨，努力用舞蹈证明自己，是对手与对手之间的相互鼓励与尊重，是即使跳到不能再跳了，都没想过要放弃跳舞的热爱。 Dancing House 街舞文化交流中心的建造是希望给街舞舞者提供一个专属的地方。在这里，你可以成就一个全新的自己，和那些能够鼓励你，能赋予你力量的人一起学习，共同成长，并把街舞精神辐射到更多年轻人当中，把街舞文化传递下去。

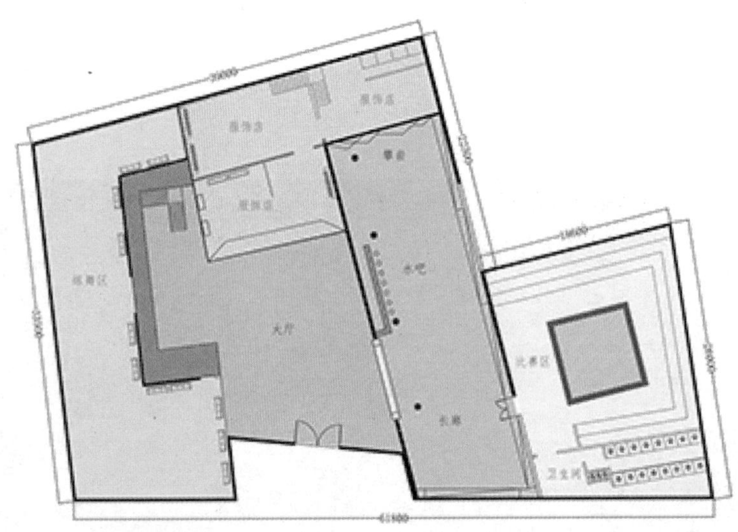

一层平面图

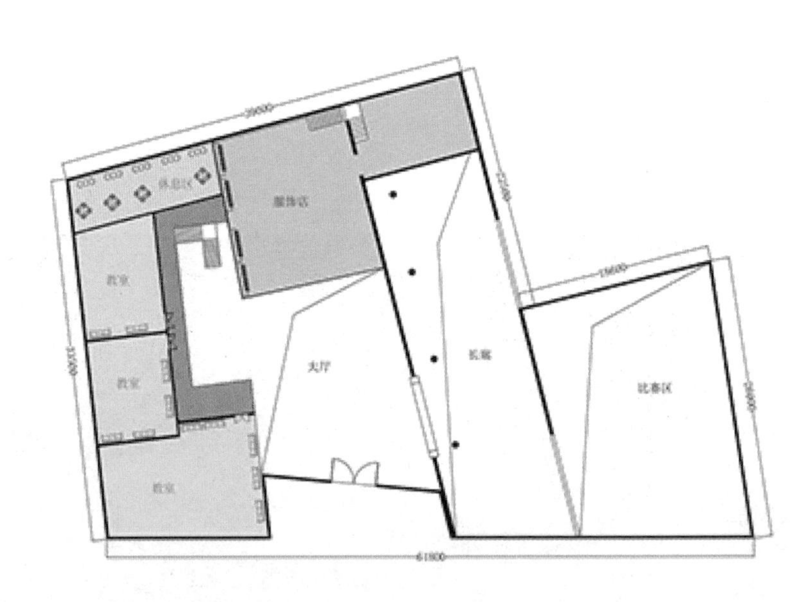

二层平面图

效果图

效果图

Perfect Duet 婚纱摄影设计

参赛人员 李红云 叶天星
参赛类别 室内设计
学　　历 本科
所属院校 烟台大学
指导教师 杨明 李明同

效果图

设计说明

我们想要对影楼的销售方式做出改变，只能在空间布局上做出改变。传统的婚纱影楼金碧辉煌，这也致使只有拍婚纱照需求的群体才会进门了解，而大多数人则是望而却步，对婚纱摄影的了解只到“橱窗”为止。2016 年“网络红人”开始井喷，“网红”通常具有非常强的“带货能力”，而这种能力给我们各行各业开创了一种新的销售格局，所以在本案设计中，我们单独在入口处设立了“开放拍照区”，以供有意体验的顾客以及“网红”们随意拍照休息。相信这一“免费”的开放空间，可以让我们的影楼得以“免费”的宣传，从而达到另甲方满意的经济效益。

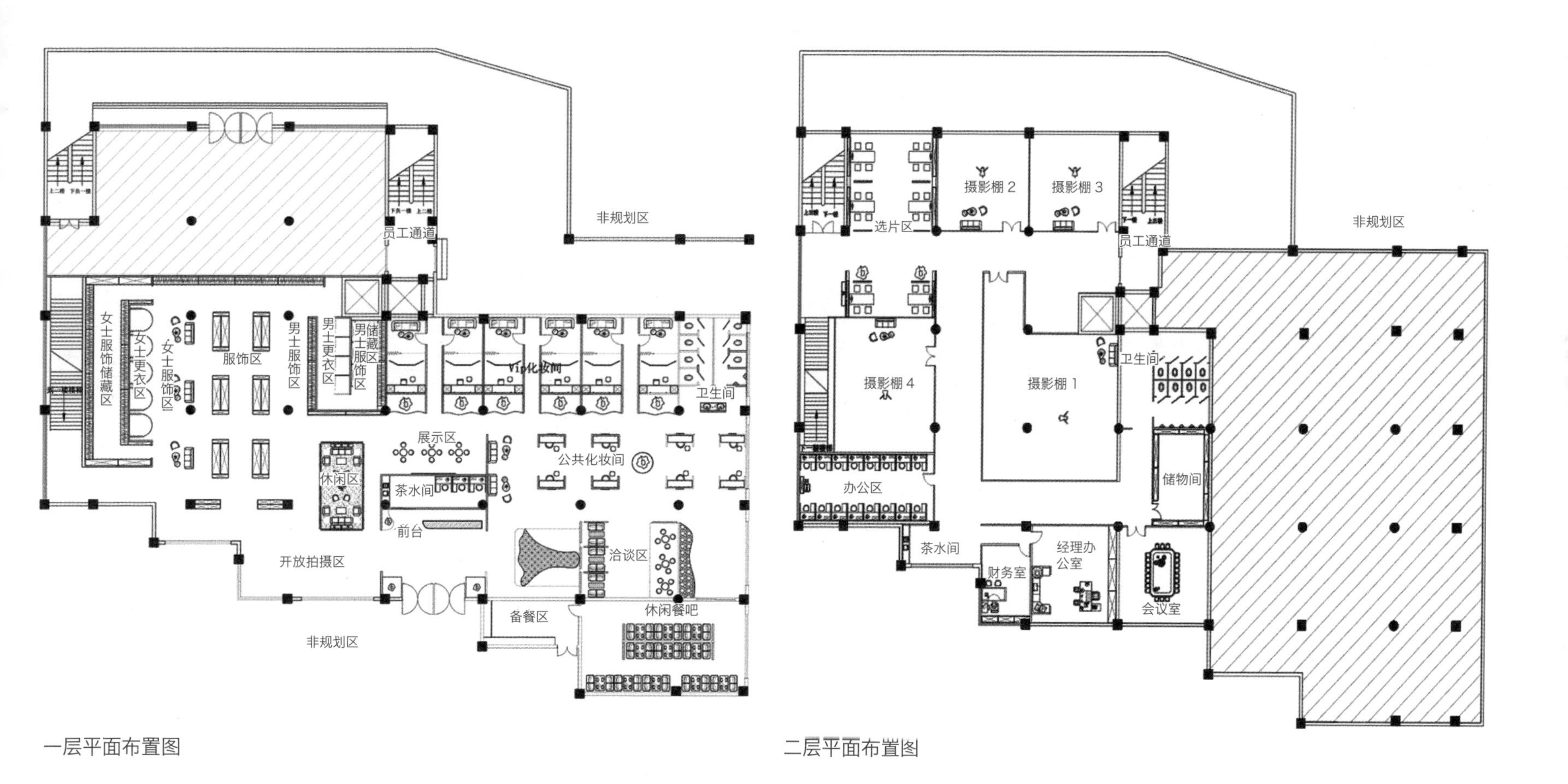

一层平面布置图

二层平面布置图

效果图